西藏罗布林卡

世界遗产地文物建筑安全性评估技术

哈比布　达　珍　吴婧姝　主编

中国建设科技出版社有限责任公司
China Construction Science and Technology Press Co., Ltd.
北　京

图书在版编目（CIP）数据

西藏罗布林卡世界遗产地文物建筑安全性评估技术 / 哈比布，达珍，吴婧姝主编．-- 北京：中国建设科技出版社有限责任公司，2025. 6. -- ISBN 978-7-5160-4427-8

Ⅰ．TU-092.2

中国国家版本馆 CIP 数据核字第 2025734CS5 号

西藏罗布林卡世界遗产地文物建筑安全性评估技术
XIZANG LUOBULINKA SHIJIE YICHANDI WENWU JIANZHU ANQUANXING PINGGU JISHU
哈比布　达　珍　吴婧姝　主编

出版发行：中国建设科技出版社有限责任公司
地　　址：北京市西城区白纸坊东街 2 号院 6 号楼
邮政编码：100054
经　　销：全国各地新华书店
印　　刷：万卷书坊印刷（天津）有限公司
开　　本：787mm×1092mm　1/16
印　　张：19.75
字　　数：330 千字
版　　次：2025 年 6 月第 1 版
印　　次：2025 年 6 月第 1 次
定　　价：128.00 元

本社网址：www.jskjcbs.com，微信公众号：zgjskjcbs

编 委 会

EDITORIAL COMMITTEE

序　言

PREFACE

罗布林卡，这座位于西藏拉萨的宫殿和园林，不仅是西藏文化的瑰宝，更是世界文化遗产的重要组成部分。作为历代达赖喇嘛的夏宫，罗布林卡融合了西藏地区藏式古建筑的独特风格和园林艺术的精髓，是一座集历史、文化和艺术于一体的宝库。随着岁月流转，这片美丽的宫殿园林见证了西藏地区的变迁与文化发展，承载着独特的历史记忆和文化价值。其建筑风格既彰显西藏特色，又融入了汉地和印度的建筑艺术元素，体现了多元文化的交汇融合。园林内精心设计的湖泊、小桥、花坛和宫殿建筑交相辉映，形成独特景观，展示了西藏传统文化与自然美景的完美结合。

为更好地保护和传承这一珍贵的文化遗产，我们必须深入了解其建筑特点和文化内涵，掌握文物建筑的保护修复技术。文物建筑的保护修复是一项复杂的系统工程，涉及建筑结构加固、材料修复以及环境调控等多方面内容。不仅需要科学的理论指导，还依赖丰富的实践经验和先进的技术手段。因此，系统梳理罗布林卡的历史文化价值、建筑特点以及保护修复过程中面临的挑战，对文物保护工作者而言尤为重要。

本书正是在此背景下编写而成，旨在为读者提供一部系统介绍罗布林卡及其保护修缮实践的综合性著作。全书内容翔实、数据丰富，不仅涵盖了罗布林卡的建筑特征和保护现状，还深入探讨了文物建筑的修复与加固技术，为文物保护工作者提供宝贵的参考资料。

本书内容分为多个部分，首先从宏观上介绍了罗布林卡的历史背景和文化价值，详细阐述其作为西藏文化瑰宝的地位与意义。从其作为达赖喇嘛夏宫的角度出发，描绘罗布林卡的历史沿革，介绍其在西藏文化和宗教生活中的重要作用。

本书还详细描述了藏式殿堂建筑的特点，以及罗布林卡建筑的结构体系和建造智慧。西藏地区藏式古建筑以独特风格和精湛技艺著称，罗布林卡的建筑在设计上不仅注重功能性，还融入了丰富的文化象征意义。书中介绍了罗布林卡的木结构承重体系、墙体构造以及楼面、屋面和地面构造等，通过分析这些建筑细节，让读者领会西藏地区藏式古建筑的设计理念和建造技术。

在文物保护方面，本书提出预防性保护的概念和技术路线，强调保护措施的前瞻性和科学性。通过具体案例，展示世界遗产地文物建筑安全排查的实践与成果，详细阐述如何通过科学检测和评估，及时发现并解决文物建筑的潜在问题。这些内容对文物保护工作者具有重要参考价值，也为相关研究提供丰富的数据和资料。

本书还特别关注文物建筑的修复与加固问题，从基本要求、方案选择到施工技术，提供了全方位的指导。文物建筑的修复与加固是一项复杂的工程，涉及多学科知识交叉和技术手段综合运用。书中通过对罗布林卡坚塞颇章宫加固维修的具体意见，展示理论与实践相结合的修复方法，为未来的文物保护工作提供可行参考，有助于提升文物保护技术水平，推动文物保护工作的科学化和规范化发展。

本书是一部集理论研究、技术探讨和实地案例于一体的综合性著作，旨在为世界遗产地文物建筑的保护和修缮提供科学指导和技术支持。本书不仅为文物保护工作者提供宝贵的实践经验和技术参考，也为广大读者了解罗布林卡这座“宝贝园林”提供丰富知识和资料。希望通过本书的出版，能够进一步推动罗布林卡及其他文物建筑的保护工作，让这些珍贵的文化遗产在新时代焕发新的光彩。

文物建筑保护是一项长期而艰巨的任务，需要全社会的共同关注和努力。我们希望，通过本书的分享和传播，能够引起更多人对文化遗产保护的重视，让这些凝聚人类智慧和历史记忆的建筑瑰宝，在未来岁月中继续熠熠生辉，为后世子孙留下宝贵的文化遗产。

在本书编写过程中，虽反复推敲核证，仍难免有疏漏之处，恳请广大读者提出宝贵意见和建议。

吴婧姝

2025 年 2 月

目　录

CONTENTS

1

CHAPTER ONE

“宝贝园林”

罗布林卡

1.1 西藏的冬宫与夏宫

罗布林卡，藏语意为“宝贝园林”，是历代达赖喇嘛的夏宫，其位于西藏自治区拉萨市，距离布达拉宫约 2km。自七世达赖以来，历代达赖喇嘛均在罗布林卡建有自己的宫殿，并作为消夏避暑及理政之地（俗称夏宫）。经过两个多世纪的扩展，罗布林卡现占地 40 多万 m^2，是一座融藏汉建筑为一体，宫殿和园林建筑风格有机结合的大型建筑群，是西藏地区最大的一处园林。罗布林卡、布达拉宫及大昭寺在拉萨市区中的位置如图 1-1 所示。

图 1-1　罗布林卡在拉萨市区位置

罗布林卡与布达拉宫不仅在地理位置上相距不远，在历史和文化上更是紧密相连，共同构成了西藏宗教、政治和文化的象征性建筑。布达拉宫作为西藏最具代表性的历史建筑，最早可以追溯到 7 世纪，由松赞干布为迎娶文成公主而兴建。作为藏传佛教格鲁派的中心，布达拉宫不仅具有浓厚的宗教意味，历史上还在西藏的政教合一体制中扮演着不可或缺的角色。布达拉宫高耸于拉萨市区，气势恢宏，象征着历史上西藏佛教权威和地方政治力量的巅峰。

相比之下，罗布林卡虽然没有布达拉宫那样悠久的历史，却在西藏文化和宗教体系中扮演了独特而重要的角色。自七世达赖喇嘛以来，罗布林卡逐渐发展成为达赖喇嘛的夏宫。它在功能上与布达拉宫形成了冬夏宫殿的互补关系，但从文化角度来看，两者各自代表了藏族社会生活中的不同侧面。布达拉宫象征着权威与庄严，是宗教与政治活动的核心，而罗布林卡则呈现出更为生活化和自然的氛围，是达赖喇嘛在夏季避暑、休养、理政的场所。这里的宫殿、花园与藏传佛教的宗教仪式相结合，体现了藏族人民对自然与宗教的尊崇，并以更加轻松的方式展现了藏族文化的另一面。

历史上，每年夏季达赖喇嘛便会从布达拉宫移居罗布林卡，在这里，他们有时间得以亲近大地，聆听自然，观赏景致，感受园林中的草木花石……从万物生灵中，感悟生命与轮回，为世人留下指引和生生不息的启迪。

从建筑风格和艺术成就的角度来看，布达拉宫体现了藏族建筑的雄浑与壮丽，象征着西藏文化中的神圣与庄重。而罗布林卡则更为轻松和精致，园林与宫殿的结合展示了藏族造园艺术与建筑艺术的完美融合。罗布林卡中的建筑既保持了传统藏式风格，又吸收了汉族园林的元素，展示了藏汉文化交流的成果。

布达拉宫和罗布林卡在功能和风格上各有侧重，但它们共同构成了西藏历史和文化的一部分。布达拉宫象征着藏传佛教的中心和西藏地方政权的核心，而罗布林卡则为这一体制增添了自然、宁静和文化交流的色彩。正是这两座宫殿建筑，记录了藏族历史的重要时刻，也让世人得以从不同的角度了解西藏的宗教、文化与社会生活的丰富性。

经过两个多世纪的扩展，罗布林卡现占地 40 多万 m^2。2001 年 12 月，罗布林卡作为世界文化遗产布达拉宫扩展项目，被联合国教科文组织列入世界文化遗产名录。这一决定是对罗布林卡独特文化价值和历史意义的高度认可。罗布林卡作为藏族造园艺术的杰出代表，融合了藏汉两大民族的建筑和园林艺术，展现了多元文化交融的美学风格。园林内的宫殿、亭台楼阁以及精美的壁画、雕刻，集中体现了西藏地区建筑、绘画、雕刻等艺术领域的最高成就。

罗布林卡不仅是一座宫殿或园林，更是一个承载着藏族历史和文化记忆的空间，具有重要的历史、科学和艺术价值。作为世界文化遗产的一部分，罗布林卡将继续在全球范围内被保护和传承，成为人们了解和研究藏族文化的重要窗口。

1.2 走进罗布林卡，探访西藏的“宝贝园林”

罗布林卡，这座藏语中的“宝贝园林”，有“拉萨的颐和园”之称，是西藏历史、文化与艺术的瑰宝。图 1-2 为罗布林卡卫星影像图，显示罗布林卡保护范围。图 1-3 为 1948 年由彼得·奥施奈特（Peter Aufschnaiter）绘制的拉萨市区地图（图引自《西藏拉萨地图集》）。

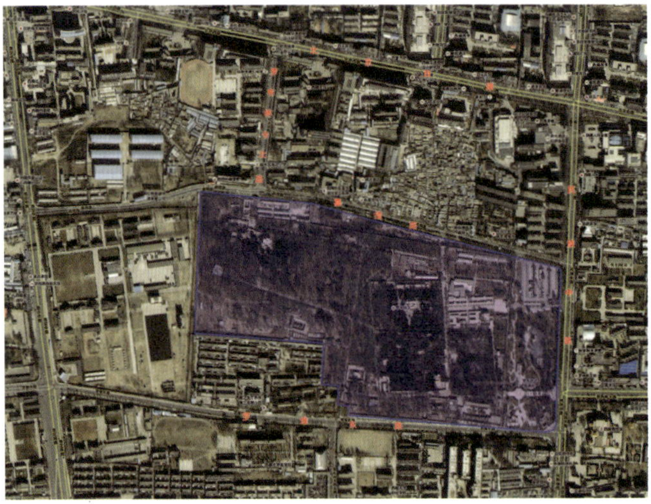

图 1-2　罗布林卡卫星影像图

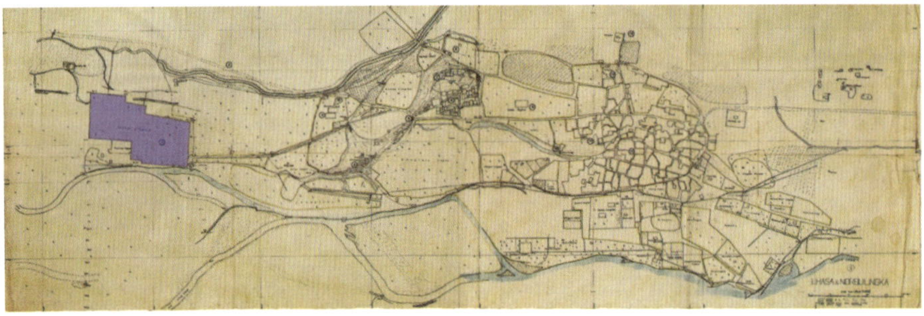

图 1-3　1948 年由彼得·奥施奈特（Peter Aufschnaiter）绘制的拉萨市区地图

1.2.1　罗布林卡的总体布局

罗布林卡全园分为三个主要区域：宫前区、宫殿区和林区。每个区域的设计都充分考虑了自然环境与功能需求的结合，展现出西藏高原特有的自然美景与内地园林的精巧手法。整个园林通过建筑、山石、水面、林木的巧妙组合，创造出丰富多样的景观意境。

宫前区位于罗布林卡的东部，是整个园林的入口部分。这里包括了大门以及威镇三界阁之前的前园，给人庄重而宁静的第一印象。步入园内，游客首先会被高耸的建筑和精致的花园所吸引，仿佛进入了一个与世隔绝的净土。

宫殿区是罗布林卡的核心部分，位于中部。这里汇集了园内最重要的宫殿和建筑，是历代达赖喇嘛居住、修行和处理政务的场所。每座宫殿都承载着丰富的历史和宗教意义，内部装饰华丽，展现了藏族建筑艺术的高超技艺，宫殿分布如图 1-4 所示。

林区位于罗布林卡的西部，以自然丛林为主，充满了野趣和自然气息。这里的植物种类繁多，布局随意而自然，形成了一片宁静的避暑胜地。林区不仅为宫殿区提供了良好的生态屏障，也让整个罗布林卡充满了生机与活力。

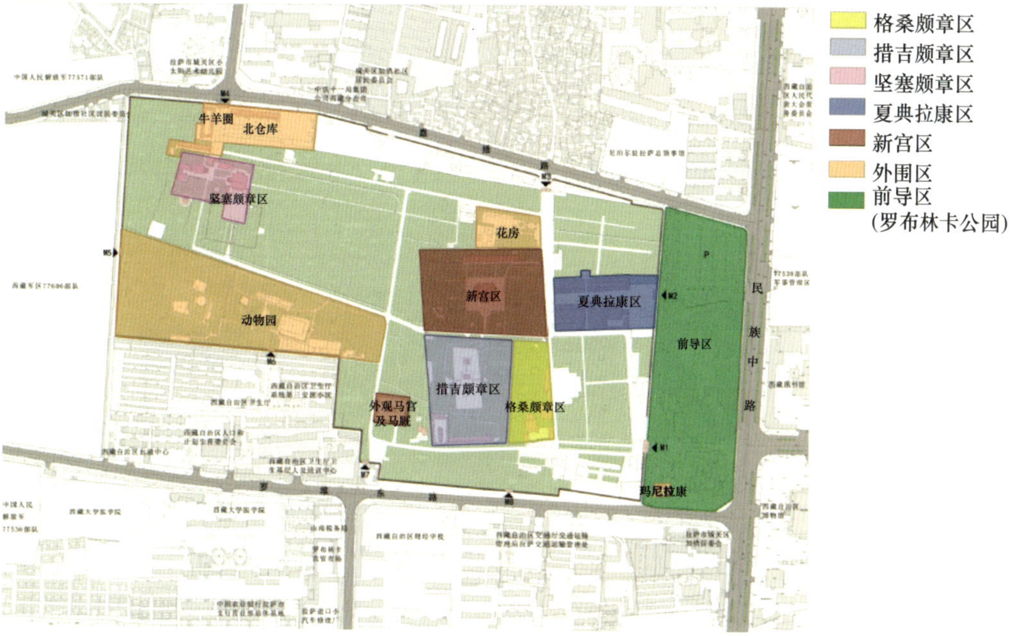

图 1-4 罗布林卡园区建筑群分布图

1.2.2 宫前区——罗布林卡的迎宾之地

走进罗布林卡，首先进入的是宫前区。这片区域位于园林的东部，主要包括入口及其前方的前园，是罗布林卡的迎宾之地。这里的布局简洁而大气，充分体现了西藏高原建筑的特点。

宫前区的核心建筑是威镇三界阁，这座建筑气势恢宏，是游客进入园林后看到的第一座重要建筑。威镇三界阁又名“康松思伦”，是二层亭台建筑，顶部覆盖着汉式金顶。

这里是达赖喇嘛观看藏戏的地方，也是园林中最具特色的观赏性建筑之一。游客在这里可以感受到西藏传统文化与内地文化的交融，金顶的汉式建筑风格与西藏地区藏式古建筑的雄浑厚重相得益彰，形成了一种独特的视觉冲击力。

1.2.3 宫殿区——罗布林卡的核心

罗布林卡的中部区域为宫殿区，这是整个园林的核心所在。宫殿区按其自然区域又可分为六个部分，每个部分都独具特色，承载着不同的历史和文化内涵。

1. 格桑颇章区：达赖喇嘛的修行之地

格桑颇章区是宫殿区的第一部分，这里以格桑颇章宫为主体建筑，是历代达赖喇嘛习修经法的重要场所。该区域的建筑群包括乌尧颇章宫、格桑颇章宫和威镇三界阁等建筑，各建筑位置如图 1-5 所示。其中，乌尧颇章宫是一层平顶西藏地区藏式古建筑，底层低矮，类似半地下式，面积达 645m^2。宫内的房间装饰有当时著名画师精心绘制的壁画，这些壁画不仅展示了藏族宗教的深厚底蕴，也展现了西藏绘画艺术的高超水平。

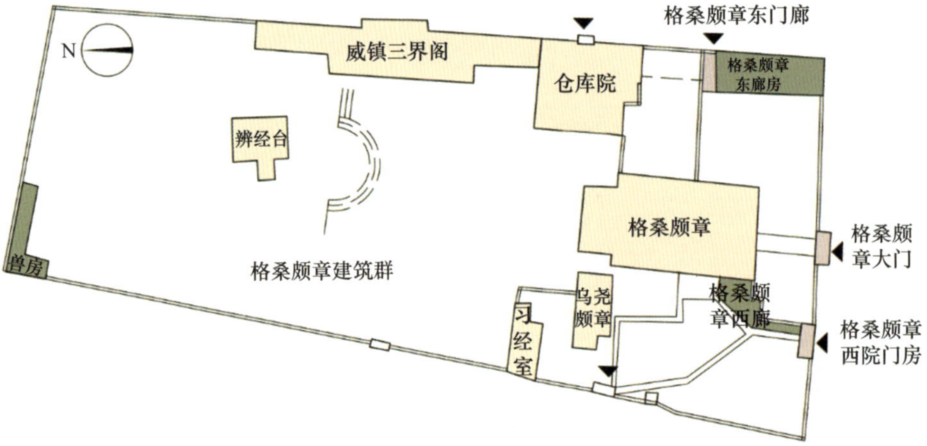

图 1-5 格桑颇章建筑群各单体平面位置图

2. 措吉颇章区：湖水环绕的世外桃源

宫殿区的第二部分是措吉颇章区（湖心宫区），这里以伦珠噶采（湖心亭）为主体建筑。湖心宫区的设计以水景为主，建筑群包括伦珠噶采（湖心亭）、鲁康努 - 典坚吉如（西龙王宫）、鲁康夏 - 典坚吉如（东龙王宫）以及准增颇章宫（持舟殿）等，各建筑位置如图 1-6 所示。湖心亭建筑外形与内地水榭类建筑相似，采用歇山博脊挑角的汉式结构，这种设计使湖心宫区与周围的自然景观融为一体，营造出一种宁静、祥和的氛围。

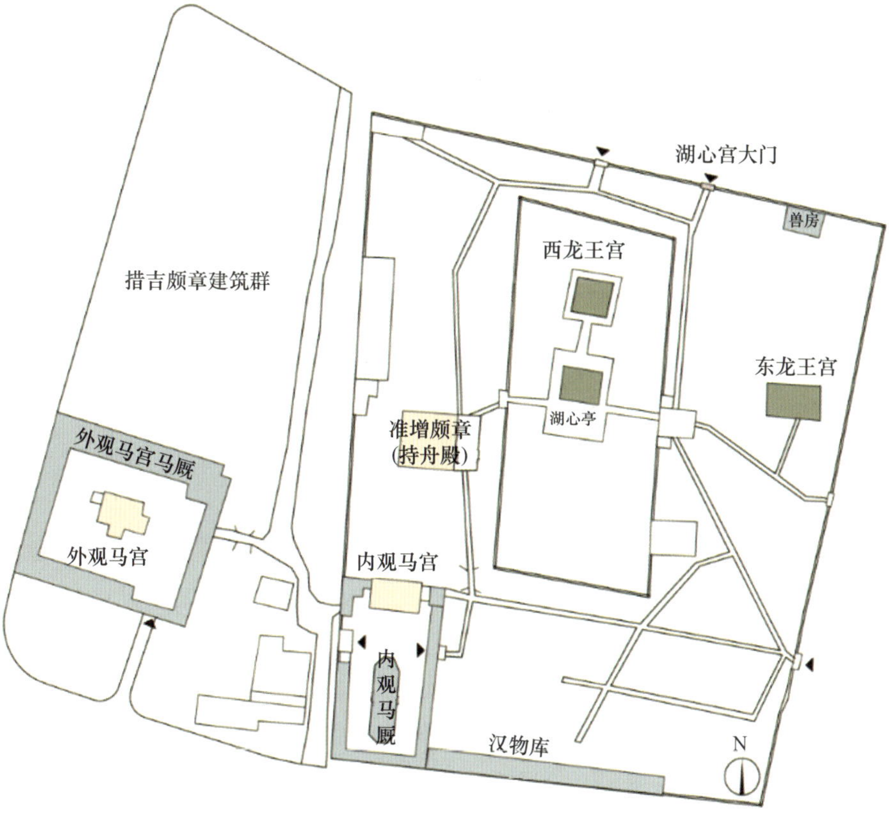

图 1-6　措吉颇章建筑群各单体平面位置图

在“鲁康夏 – 典坚吉如”（东龙王宫）内，每年都会举行祭祀龙王、卜算吉凶等传统活动。这些活动不仅是宗教仪式，更是西藏传统文化的重要组成部分。湖心宫区作为罗布林卡的重要景观区域，以其独特的设计和深厚的文化底蕴，成为园林中最具吸引力的部分之一。

3. 坚塞颇章区：雕刻艺术的瑰宝

坚塞颇章区是宫殿区的第三部分，这里以坚塞颇章宫为主体建筑。坚塞颇章宫内装饰有精美的雕刻，这些雕刻与布达拉宫白宫的东日光殿雕刻相同，以透雕技艺著称，是西藏雕刻艺术的典范。宫殿内还绘有北京颐和园的图像，展示了藏汉文化的深度融合。

坚塞颇章区内的格桑德吉颇章宫和其美曲齐颇章宫同样是这一部分的重要建筑，它们共同构成了一个独特的建筑群，各建筑位置如图 1-7 所示。坚塞颇章区的设计和装饰风格体现了西藏宫廷建筑的精致与庄重，这里的每一处细节都展示了工匠们的卓越技艺和艺术追求。

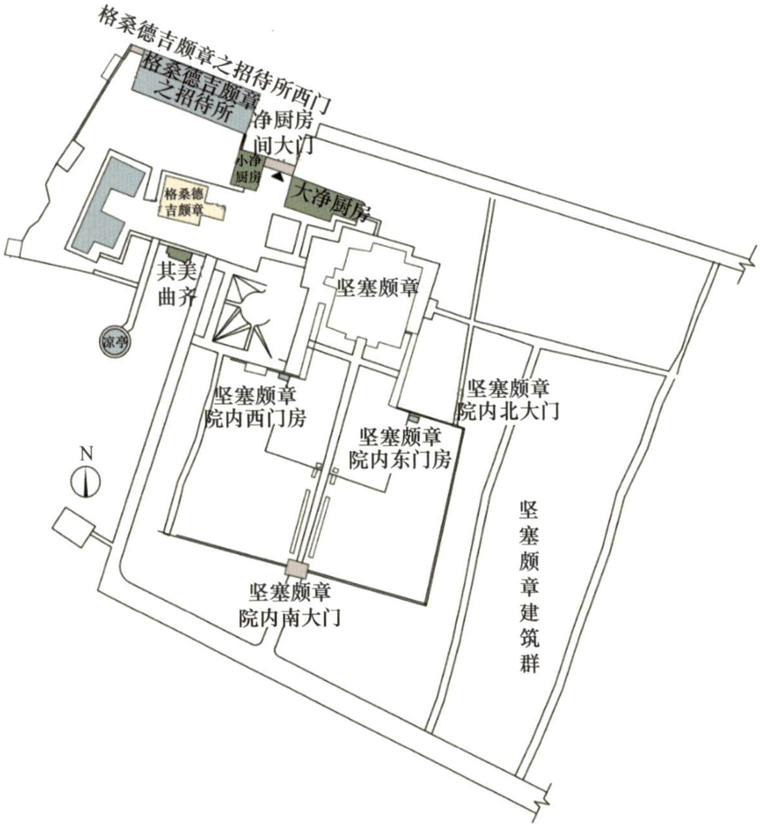

图 1-7　坚塞颇章建筑群各单体平面位置图

4. 夏典拉康区：西藏政治事务的中心

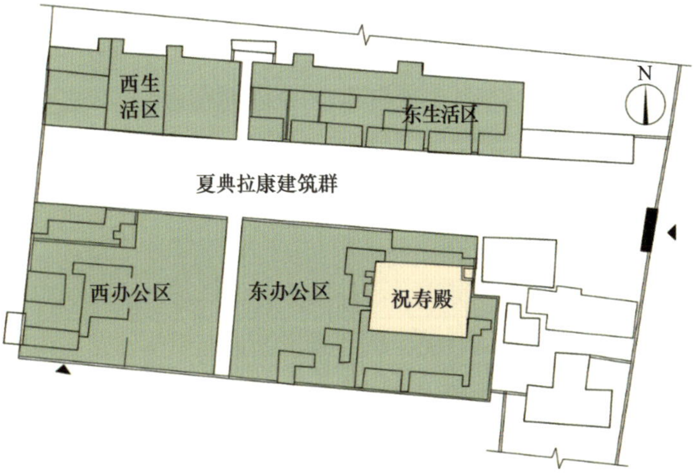

图 1-8　夏典拉康建筑群各单体平面位置图

夏典拉康区是罗布林卡的第四部分，这里以夏典拉康（祝寿殿）为主体建筑。该区域曾是噶厦政府的办公区和生活区，是西藏地方政府处理政务的重要中心。夏典拉康建筑精美，是西藏近现代建筑的代表作之一，各建筑位置如图 1-8 所示。祝寿殿内的装饰和设计风格既保留了传统的藏式风格，又融入了现代元素，展示了西藏地区藏式古建筑艺术的多样性和创新性。

5. 新宫区：西藏近代历史的见证

新宫区是宫殿区的第五部分，这里以达旦明久颇章宫（新宫）为主体建筑。新宫内有一座名为思西堆古的小经堂，其内的壁画以连环画的形式展现了西藏的历史和人物传记。壁画内容丰富，从藏族祖先的神话传说到西藏和平解放，涵盖了西藏上下数千年的重要历史事件和人物。

新宫区的建筑风格复杂多样，装饰性强，宗教色彩浓厚，是西藏近代宫殿建筑的典型代表，各建筑位置如图 1-9 所示。这里的建筑群不仅展示了西藏地区藏式古建筑艺术的精华，也为研究西藏近现代历史提供了宝贵的实物资料。

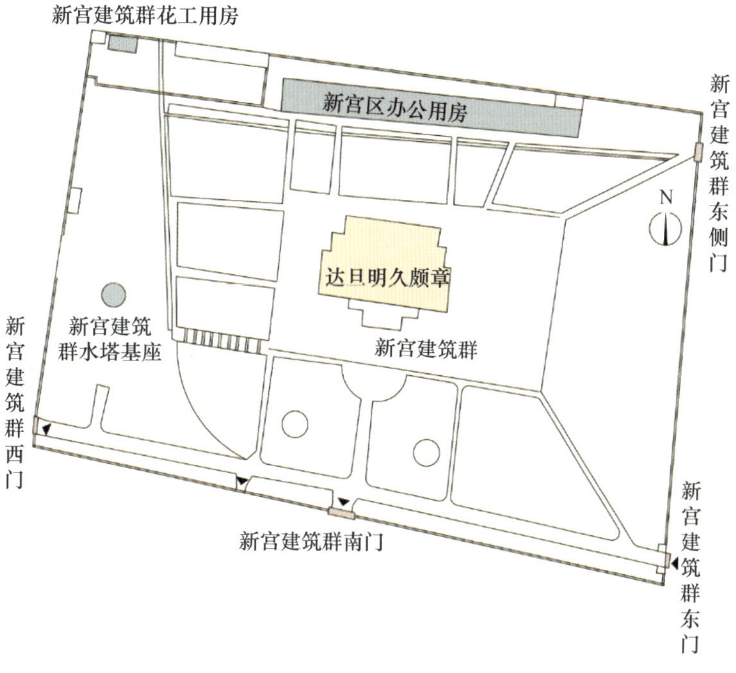

图 1–9　新宫建筑群各单体平面位置图

1.2.4　外围区：罗布林卡的保护屏障

外围区是罗布林卡的第六部分，这里将保护区内较为分散的文物点以及围墙和围墙外的文物点统一划入其中。包括围墙、围墙上的大门、坚塞颇章北仓库、玛尼拉康、牛羊圈、坚塞颇章花房等文物点，各建筑位置如图 1-10 所示。

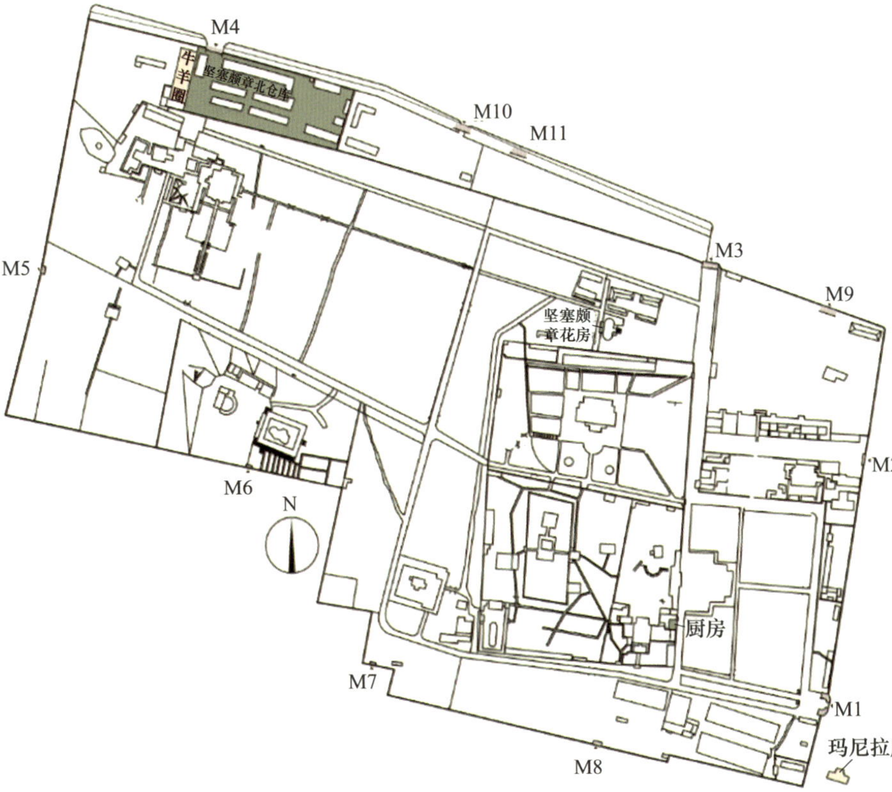

图 1-10　外围区各单体平面位置图

外围区内的建筑和文物虽然分散，但它们共同构成了罗布林卡的保护屏障。玛尼拉康是外围区的一处重要建筑，位于罗布林卡外东南约 20m 处。该处建筑建于 20 世纪 30 年代，由玛尼拉康及两座厢房组成；两厢房已毁，现为后建。

罗布林卡的建筑风格既保留了藏式传统，又吸收了汉族建筑艺术的精华。园林内的布局与装饰体现了藏汉文化的深度融合，展示了西藏地区藏式古建筑艺术的多样性和创新性。作为世界文化遗产的一部分，罗布林卡不仅是西藏文化的重要象征，也是全球了解和研究西藏历史与艺术的重要窗口。

1.3　走进罗布林卡，探寻西藏的“文化瑰宝”

罗布林卡，这座被誉为“宝贝园林”的藏地瑰宝，不仅是西藏历史、文化与艺术的集中体现，更是藏汉文化交流的实物见证。作为历代达赖喇嘛的夏宫，罗布林卡承载了丰富的历史与宗教内涵。园林内的每一座宫殿，每一幅壁画，都记录了西藏历史的重大事件和宗教仪式，坚塞颇章宫图壁画具有较高文化价值，涵盖历史、科学、艺术和社会各个层面的独特意义（图 1-11）。

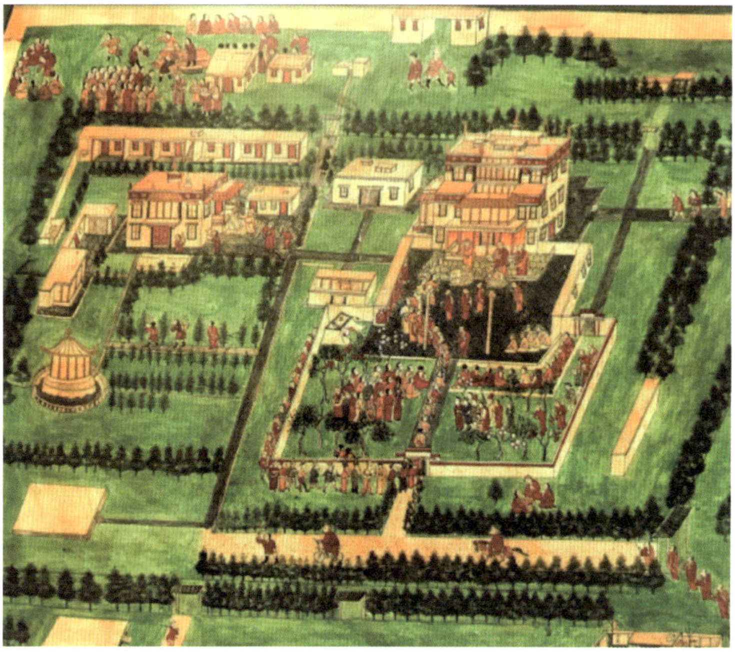

图 1-11　坚塞颇章宫图壁画

罗布林卡现有馆藏文物三万多件，其中有不少是历朝皇帝御赐之物，包括历代诏书、封印等。这些文物不仅是罗布林卡珍贵的历史遗产，更是汉藏文化交流的重要见证。

1.3.1　罗布林卡的历史价值

1. 罗布林卡的起源与发展

罗布林卡的历史可以追溯到 18 世纪。罗布林卡最初由七世达赖喇嘛所建，随后被作为夏季避暑和处理政务的场所。随着时间的推移，历代达赖喇嘛在此不断扩建，使罗布林卡逐渐演变为一个宏伟的园林式宫殿建筑群。

2. 汉藏文化交流的实证

罗布林卡的建筑风格和园林布局不仅展现了藏族传统文化的独特魅力，还吸收了中原各处汉族建筑艺术的精髓，成为汉藏文化交流的重要实物见证。园林内的宫殿建筑和园林设计，不仅继承了藏族传统工艺，还融合了汉族园林建筑的特色，体现了两大文化之间的深度交流。

1.3.2 罗布林卡的科学价值

1. 高原地区的生态奇迹

罗布林卡位于海拔3650m的青藏高原上，是一处与自然和谐共存的大规模人工绿地。园林内的植物种类繁多，布置精巧，形成了独特的高原园林景观。罗布林卡不仅为达赖喇嘛提供了一个宜人的生活环境，也展示了人类在高海拔地区创造优良生态环境的卓越能力。

2. 建筑与自然的完美融合

罗布林卡的园林设计充分考虑了自然环境与建筑的结合，从整体布局到单体建筑的装饰，既延续了西藏传统的建筑工艺，又吸收了汉族建筑的精髓。例如，措吉颇章区宫殿的设计就具有汉式园林中小桥流水的特点，而西龙王宫的屋顶则采用了汉式歇山顶覆琉璃瓦的结构。这些设计不仅增强了罗布林卡的观赏性，还反映了西藏地区藏式古建筑技术与社会生产力的发展水平。

3. 文化与生态的双重保护

罗布林卡不仅是文化遗产的保护地，也是一片高原植物和动物的保护区。这里的自然环境保护措施得当，既保持了园林的原始风貌，又为研究高原生态提供了宝贵的样本。罗布林卡的生态系统与其文化价值相辅相成，共同展示了人类与自然和谐相处的典范。

1.3.3 罗布林卡的艺术价值

1. 园林艺术的杰出代表

罗布林卡集中体现了藏族园林艺术的精髓，是西藏规模最大、布局最美、风格最独特的园林式建筑群。园林内的建筑与自然景观相互辉映，形成了多样化的艺术风格。无论是格桑颇章区的庄重肃穆，还是措吉颇章区的宁静优雅，罗布林卡都展现了藏族造园艺术的高超水平。

2. 建筑装饰的精美绝伦

罗布林卡的宫殿建筑不仅在结构上具有独特性，其内部装饰更是精美绝伦。新宫区的南殿壁画尤为著名，这些壁画以连环画的形式展现了西藏的历史，从藏族起源的传说，到吐蕃王朝的兴衰，再到近现代的重要历史事件，内容丰富，色彩鲜艳，具有强烈的民族风格。这些壁画不仅是西藏绘画艺术的精华，也是研究藏族历史和文化的重要资料。

3. 宫殿与宗教艺术的融合

罗布林卡的建筑装饰集中体现了藏族宗教艺术的成就。宫殿内的壁画、雕塑以及各种宗教用品，都是西藏宗教艺术的代表作。特别是宫殿区的各类佛像和佛塔，这些工艺顶级的御用品在现代社会中已堪称稀世珍品。罗布林卡的艺术成就，不仅丰富了藏族文化的内涵，也为研究藏传佛教艺术提供了宝贵的资料。

1.3.4 罗布林卡的社会价值

1. 西藏社会生活的重要组成部分

罗布林卡不仅是历代达赖喇嘛的重要起居地，也是现代西藏人民群众的重要活动场所之一。每年的雪顿节，全藏具有代表性的藏戏都会在此演出，拉萨及各地的农、牧民群众纷纷前来观戏、朝佛、游园。罗布林卡已成为西藏歌舞的荟萃之地，是藏族人民生活中不可或缺的一部分。

2. 民族团结与文化交流的象征

罗布林卡作为汉藏文化交流的重要象征，在促进民族团结和维护国家统一方面具有重要意义。园林内收藏的大量文物，如历朝皇帝御赐的历代诏书和封印，都是汉藏文化交流的见证。这些文物不仅具有历史价值，也展示了中原和西藏两地在政治、文化和宗教方面的深厚联系。

1.4 罗布林卡的文化遗产保护

1.4.1 罗布林卡文化遗产的全球意义

罗布林卡被联合国教科文组织列为世界文化遗产，标志着它不仅在中国历史文化中占据重要地位，也在全球文化遗产保护体系中具有重要影响。罗布林卡所承载的历史记忆和文化内涵，是人类文明的重要组成部分。通过保护罗布林卡，不仅能传承西藏悠久的文化传统，还能为世界各地的文化遗产保护提供借鉴与启示。

罗布林卡的文化遗产保护工作，彰显了保护西藏历史和文化的必要性和紧迫性。它的建筑、园林设计、文物以及生态环境，都是西藏民族文化的物质载体和精神象征。保护这些遗产，不仅是对历史的尊重，也是对西藏人民文化身份认同的维护。在全球文化多样性日益受到重视的今天，罗布林卡的保护工作为世界各地的文化遗产保护提供了范例，促进了人类文化多样性的传承与发展。

1.4.2 遗产保护与可持续发展

在罗布林卡的文化遗产保护过程中，如何实现遗产保护与可持续发展的有机结合，是一项长期且富有挑战性的任务。罗布林卡的保护工作不仅是对其历史建筑和文物的维护，还包括对其生态环境的保护和管理。通过科学规划和精心管理，罗布林卡实现了文化遗产的保护与环境可持续发展的双重目标。

在遗产保护的过程中，罗布林卡的重点保护工作主要集中在以下几个方面。

（1）文物保护与修缮：罗布林卡内的文物，包括宫殿、壁画、雕塑以及馆藏文物，都是西藏文化的珍贵遗产。为了保护这些文物不受自然环境和人为因素的影响，保护工作者进行了系统的文物修缮与保护工作。尤其是对重要建筑如格桑颇章、措吉颇章区及新宫区的定期维护，确保了这些历史遗迹的长期保存。

（2）生态环境保护：罗布林卡作为西藏的“宝贝园林”，其自然环境同样是不可分割的一部分。园林内的植物多样性和生态系统的健康状态，是文化遗产保护的重要内容之一。通过有效的管理措施，罗布林卡的生态环境得到了较好的保护，园林的自然风貌得以保持，成为人类与自然和谐共处的范例。

（3）文化旅游的可持续发展：随着罗布林卡知名度的提升，游客数量逐年增加。如何在保护文化遗产的同时，推动文化旅游的可持续发展，是当前面临的重要课题。罗布林卡通过合理规划游客路线、控制游客数量、增加文化宣传等措施，避免了对文化遗产的不必要破坏，同时也使游客能够更好地理解和欣赏西藏的文化精髓。

1.4.3 未来保护工作的重点

为了保证罗布林卡的文化遗产保护工作的有序进行，保护工作的重点将集中在以下几个方面。

（1）持续推进文物保护技术的应用：随着科技的发展，新的文物保护技术将为罗布林卡的文物修缮和维护提供更加有效的手段。通过引入先进的保护技术，如数字化文物记录、环境监测系统等，可以更好地保护和管理文物，延长其保存寿命。

（2）加大生态环境保护力度：在全球气候变化和环境污染加剧的背景下，罗布林卡的生态环境保护将面临更大挑战。未来的保护工作将更加注重生态系统的综合管理，确保罗布林卡的自然环境能够长期维持良好状态。特别是对高原植物和动物的保护，将成为生态环境保护的核心内容。

（3）推动文化遗产的教育与传播：文化遗产的保护不仅是对物质遗产的维护，更是对其精神内涵的传承。未来，罗布林卡将加强对文化遗产教育与传播的投入，通过各种形式的展览、讲座、学术交流等活动，强化公众对文化遗产的认知和保护意识，促进文化遗产的传承与创新。

（4）促进国际文化交流与合作：作为世界文化遗产的一部分，罗布林卡将在未来进一步加强与国际社会的交流与合作。通过参与国际文化遗产保护项目，与世界各地的文化遗产保护机构分享经验，罗布林卡将为全球文化遗产保护事业做出更大贡献。同时，国际合作也将为罗布林卡的保护工作带来更多资源和支持，推动其在全球范围内的影响力。

1.4.4 结语

文化遗产保护的重要性不言而喻，它不仅是对历史和文化的尊重与传承，也是全球文化多样性的重要保障。罗布林卡的文化遗产保护工作不仅是对西藏文化的尊重和传承，也是全球文化遗产保护的重要组成部分。

在文化遗产保护工作中，文物保护无疑是重中之重。文物是文化遗产的基础，它们承载着历史的记忆和文化的精髓，只有通过科学、严谨的文物保护工作，才能确保文化遗产地的完整性和可延续性。文物保护不仅关乎个别文物的保存，更是整个文化遗产地保护与发展的前提。只有将文物保护工作做到位，才能为后续的生态环境维护、文化旅游的可持续发展等工作奠定坚实基础。

文物保护的成功，意味着文化遗产地的价值得以长久保存，对于罗布林卡这一世界文化遗产尤为重要。作为西藏文化的瑰宝，罗布林卡的文物不仅是历史的见证者，更是文化传承的重要载体。无论是宏伟的宫殿建筑，还是精美的壁画和雕塑，罗布林卡的每一件文物都蕴含着深厚的历史与宗教意义。这些文物不仅记录了西藏的历史进程和宗教发展的重要时刻，也展示了藏族人民独特的艺术成就和文化表达方式。

文物保护工作不仅关乎罗布林卡这一文化遗产的物质存在，更关系着其作为文化象征的可延续性。通过有效的文物保护，罗布林卡得以保持其原始风貌，避免因自然环境或人为因素的破坏而丧失其文化价值。同时，文物的成功保护也为罗布林卡的生态环境维护和文化旅游的可持续发展提供了坚实基础。只有确保文物的完整性和安全性，才能真正实现罗布林卡文化遗产的长久保存，使其继续在全球范围内发挥重要的历史与文化影响力。文物保护因此成为罗布林卡世界遗产保护工作中的核心任务和最关键的一环。

2

CHAPTER TWO

罗布林卡藏式殿堂

建筑特点

2.1 西藏地区藏式古建筑的特点与智慧

西藏地区藏式古建筑作为西藏独特的文化符号，凝聚了千百年来藏族人民在高原环境中生存与发展的智慧；它不仅是西藏历史和文化的重要体现，更是高原地理条件下独具特色的建筑艺术的结晶。

罗布林卡园林内的主要建筑均为藏式殿堂古建筑，而西藏地区藏式古建筑独特的结构体系和建筑特点是保护工作的关键。要有效保护这些建筑，首先需要深入了解并确定其建筑形式，以便有针对性地采取保护措施。

2.1.1 建筑结构体系的独特性

西藏地区藏式古建筑的核心特点在于其独特的结构体系。与许多传统建筑不同，西藏地区藏式古建筑以木梁、木柱和木檩条作为主要承重结构。这种“外刚内柔”的结构形式，既保证了建筑的稳定性，又充分体现了对高原环境的适应性。木柱作为建筑的主要承重构件，承担着上部结构的重力，而外墙则进一步分担来自上部的荷载，形成了外墙与内部木柱共同承重的结构体系。

这种独特的设计使西藏地区藏式古建筑在面对高原地区的气候和地质条件时，能够保持较高的耐久性和抗震性能。尤其是通过墙体的收分设计，使建筑物的重心降低，整体结构更加稳固。收分不仅增强了墙体的稳定性，还减轻了上部结构的重力，使建筑物在地震等自然灾害中具备更好的抗震能力。

2.1.2 外墙与地面的工艺与智慧

西藏地区藏式古建筑的外墙采用了独具匠心的垒砌工艺，墙体由块石、片石、碎石和湿土逐层砌筑，形成坚固而稳定的结构。这种承重外墙通常内壁垂直而外壁向内收分，这种设计不仅提高了墙体自身的稳定性，还提升了建筑的整体抗震能力。这种厚实的石墙能够有效抵御高原的寒冷和强风，同时也为建筑的长久保存奠定了坚实的基础。

在地面处理上，传统的西藏地区藏式古建筑通常采用阿嘎土地面，这种地面在找平夯实后，表面铺设一层阿嘎土，既光滑又坚实，彰显着宫殿建筑的华丽风格。地面的这种做法不仅耐用，还能适应高原特殊的气候条件，避免了地面的过度潮湿或开裂，延长了建筑的使用寿命。

2.1.3 楼面与屋面的防潮与通风设计

西藏地区藏式古建筑在楼面和屋面的设计上展现出了高度的智慧。楼面通常采用密铺椽子和占棍，椽子之上再铺设圆木或木板，形成建筑的承重层。占棍上方还会铺设一层卵石或碎石，用以通风透气，防止木材因受潮而腐朽。卵石层上再铺黏土垫层并夯实，最后铺上厚达 15cm 的阿嘎土作为面层，这种层层保护的做法有效地保证了楼面和屋面的持久性与防潮性能。

屋面的构造与楼面类似，但为了适应高原地区的多雨天气，屋面的阿嘎土层往往更厚，并且采用泛水设计，在屋檐处通过木槽将雨水引出建筑外。这种设计使屋顶能够有效排除雨水，并通过多层夯实的泥土逐渐吸收剩余的雨水，从而确保屋内的干燥和舒适。这种防潮与通风设计，极大地提升了西藏地区藏式古建筑的耐久性，避免了因潮湿而导致的木材腐烂或建筑损坏。

2.1.4 西藏地区藏式古建筑的美学价值

西藏地区藏式古建筑不仅在结构和功能上展现出高度的智慧，其美学价值也同样值得称道。厚实的石墙与木梁的结合，形成了西藏地区藏式古建筑独特的外观。建筑的整体风格朴实大气，但细节处却不乏精致之美，尤其是在雕刻、壁画和装饰图案上，展现了丰富的藏族文化内涵。阿嘎土地面的光滑质感以及地面上偶尔镶嵌的宝石，进一步彰显了西藏地区藏式古建筑的华丽与高贵。

西藏地区藏式古建筑还体现了人与自然和谐共处的理念。建筑的选址、布局以及材料的使用，都是基于对高原自然环境的深刻理解与尊重。通过合理利用自然资源，西藏地区藏式古建筑实现了建筑与环境的和谐统一，使其不仅具有高度的实用性，也充满了自然的美感。

2.2 建筑结构体系概述

在探讨藏式传统建筑的结构特征时，可以注意到藏式传统建筑一般采用外部石墙，内部木排架的结构形式。每个单体建筑即为一个独立的结构单元，这些结构单元的平面大多是矩形或方形，体现了一种对空间的有序划分和利用。

在这些单元的内部，墙体按照井字形或近似井字形的模式布置，形成了上下贯通的空间分隔。这种布局不仅增强了建筑的结构稳定性，也为内部空间的划分提供了灵活性。在这些墙体的支撑下，木构架体系得以展开，其中梁柱组成的纵向排架是其核心。梁上铺设的密椽，如同建筑的脉络，支撑着屋顶的重力，而当需要扩展内部空间时，可以通过增加纵排架的数量来实现。

西藏地区藏式古建筑的结构特点在于其密梁平顶式的设计（图 2-1），这一设计是传统木构架与西藏地区特有的地理和文化环境相结合的产物。与传统木构架相比，西藏地区藏式古建筑的一个显著区别在于墙体和木构架共同承担建筑的重力。这种承重方式在外观上表现为厚重的墙体、狭窄的窗户和平直的屋顶线条，这些特征不仅赋予了建筑以坚固和耐久性，也反映了对当地气候和文化的适应。图 2-2 为西藏地区藏式古建筑。

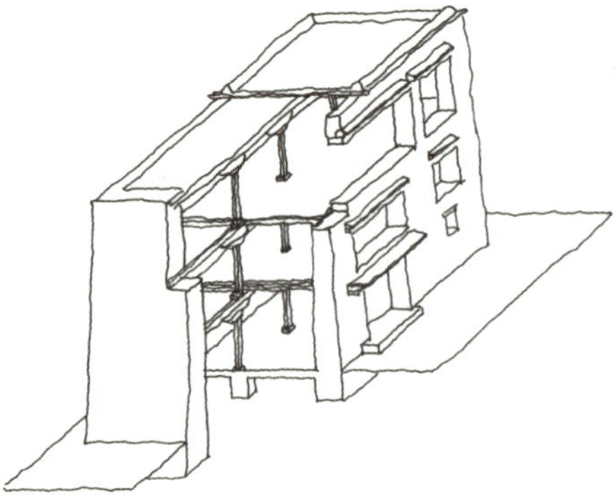

图 2–1　密梁平顶式结构示意图

图 2–2　西藏地区藏式古建筑（图片来自网络）

在结构形式上，西藏地区藏式古建筑采用了墙柱混合承重的体系。外墙和内部柱子共同承担着建筑的荷载，大梁横向铺设，通过外纵墙和内柱将荷载传递至基础。同时，檩条纵向铺设，与外横墙和大梁一起，承受着来自密椽的荷载。这种结构设计不仅体现了西藏地区藏式古建筑的工程技术，也展现了对材料和空间的高效利用。

传统西藏地区藏式古建筑以木梁、木柱及木檩条作为主要结构体系，木柱承重的同时，外墙也承担由上部木梁传递来的荷载，形成外刚内柔的结构形式。每个单体建筑即一个独立的结构单元，这些结构单元的平面大多为矩形或方形。平面内部按照“井”字形布置若干上下贯通的墙体，在四周墙体内的空间，以梁柱组成纵向排架，梁上铺密椽，若需加大内部空间，则由数列纵排组成。上下层建筑的梁柱排架，上下对齐在一条垂直线上。图 2-3 为西藏地区藏式古建筑木结构体系组成。

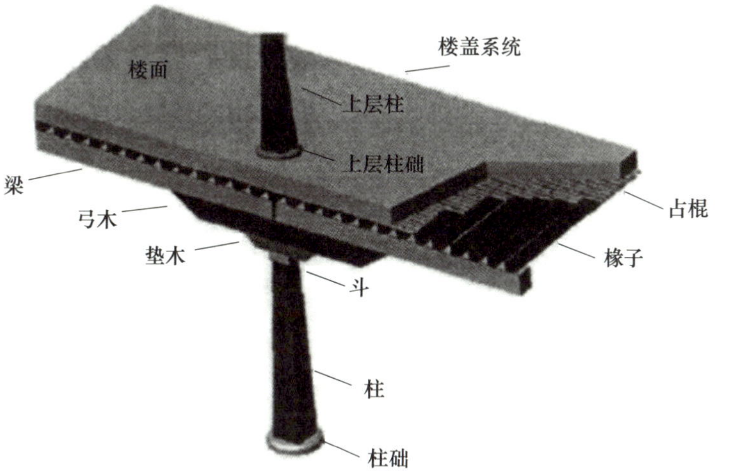

图 2–3 西藏地区藏式古建筑木结构体系组成

梁柱节点为上下搭接，在柱头设置栌斗、替木等构件以增大梁柱之间的接触面，梁上设置椽子，梁、椽另外一端搭设于墙上，形成室内梁柱和四周墙体共同承重的土（石）木混合结构，其结构传力体系如图 2-4 所示。

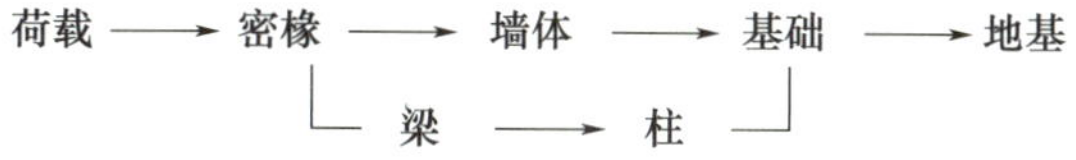

图 2–4 墙柱混合承重结构传力体系

2.3 木结构承重体系

2.3.1 柱式

西藏地区藏式古建筑柱式由柱础、柱身、斗及雀替构成，承重的同时也具有一定的装饰作用。由于西藏地区木材比较缺乏，加之运输困难，木料都被截成 2~3m 的短料，因此木柱的长度通常在 2~3m，柱径在 0.2~0.5m。在图 2-5 中可见罗布林卡坚塞颇章宫的木结构承重体系，其木柱、木梁除中间大殿通高部分，均为长度 3m 以内的木构件。图 2-6 为坚塞颇章宫木柱样式，其木柱柱础、柱头分别如图 2-7、图 2-8 所示，图 2-9 则是埋于内墙内的木柱。

图 2-5　坚塞颇章宫木结构承载体系模型图

图 2-6　木柱典型样式

图 2-7　木柱柱础

图 2–8 木柱柱头精致的雕花装饰

图 2–9 埋于内墙内的木柱

2.3.2 梁架

西藏地区藏式古建筑的梁置于雀替之上，梁架一般沿纵向，梁上横向铺设椽子，梁、椽另一端搭在墙上，形成四周墙体和内部木构架共同承重的土石木混合结构。图 2-10 为坚塞颇章宫内柱上梁相交节点。

图 2–10 坚塞颇章宫内柱上梁相交节点

2.3.3 雀替及梁柱节点

西藏地区藏式古建筑梁柱节点采用暗销连接梁柱间垂直叠压的构件，梁间采用燕尾连接，该类节点从下往上依次由柱、斗、垫木、雀替（弓木）、梁构成，各构件垂直叠压，采用暗销连接，梁端结合处采用燕尾榫增强联系。图 2-11 为坚塞颇章宫精美的柱头及雀替，其内部的节点构造如图 2-12 所示。

图 2-11　坚塞颇章宫的柱头及雀替

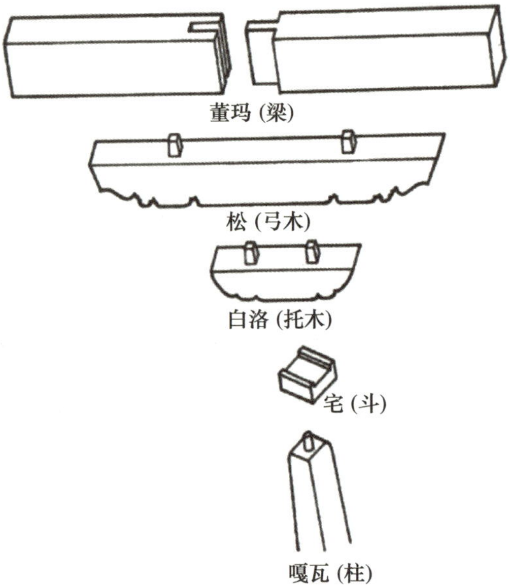

图 2-12　内部的节点构造

2.3.4　斗拱

斗拱用于主殿、灵塔殿、金顶和其他一些等级比较高的建筑物，斗拱的形式和做法与明、清时期中原地区建筑上的斗拱有较大区别。没有正心枋和拽枋，斗口尺寸也大小悬殊，与整个建筑没有明确的模数比例关系，西藏地区藏式古建筑斗拱的斗口一般比较浅。在布达拉宫和罗布林卡这样高规格的宫殿建筑中可见到斗拱，如图 2-13 和图 2-14 所示。

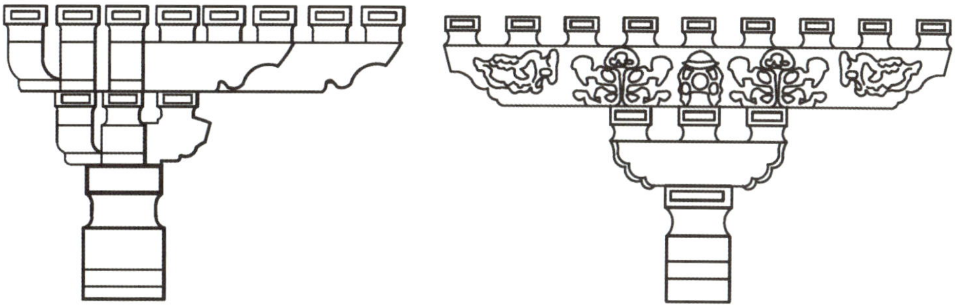

图 2-13 藏式宫殿建筑中的斗拱（西藏大学毛中华老师提供图片）

图 2-14 坚塞颇章宫门两侧斗拱

2.4 墙体

2.4.1 承重外墙构造

承重外墙用块石、片石、碎石和湿土垒砌，每层块石之间采用片石填充，内填不规整块石和碎石，图 2-15 为承重墙截面示意图，图 2-16 为修建工程中展示的承重墙内部情况。承重石墙均有收分，外壁收分内壁不收分，墙体收分内倾，能够增强建筑物的稳定性。墙体收分一方面是满足墙自身稳定的需要，另一方面是寻求整体结构的稳定，同时采用收分的处理方式，可以减轻墙体上部的重力，使整个建筑的重心下降，增加建筑物的稳定性，提高抗震能力。图 2-17 和图 2-18 为坚塞颇章宫的外墙，可见明显的收分。

图 2-15　承重墙截面示意图

图 2-16　承重墙内部情况

图 2-17　坚塞颇章宫外墙 1

图 2-18　坚塞颇章宫外墙 2

2.4.2　隔墙构造

根据查阅《西藏布达拉宫修缮工程报告》等相关文献，隔墙的材料一般采用牛粪砖、草墙和不易腐烂的边玛草（图 2-19、图 2-20）。其做法为：稻草或边玛草晾干后，用一束束绳条捆绑，横向或竖立着排列成一道隔墙，最后上一层黄泥在墙面抹平，待全干。再用黄土和粗砂配合好，加少量稻草（防裂缝），再加少量细木炭（防变质），拌泥后抹上墙，待全干。然后再用较细的阿嘎土和砂子按 1：1 的比例拌匀，拌泥后抹在墙面之上。墙面先用较大一点的打光石（白色石英石）抹出灰浆，待稍干后用普通打光石连续打磨使泥墙面变干，直到能发出亮光为止，该墙的主要特点为隔声、承重、节约材料并腾出室内空间。图 2-21 为罗布林卡坚塞颇章宫的内墙情况。

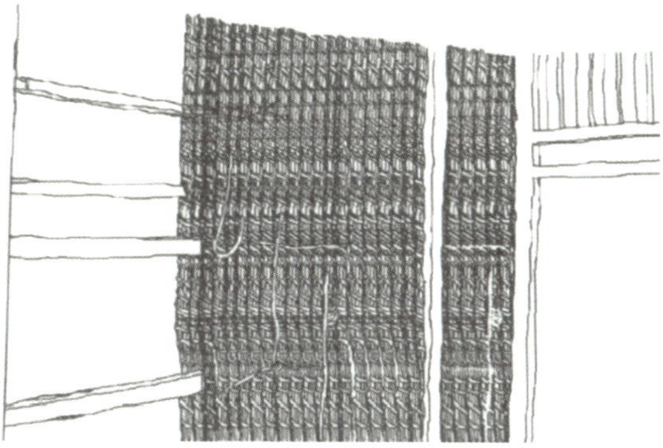

图 2-19　布达拉宫室内竖向排列的边玛草隔墙、草隔墙

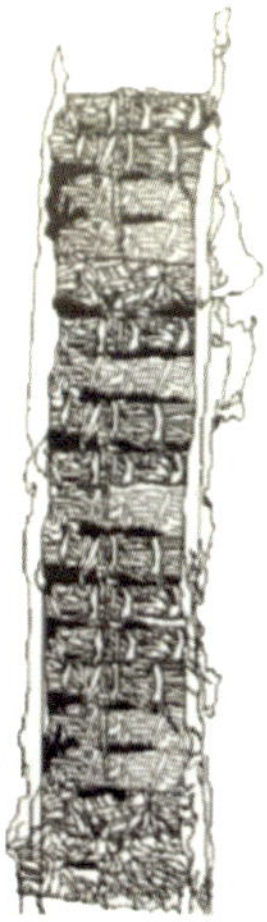

图 2-20　布达拉宫室内草隔墙

图 2-21　罗布林卡坚塞颇章宫内墙情况

2.4.3 边玛墙构造

边玛墙是边玛枝干去皮、晒干，切成30cm长短，捆扎成手臂粗细垒砌而成的。砌筑边玛墙的时候，先把捆扎好的边玛树枝铺一层，再加上一层黏土夯实，这样重复砌筑，到了顶部还要进行防水技术处理，墙体基本筑成后，在墙面上涂一层赭红色的颜料，边玛墙不作为承重墙，不设收分，图2-22为坚塞颇章宫边玛墙形式，图2-23为其截面构造。这种墙体从建筑技术角度来讲，可以减轻墙体顶部的重力，对高层西藏地区藏式古建筑无疑有着很好的减重作用；从建筑外观装饰来讲，边玛墙对建筑起到色彩对应反差的装饰作用，从而获得视觉美感的效果。西藏地区藏式古建筑墙体色彩上白色是主流色，白色墙体上加上赭红色的女儿墙和窗户边沿的黑色条，墙体颜色从单调变成了多彩，从轻淡变成了凝重，增加了整个建筑的庄重感。图2-24、图2-25为罗布林卡坚塞颇章宫外观。

图2-22 坚塞颇章宫边玛墙形式

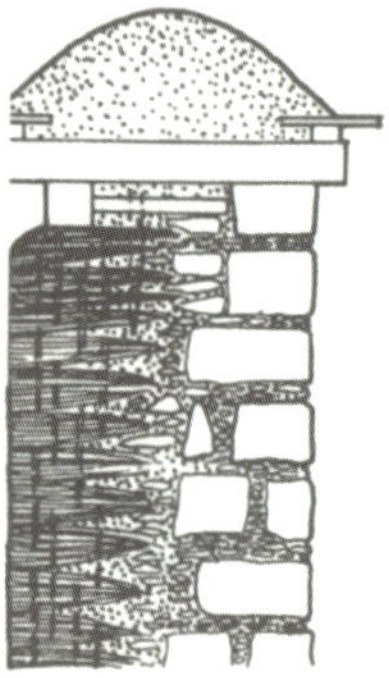

图2-23 坚塞颇章宫边玛墙截面构造

图2-24 坚塞颇章宫西立面

图2-25 坚塞颇章宫东立面

2.5 楼面、屋面、地面构造

2.5.1 地面做法

传统的宫殿式西藏地区藏式古建筑地面一般为阿嘎土地面，做法是先找平、夯实，表面做阿嘎土面层。地面光滑、坚实，有时还配以宝石，彰显其华丽。

2.5.2 楼面做法

楼面的做法为梁上密铺椽子，椽上密铺直径 1cm 的圆木、半圆木（曲面向下）或木板作为承重层，也称为占棍。占棍上铺一层卵石或碎石，作用是通风透气，不致使承重层的木料糟朽。在卵石层上铺黏土垫层，找平并闷水夯筑平整。待垫层稍干，上铺一层厚约 15cm 的阿嘎土作为面层。

2.5.3 屋面做法

一般藏式平屋面，其做法与楼面相同，但为了防雨，面层阿嘎土层较厚，一般在 15cm 以上。考究的做法是两层阿嘎土层，且做泛水，在檐口用木槽将雨水引出墙外。西藏地区藏式古建筑的土屋顶，靠泛水将大部分雨水及时排走靠一定厚度且分两层或三层夯实的泥土层慢慢吸收尚未流走的雨水，确保屋内不漏雨（图 2-26 和图 2-27）。

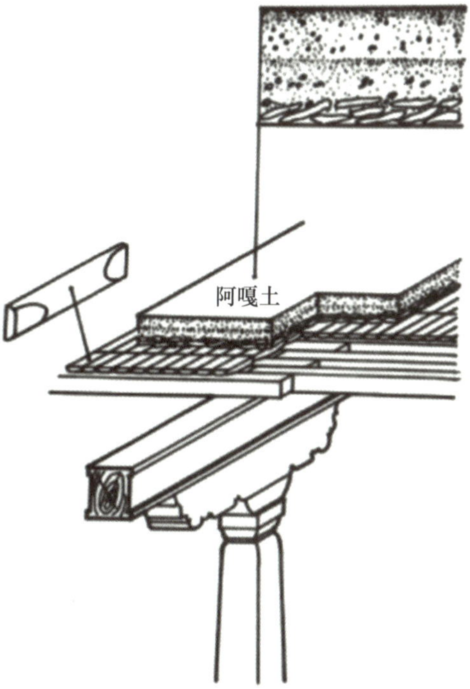

图 2–26　西藏地区藏式古建筑平屋顶构造图

图 2-27　坚塞颇章宫平屋面

2.5.4　鎏金铜皮屋檐

藏式宫殿的鎏金铜皮屋檐是西藏地区藏式古建筑中一项独特的装饰艺术，它不仅具有实用功能，更是建筑装饰的重要组成部分。鎏金铜皮屋檐通常采用铜质材料，经过特殊工艺处理后，表面镀上一层金，以增强其耐久性和美观性。这些屋檐的设计往往包含了丰富的文化象征和宗教意义，其上雕饰有法轮、宝盘、云纹、六字真言、莲珠、花草、法铃、八宝吉祥等图案。这些花纹和图案不仅美观，更蕴含着深厚的宗教和文化寓意。

在宫殿、寺院、佛塔等重要建筑上加盖鎏金铜皮屋檐，其目的是让主体建筑突出于周围建筑群之上，使建筑显得更加富丽堂皇、辉煌夺目。例如，布达拉宫的金顶群就是铜鎏金宝顶，其上装饰有藏、汉、蒙和南亚等多种风格的元素，这些金顶不仅是建筑的装饰，也是多元文化艺术的荟萃之地。

2.5.5 结语

罗布林卡的西藏地区藏式古建筑历经上百年的历史，仍然保持高度的完整性，充分体现了藏族人民在应对高原环境时的建筑智慧。这种智慧不仅表现在其独特的结构体系和防潮、抗震等功能设计上，也在建筑的美学与文化价值中得到了充分的展示。

文物建筑作为历史文化的见证，其预防性保护工作一直以来都备受关注。防微杜渐式的日常维护和经常性的修缮是中国建筑遗产保护传统的重要部分。通过对建筑物进行定期检查和日常维护，可以及时发现和处理潜在的问题，防止小问题发展成大灾难。

同时，在经历上百年的环境变化，使用磨耗后，材料本体都发生了一些侵蚀和损坏，梁柱连接节点也发生了很多变化，墙体结构内外部的破损，该如何进行修缮？这些问题也是罗布林卡作为世界文化遗产在保护时面临的技术问题。而这些问题若只通过日常的检查和维护是难以全部解答的，因此，需要对罗布林卡世界文化遗产进行全面的检测评估，通过“全面的体检”，更好地“对症下药”，日常维护、检测鉴定评估、技术措施与管理措施相结合，在有效保护文物建筑的结构和外观同时，延长其使用寿命，确保历史价值和文化价值得以长期保存。

预防性保护不仅是对历史文化的尊重，也是对未来的负责。

3

CHAPTER THREE

预防性保护的

关键节点

3.1 预防性保护的重要性

预防性保护是一种主动的保护行为，旨在最大限度地防止或减缓各种因素对文物本体的破坏作用。这种保护方式强调的是在问题发生之前就采取预防措施，而不是等到问题出现后再进行修复。例如，通过对建筑物的加固、密封等技术措施，可以有效预防自然灾害和人为破坏对文物的影响，从而保护其结构和外观的完整性。此外，预防性保护还包括对环境因素的监测和控制，如温度、湿度、光照等，通过这些手段，可以为文物建筑创造一个稳定的保存环境，减少自然环境对文物的侵蚀和损害。总之，预防性保护不仅是对文物建筑的保护，更是对历史文化的传承，通过主动采取措施，可以为后代留下更多珍贵的文化遗产。

科学管理和风险控制是预防性保护的重要手段。通过检测、鉴定与评估，能够揭示文物建筑面临的各类自然与人为风险因素；继而采取相应的防护措施，可有效降低风险隐患。科学的管理和风险控制不仅能延长文物建筑的使用寿命，还能确保其在保存过程中不受到破坏和损害，达到长久保存的目的。通过科学的管理和风险控制，能够达到对文物建筑的全面保护，确保其在未来的岁月中依然能够展示其独特的历史和文化价值。预防性保护不仅是对历史文化的尊重，也是对未来的责任担当，通过科学管理和风险控制，能为后代留存更多珍贵的文化遗产。

文物建筑检测鉴定评估是文物建筑预防性保护必不可少的手段和内容，对于维持其真实性、完整性，把握文物建筑的结构安全性有重要作用和意义。通过检测鉴定评估，可以揭示文物建筑面临的各种自然与人为风险因素，损伤原因、程度、规律等，继而通过风险预防、控制、维护、应急处理等科学管理和技术手段及时降低或消除这些风险隐患，有效阻止或延缓文物建筑结构的物理、化学性质改变乃至最终劣化。检测鉴定评估不仅是对文物建筑现状的全面了解，也是制定保护措施的基础，通过科学的检测鉴定，可以为文物建筑的保护和修缮提供可靠的依据，确保保护措施的有效性和针对性。

预防性保护不仅需要依靠先进的技术措施，还需要配合相应的管理措施。通过技术与管理的结合，可以更加全面地保护文物建筑。例如，在技术层面，通过结构加固、环境控制等手段，可以有效提高文物建筑的抗风险能力；在管理层面，通过制订和执行科学的保护计划和应急预案，可以及时应对和处理突发事件，减少灾害对文物的损害。技术措施和管理措施的结合，是确保文物建筑长期保存的重要手段。通过这种综合性的保护措施，可以最大限度地减少文物建筑面临的风险，确保其结构和外观的完整性，延长其使用寿命。

3.2 预防性保护的技术路线

综上所述，为保护罗布林卡世界文化遗产的文物建筑群落的安全，对整个园区内的文物建筑进行一系列预防性保护工作，工作主要分为三个阶段进行（图 3-1）。

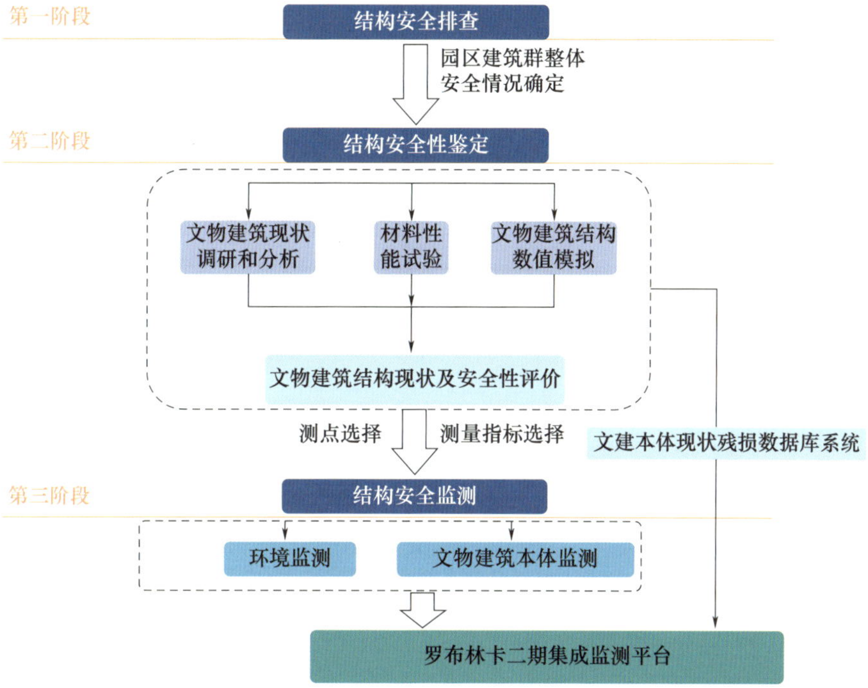

图 3-1　罗布林卡世界遗产地文物建筑安全评估三阶段流程图

（1）第一阶段：对罗布林卡园区古建筑进行结构安全排查。现场检查建筑现状，根据现状确认园区各建筑结构损伤情况，结合建筑结构的材料、受力体系、结构形式、重要性等划分文物建筑的危险点及危险等级，确定重点检查和分析的部分，为后续深入的工作提供方向。

（2）第二阶段：根据第一阶段的结构安全排查工作，对园区内的重要文物建筑进行结构安全性鉴定。深入分析和鉴定重点部位及缺陷对建筑安全性的影响，确定建筑物的安全等级，通过系统计算评定建筑物整体的安全级别，并针对存在安全隐患的部位提出合理且可靠的修复方案。

（3）第三阶段：对重要殿堂进行全面结构安全监测。在完成前面两个阶段的工作后，根据前期的排查和鉴定结果以及建筑物的实际情况，需要对重要的文物建筑进行全面的监测。这不仅是建筑物日常维护的“眼睛”，更是文物安全的一道保护屏障，提前预知建筑物的危险对于文物保护是极其重要的。

4

CHAPTER FOUR

罗布林卡世界遗产地

文物建筑安全排查

4.1 安全排查目的、范围

4.1.1 安全排查的目的

基于初步勘察及罗布林卡园区保护与维修的需要，本着“安全第一”的基本原则，本次安全性排查的主要目的是：通过现场检查建筑现状，根据现状确认园区各建筑结构损伤情况，结合建筑结构的材料、受力体系、结构形式、重要性等划分文物建筑的危险点及危险等级，确定重点检查和分析的部分，为后续深入的工作提供方向。对于存在严重安全隐患的部分，及时提出应急处理对策，以保证文物建筑的结构安全，避免发生严重的安全事故；对其他问题，提出主要的加固原则和处理意见，供后期工作参考。

4.1.2 安全排查范围的确定

在确定本次安全排查的范围时，秉持“全面覆盖”的原则，确保世界遗产地内的所有保护单体均纳入检查范围，涵盖表 4-1~ 表 4-6 的建筑。罗布林卡世界遗产地内，涵盖了 6 个建筑群的 62 座古建筑，总面积约为 20830m^2，此外还有约 2700m 的围护墙体。这些建筑不仅包括了重要的文物建筑，如宫殿和庙宇，还涉及了其他功能性建筑，如辩经台、习经室、湖心亭等。同时，为了更加全面地掌握罗布林卡世界遗产地的现状，此次排查还将包括园区内的各种生活辅助用房，例如，门房、马厩、物料库、厨房，以及各个大门和围墙等。

这种“全面覆盖”的原则，旨在确保无论是具有重要文物价值的建筑，还是那些看似次要的生活辅助设施，都能得到细致的检查和保护。通过对各种类型建筑的全方位排查，能够更深入地了解罗布林卡世界遗产地的现状，发现潜在的安全隐患，并为今后的保护和修缮工作提供科学依据。这种全面覆盖的方式，既体现了对世界遗产地整体性保护的重视，也确保了各类建筑的现状得以被详尽掌握，最终为世界遗产地的长久保存奠定坚实基础。

表 4-1 格桑颇章区建筑群各单体汇总

序号	文物单体名称	外观照片	建筑面积（m^2）
1	格桑颇章大门及西廊		96
2	格桑颇章东门廊及东廊房		160
3	辩经台		118.1
4	习经室		84.8

续表

序号	文物单体名称	外观照片	建筑面积（m²）
5	格桑颇章 仓库院		220
6	格桑颇章 西院门房		38.1
7	乌尧颇章		202.4
8	威镇三界阁		761

续表

序号	文物单体名称	外观照片	建筑面积（m^2）
9	格桑颇章区兽房		82.1

表 4-2　措吉颇章区建筑群各单体汇总

序号	文物单体名称	外观照片	面积（m^2）
1	汉物库		402
2	东龙王宫		131
3	湖心宫大门		10.3

续表

序号	文物单体名称	外观照片	面积（m^2）
4	准增颇章（持舟殿）		150
5	内观马宫		339.8
6	内观马宫马厩		1300
7	湖心亭		39.4

续表

序号	文物单体名称	外观照片	面积（m^2）
8	西龙王宫		78.7
9	兽房		73.5
10	外观马宫		262.6
11	外观马宫马厩		954.3

表 4–3　坚塞颇章区建筑群各单体汇总

序号	文物单体名称	外观照片	面积（m^2）
1	坚塞颇章 宫院南大门		40
2	坚塞颇章 宫院北大门		20
3	坚塞颇章 院内东门房		28
4	坚塞颇章 院内西门房		28

续表

序号	文物单体名称	外观照片	面积（m^2）
5	凉亭		201
6	其美确吉颇章		274.9
7	其美确吉颇章附属建筑		175.9
8	大净厨房		216

续表

序号	文物单体名称	外观照片	面积（m^2）
9	小净厨房		98.6
10	净厨房间大门		40.2
11	格桑德吉颇章招待所		300
12	格桑德吉颇章招待所西门		17.9

表 4-4 夏典拉康区建筑群各单体汇总

序号	文物单体名称	外观照片	面积（m^2）
1	东办公区 祝寿殿		815
2	东办公区 办公室、仓库		1688
3	西办公区		1855
4	东生活区		1320
5	西生活区		1126

表 4–5　新宫区建筑群各单体汇总

序号	文物单体名称	外观照片	面积（m^2）
1	达旦明久颇章		2064.7
2	新宫建筑群门侧柱子		15.1
3	新宫建筑群南门		10.3
4	新宫建筑群西门		19.1

续表

序号	文物单体名称	外观照片	面积（m^2）
5	新宫建筑群东侧门		8
6	新宫建筑群花工住房		54.9
7	新宫建筑群水塔基座		26
8	新宫区办公用房		756.8

表 4–6　外围区各单体汇总

序号	文物单体名称	外观照片	面积（m^2）
1	M1		79.6
2	M2		21.6
3	M3		70.9
4	M4		57.6

续表

序号	文物单体名称	外观照片	面积 (m^2)
5	M5		22.1
6	M6		11.3
7	M7		11.3
8	M8		27.2

续表

序号	文物单体名称	外观照片	面积（m^2）
9	M9		—
10	M10		—
11	M11		—
12	坚塞颇章北仓库		551.2

续表

序号	文物单体名称	外观照片	面积（m^2）
13	玛尼拉康		177
14	牛羊圈		855
15	坚塞颇章花房		145.7
16	厨房		380

续表

序号	文物单体名称	外观照片	面积（m^2）
17	围墙		2700m

4.2 安全排查危险点划分标准

在对罗布林卡园区内建筑的安全排查过程中，采用了危险点评级的方法。这一方法通过对建筑的现状进行详尽调查、现场检测，并结合各类数据和信息，全面评估建筑物的安全性。危险点评级的方法能够系统地识别出建筑中的潜在危险点，并根据其风险程度对建筑的安全性进行分级，从而为后续的修缮和维护工作提供科学依据。这种方法不仅确保了排查的全面性和准确性，还使每一处潜在危险都能够得到及时的发现和处理。

4.2.1 使用危险点评级的优势

采用危险点评级方法进行安全排查具有显著的优势。这一方法能够对建筑物的安全性进行精确分级，帮助管理者明确需要关注和处理的危险点。通过对危险点进行等级划分，排查工作可以更加有针对性，从而提高工作效率，节约资源。此外，危险点评级还能帮助预测建筑物潜在的风险发展趋势，提前识别出可能影响建筑使用性和耐久性的隐患，为制订长远的保护计划提供重要参考。

4.2.2 危险点评级的方法

危险点评级方法的实施过程包含多个步骤，首先是对建筑的现状进行全面的调查，获取关于建筑结构、材料状况、环境影响等方面的数据。这些数据为后续的危险点评估提供了基础。其次评估团队将根据建筑物的结构整体危险程度、对房屋使用性及耐久性影响程度以及缺陷可能的发展趋势，进行综合分析。

这种基于危险点评级的安全排查方法，不仅具有系统性和科学性，还能够提供清晰的指导方针，确保罗布林卡世界遗产地的保护工作在严谨和高效的基础上进行。这种方法的应用，不仅提升了排查工作的质量，也为世界遗产地的长期保护提供了有力支持。

4.2.3 危险点评级划分

危险点等级分为构件的危险等级和整体的危险等级，其划分依据如下。

1. 构件的危险等级

对于存在安全隐患的部位，构件的危险点划分为以下三个等级。

等级Ⅰ：对结构整体现状安全无明显影响，但影响房屋的耐久性或使用性，如得不到有效处理，其危险程度有扩大的趋势，进而影响结构安全。

等级Ⅱ：主体结构构件存在一定的安全隐患，或有继续发展的趋势，需要进一步进行观察或监测；如监测后有继续发展或控制指标超过限值，应采取措施。

等级Ⅲ：主体结构构件存在安全隐患，构件现状已对局部或整体结构安全及使用造成威胁，应采取措施。

构件的危险等级评定标准如表 4-7 所示。

表 4–7 构件的危险等级评定标准

<table>
<tr><th>部位</th><th colspan="2">检查项目</th><th>Ⅰ</th><th>Ⅱ</th><th>Ⅲ</th></tr>
<tr><td>地基基础</td><td colspan="2">地基、基础</td><td colspan="3">本次排查未对地基基础进行开挖或探测，地基基础的危险性评定主要根据上部结构是否有明显倾斜或因基础不均匀沉降导致的墙体开裂或变形，以此判定地基基础是否完好</td></tr>
<tr><td rowspan="2">上部结构</td><td rowspan="2">墙体</td><td>承重墙体</td><td>现状基本完好，墙体砌筑锚固、连接方式正确，面层外观轻微变形、风化、粉化、残缺、孔洞以及轻微裂缝、鼓凸变形等</td><td>略低于Ⅰ级要求，但尚不显著影响其安全性能</td><td>不符合Ⅰ级要求，且已显著影响其安全性及使用性功能</td></tr>
<tr><td>围护墙体、隔墙</td><td>表面基本完好，且维护功能基本符合要求，有轻微缺损、开裂、剥落、渗漏等</td><td>有缺损、开裂、剥落、渗漏等，但尚不显著影响其维护功能</td><td>多处出现孔洞、开裂、大面积剥落，较严重渗漏，严重影响其维护功能</td></tr>
</table>

续表

部位	检查项目		Ⅰ	Ⅱ	Ⅲ
上部结构	木构件	木梁、柱	构造合理，与主体结构有可靠联系，无明显位移或扭转，外观基本完好，存在轻微干缩裂缝或其他缺陷等	略低于Ⅰ级要求，局部破损、变形、干缩开裂，但不显著影响其安全性及使用性功能	不符合Ⅰ级要求，大面积破损，截面损失超过1/3、干缩开裂严重，梁出现弯曲下挠，柱出现严重扭转，且已显著影响其安全性及使用性功能
		楼、屋面木构件	构造合理、有可靠连接，存在轻微干缩裂缝或其他缺陷等	略低于Ⅰ级要求，局部开裂，洇水，但不显著影响其安全性及使用性功能	不符合Ⅰ级要求，大部分构件开裂，木构件严重变形，大面积渗水，且已严重影响其安全性及使用性功能
	楼、屋面	楼面及地面	外观基本完好，表面存在细微裂隙	略低于Ⅰ级要求，局部翻砂、细微裂缝，但不影响其使用性功能	不符合Ⅰ级要求，表面粗糙，大面积开裂或局部严重开裂，且已严重影响其安全性及使用性功能
上部结构	楼、屋面	屋面	外观基本完好，表面平整，表面存在细微裂隙	略低于Ⅰ级要求，局部轻微开裂，或大面积开裂已修补，但不影响其安全性及使用性功能	不符合Ⅰ级要求，表面粗糙，大面积开裂或局部严重开裂，屋面出现渗漏，且已严重影响其安全性及使用性功能
	围护结构	门窗、雨棚等	构造合理、与主体结构有可靠联系，功能符合要求，但局部存在轻微破损或细微裂缝等	略低于Ⅰ级要求，局部破损、构件有裂缝，但尚不显著影响其安全性及使用性功能	不符合Ⅰ级要求，构件出现较严重开裂、破损构件出现变形，严重影响其安全性及使用性功能
	重点保护部位	墙面壁画、台基、石栏板、雨水管等	外观基本完好，与主体结构有可靠联系，有轻微缺陷	略低于Ⅰ级要求，有缺陷，但尚不显著影响其使用性功能	不符合Ⅰ级要求，有损坏，严重影响其使用性功能

2. 整体的危险等级

根据构件危险点排查情况，房屋整体的安全性等级按下列情况划分为四级，分级标准如表4-8所示。

表4–8　整体危险性等级分级标准

等级	分级标准	处理措施要求
一级	无危险点，房屋结构能满足安全使用要求	不必采取措施
二级	无Ⅱ类危险点构件，或有个别Ⅱ类危险点构件，但不影响主体结构安全，基本能满足安全使用要求	考虑耐久性及使用性，对Ⅰ类危险点构件，做一般性修复处理；对Ⅱ类危险点构件，局部进行鉴定或处理

续表

等级	分级标准	处理措施要求
三级	现状房屋基本能满足安全使用要求，但部分承重构件为Ⅱ类危险点构件，承重构件的危险程度有继续发展的趋势，进而影响房屋局部或整体安全	对整体进行安全性鉴定，并依据鉴定结果进行处理
四级	部分承重构件为Ⅲ类危险点构件，承重结构已不能满足安全使用要求，房屋整体或局部处于危险状态	对Ⅲ类危险点构件做抢救性保护；同时对整体进行安全性鉴定，并依据鉴定结果进行处理

4.3 排查结论

经过对罗布林卡各建筑群的全面排查，包括格桑颇章区建筑群、措吉颇章区建筑群、坚塞颇章区建筑群、夏典拉康区建筑群、新宫区建筑群及外围区的60余个文物建筑单体，评估团队对每一处构件的危险点情况进行了详细评估。在这一过程中，评估团队不仅准确识别了各建筑群中存在的潜在危险点，还对整体安全状况进行了系统评估，确保所有建筑单体的现状和风险程度得到清晰的呈现。

此次排查工作的重要性主要体现在以下几个方面。

首先，通过全面排查，评估团队深入了解了各建筑的当前安全状态，为后续保护工作打下了坚实基础。其次，基于排查结果，评估团队制订了详细的后期工作计划，确保修缮和保护工作能够有序进行。最后，对于评估中发现的危险建筑和具有重要价值的文物建筑，评估团队将根据前期的评估结论，制定更加精细的安全鉴定方案，以确保这些建筑得到优先关注和保护。

通过此次排查，评估团队不仅为罗布林卡文物建筑的保护和修缮工作提供了科学依据，还为未来的管理和维护奠定了基础。

5

CHAPTER FIVE

世界遗产地文物建筑安全鉴定

——现场勘察

5.1 现场勘察的重要性

建筑物安全鉴定中的现场勘察是确保建筑物结构安全性和完整性的重要环节。尤其是对于文物建筑而言，现场勘察不仅是对建筑现状的基本描述与判定，更是对建筑历史、文化价值以及其独特结构的深度理解。通过现场勘察，技术人员能够全面掌握建筑的实际状况，从而为后续的保护、修缮和维护工作提供科学依据。这一过程尤为重要，因为它直接关系到文物建筑的保护措施是否得当，是否能够有效避免进一步的损坏或失修，从而确保这些珍贵的文化遗产得以长期保存。

5.2 现场勘察的主要工作内容

在现场勘察中，技术资料的调查与现场核实是首要工作。通过对已有技术资料的深入研究，技术人员能够对建筑的历史沿革、结构特点、材料使用等方面有一个初步了解。这些资料不仅包括建筑的原始设计图纸和施工记录，还可能包括历次修缮的详细记录。这些历史资料为现场勘察提供了重要的背景信息，帮助专家更好地理解和判断现有的结构状况。

现场结构的病害调查是勘察的核心部分。这一过程涵盖了对建筑各个部分的细致检查，包括地基基础、木结构、墙体、地面、楼面和屋面等关键部位。对于文物建筑，还需要特别关注那些具有历史和文化价值的特殊部位，这些部位往往因其独特的建筑工艺和材料而更加脆弱，容易受到时间和环境的侵蚀。因此，现场勘察不仅要全面仔细，还需要针对文物建筑的特殊性进行重点保护部位的调查。

在病害调查过程中，技术人员会详细记录建筑结构的各种病害情况，如地基下沉、墙体裂缝、木结构腐朽等问题。通过绘制病害图，专家能够直观地展示这些问题的具体位置和严重程度。这些病害图不仅是问题的视觉呈现，也是后续分析和修缮工作的基础。

在判定病害原因时，技术人员需要综合考虑多种因素，包括建筑的历史使用情况、环境影响以及材料的自然老化过程。通过对病害原因的深入分析，能够更好地理解这些问题对建筑整体结构的影响，从而制定科学合理的修缮方案。这些分析工作至关重要，因为只有准确判定病害的根本原因，才能从源头上解决问题，确保修缮工作的有效性和持久性。

5.3 技术资料调查

5.3.1 资料调查的主要内容

在进行建筑物安全鉴定之前，技术资料的调查是现场勘察的前期准备工作，也是整个鉴定过程中的关键环节之一。对于文物建筑而言，这项工作尤为重要且复杂，主要内容包括对建筑物的历史背景、建造年代、历次修复记录、原始设计图纸等相关资料的收集与分析。这些技术资料为现场勘察奠定了基础，是理解建筑物结构状况、判断病害成因及制定修缮方案的必备参考。

文物建筑往往因其历史悠久、建筑工艺独特而与现代建筑有显著不同。在技术资料调查中，了解建筑的建成年代至关重要。建筑物所使用的材料、施工技艺和设计理念，都深受其建成时期的文化背景影响。因此，在调查过程中，收集和分析建筑物的原始设计图纸、施工记录以及历次修缮和改建的详细资料，可以帮助专家更好地理解建筑的结构特点和材料特性。

此外，文物建筑在漫长的历史中往往经历过多次修缮和改建。每一次修缮的过程都可能对建筑物的结构和材料产生影响。因此，详尽的修复记录对于准确判断建筑物现状及其历史发展脉络具有重要意义。这些记录可以包括修复时使用的材料、工艺技术的变化以及修复的具体原因等信息。这些资料不仅为理解当前的结构状况提供了背景，还能揭示建筑物可能存在的潜在问题。

5.3.2 文物资料调查的重点

文物建筑的技术资料调查还涉及一些特定的重点领域，尤其是那些因建筑物的历史和文化价值而需要特别关注的部分。这些重点调查领域包括对历史文物建筑的传统建造工艺和施工技艺的了解。由于文物建筑往往采用了当时独特的建造方法和技术，这些技艺在现代可能已经失传，因此在资料调查中，了解这些传统技艺至关重要。这些信息不仅对理解建筑的结构和稳定性有帮助，还能指导后续的保护和修缮工作，确保修复过程尊重原有工艺和风格。

此外，文物建筑中的重要保护部位也需要在技术资料调查中重点关注。尽管这些部位可能不直接涉及建筑物的结构安全，但它们承载着丰富的文化信息，代表了建筑物的历史和艺术价值。例如，各种造像、室内壁刻、影壁等装饰元素，都是建筑物不可分割的一部分。这些装饰细节不仅展示了建筑物的美学价值，还反映了其所处时代的文化背景和社会风貌。因此，在资料调查中，详细记录这些保护部位的历史、工艺特点及现状，是确保文物建筑整体性和完整性保护的必要步骤。

通过对文物建筑进行深入详尽的调查，技术资料收集和分析能够为现场勘察提供全面的信息支持。这一工作不仅有助于技术人员在后续的勘察中做出准确判断，也为制订科学合理的修缮和保护计划提供了坚实的依据。

5.3.3 建筑结构图的复核与测绘

现场对罗布林卡的坚塞颇章宫（图 5-1）、格桑德吉颇章宫（图 5-2）、格桑颇章宫（图 5-3）建筑和结构布置状况进行核查。使用测距仪、卷尺，逐一检测墙体位置、柱间净距，结合墙体厚度、柱截面尺寸的实测值，得到墙、柱轴线尺寸。用测距仪测量各层净高，再加上楼板结构层与装饰层厚度实测值，得出各层层高。测量各个自然间的净尺寸，测量门窗洞口尺寸，并通过门窗洞口测量墙体厚度，汇总柱轴线尺寸，复核本建筑的平面布置图，如图 5-4~ 图 5-11 所示。

图 5-1　坚塞颇章宫

图 5-2 格桑德吉颇章宫

图 5-3 格桑颇章宫

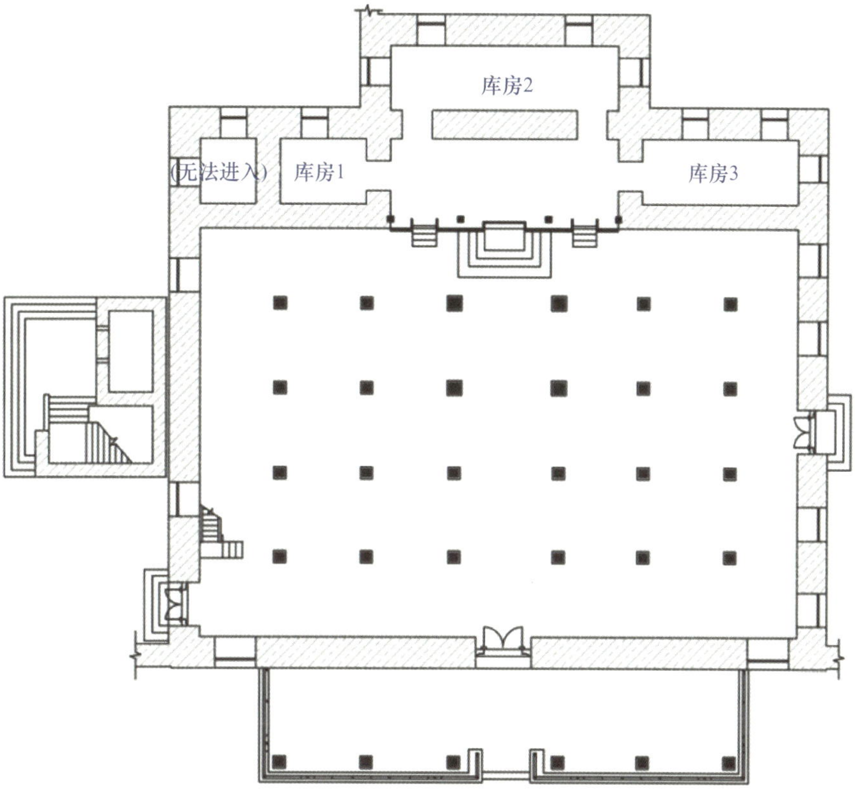

图 5-4 坚塞颇章宫首层房间检查名称图

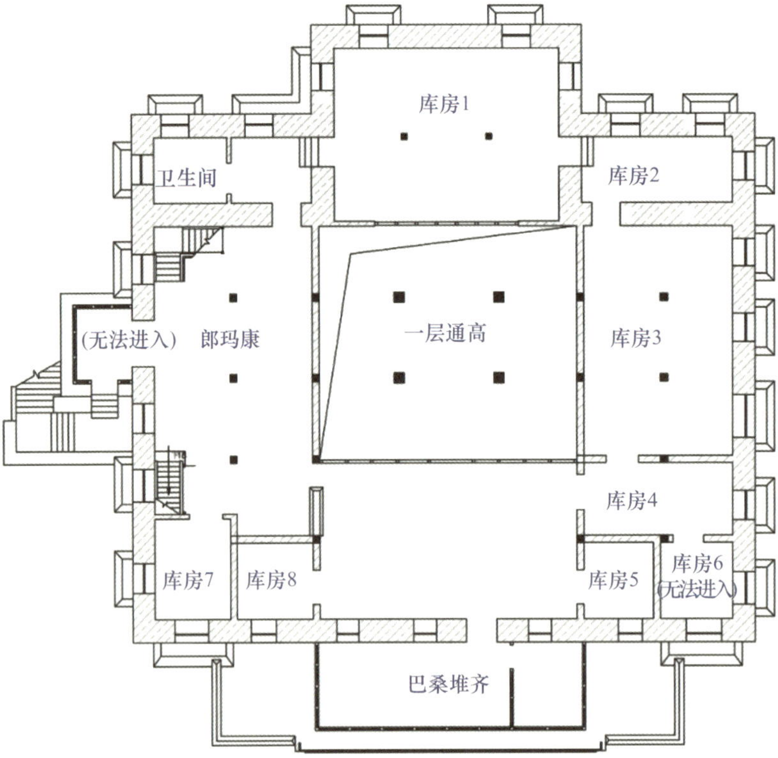

图 5-5　坚塞颇章宫二层房间检查名称图

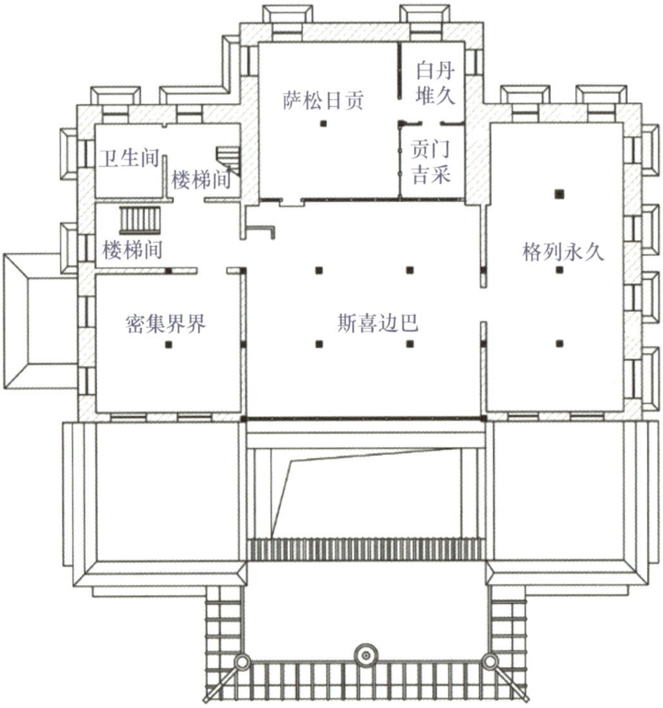

图 5-6　坚塞颇章宫三层房间检查名称图

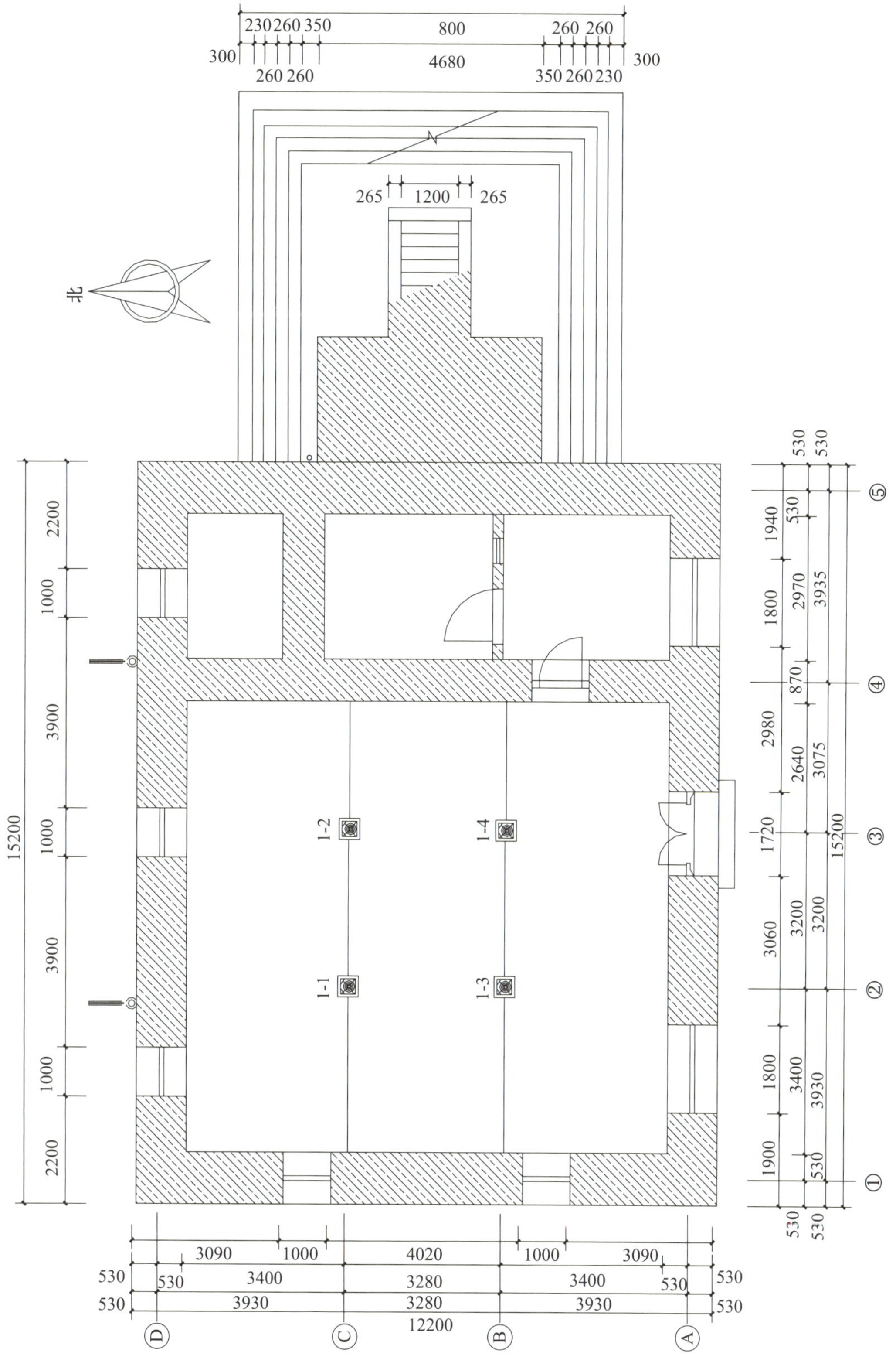

图 5-7 格桑德吉颇章宫首层平面图

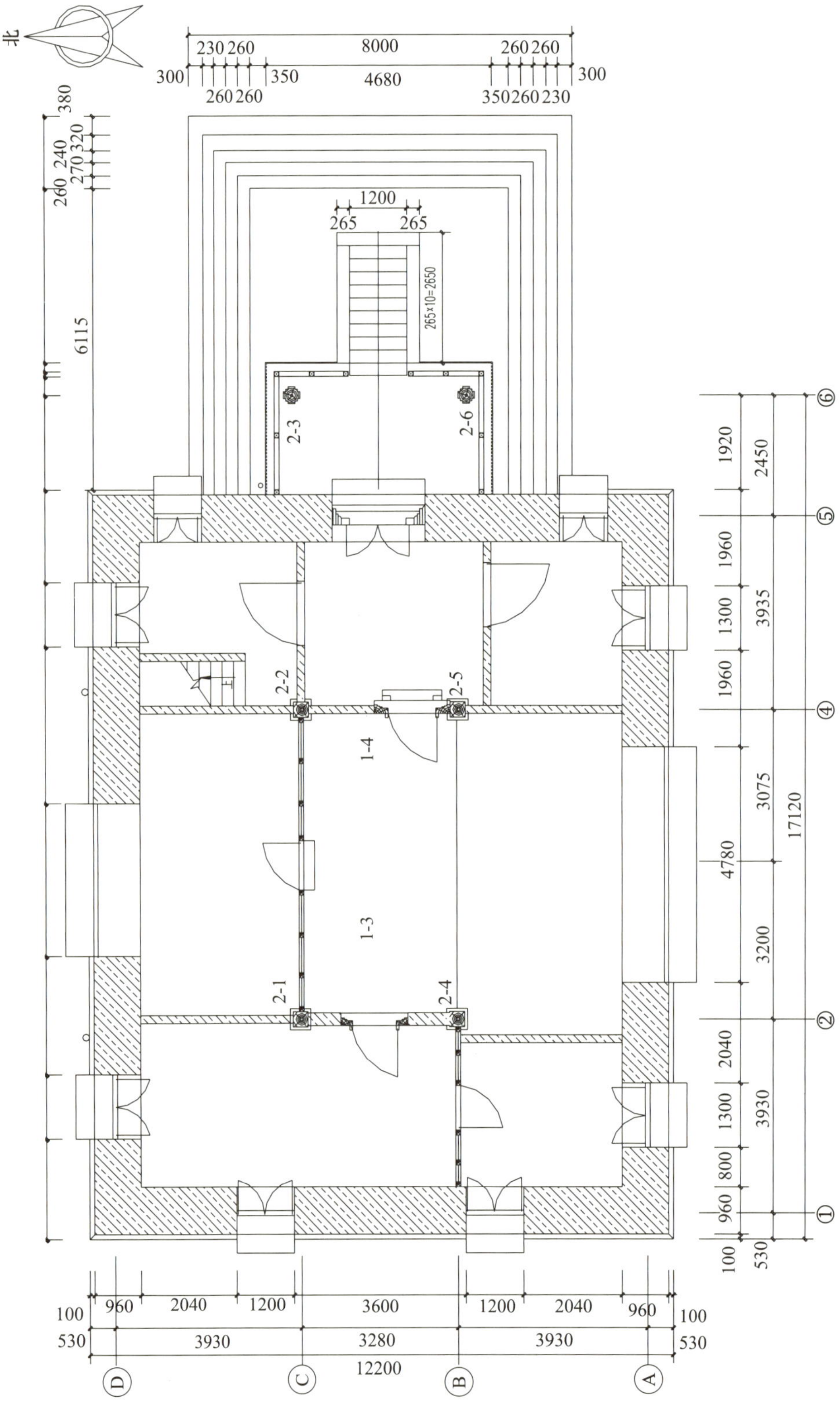

图 5-8 格桑德吉颇章宫二层平面图

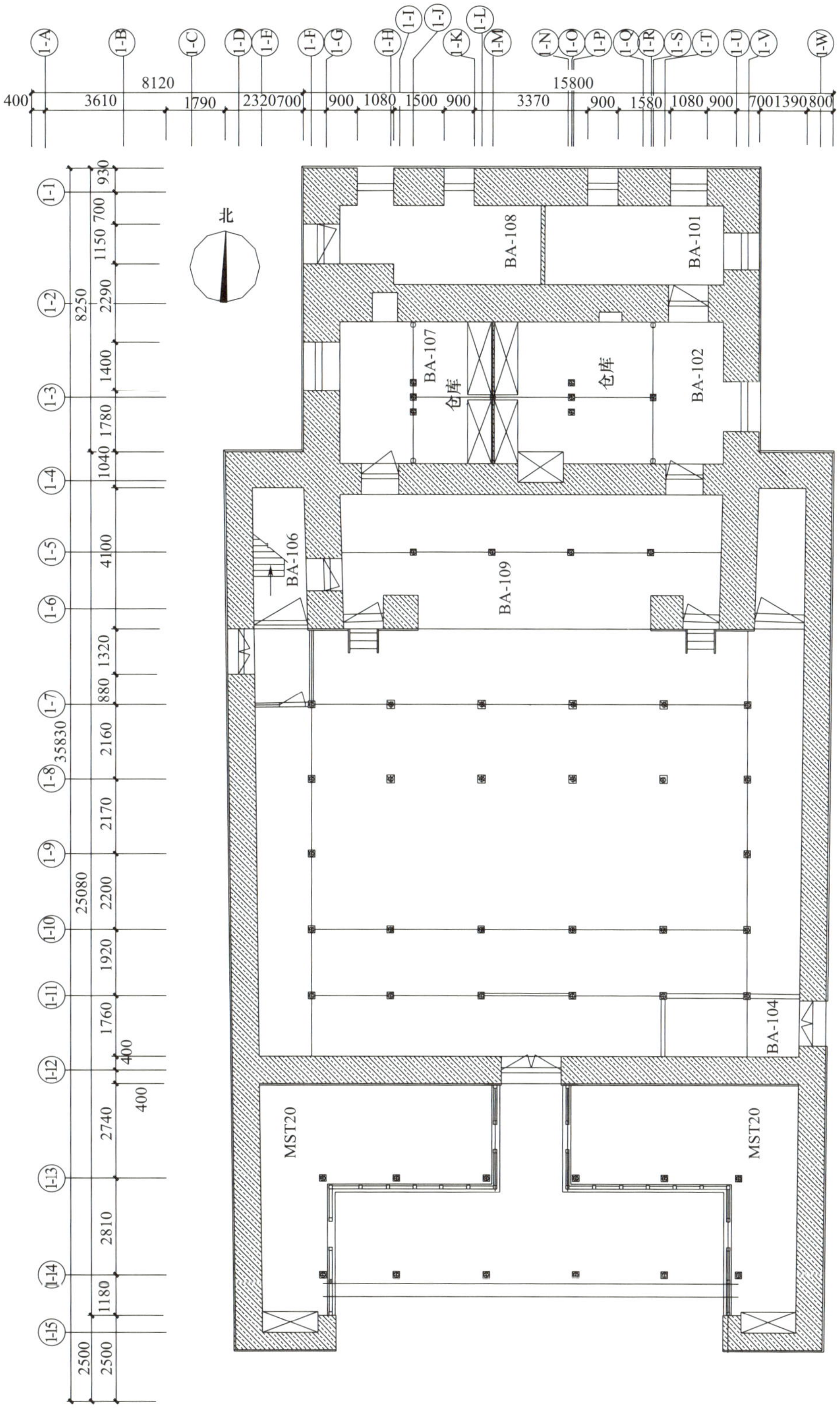

图 5–9 格桑颇章宫首层平面图

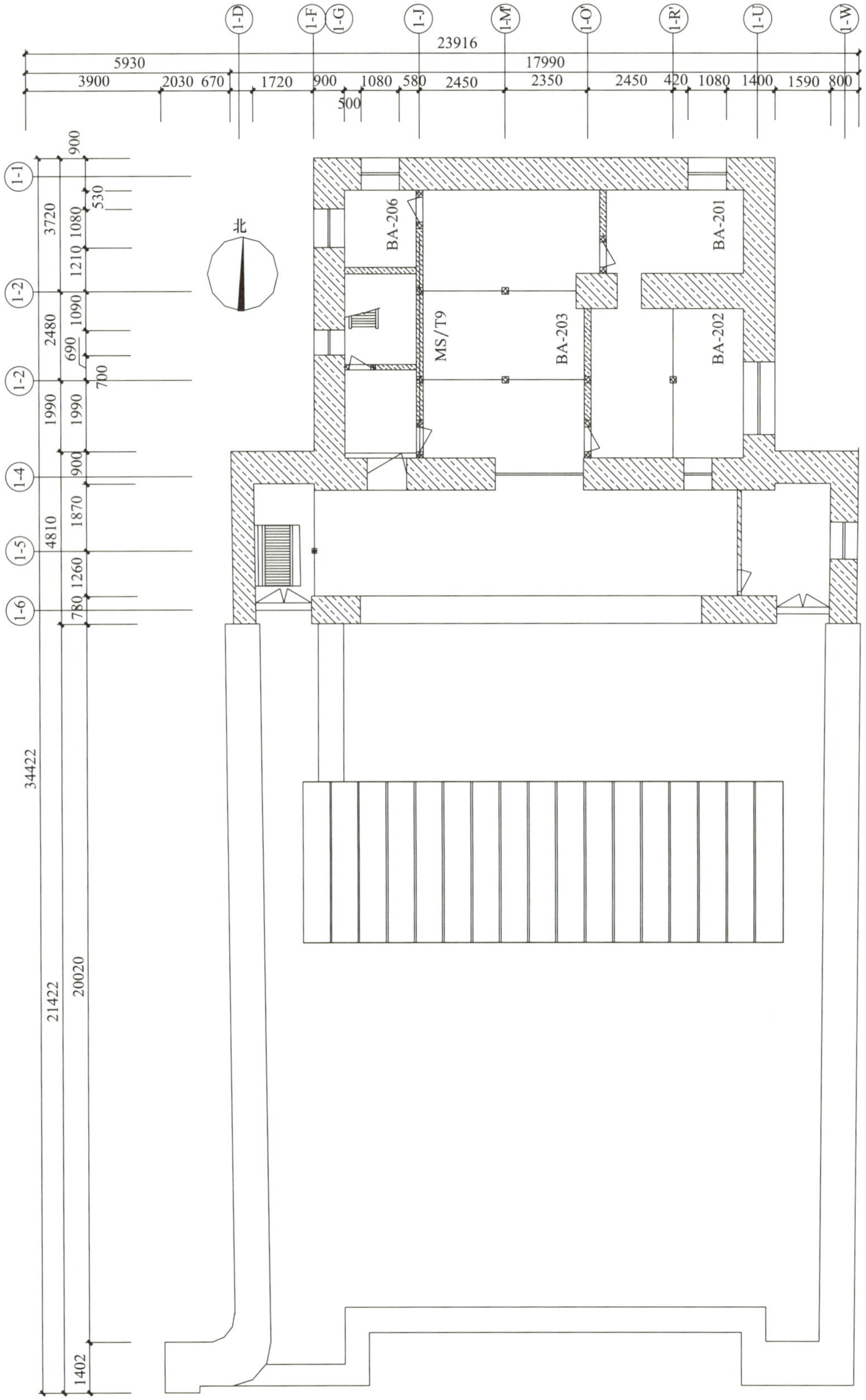

图 5-10 格桑颇章宫二层平面图

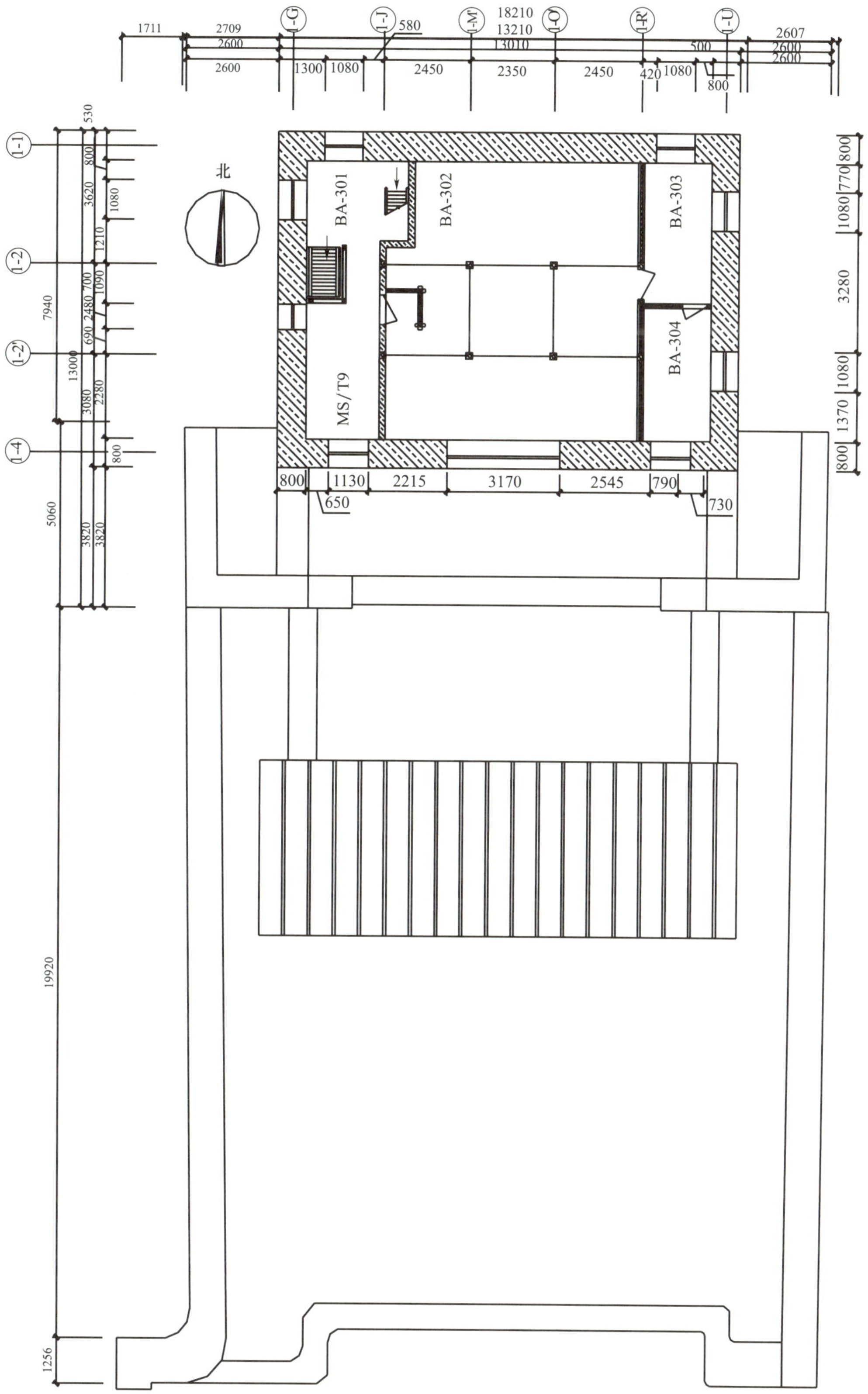

图 5-11 格桑颇章宫三层平面图

5.3.4 建筑结构使用环境调查

建筑物的使用环境调查在文物建筑的安全评估和保护中不可或缺。文物建筑不仅是静态的文化遗产，其周围的环境条件对其结构稳定性和保存状态有着深远的影响。通过对使用环境的全面调查，能够准确判断建筑物可能面临的各种潜在威胁，从而为制定科学的保护和修缮方案提供重要依据。使用环境调查不仅帮助判定建筑物破损的时间和原因，还为后续的保护工作提供了方向和重点。

1. 自然环境的调查

使用环境调查的内容非常广泛，涵盖了建筑物所在区域的各种自然和人为环境因素。首先，自然环境因素包括温度、湿度、降水量和风力等。这些因素会影响到建筑材料的物理和化学性质，进而影响建筑物的整体结构。通过对这些自然环境因素的长期监测，专家能够发现环境变化对建筑物的影响，并及时采取措施进行防护。

2. 人为环境的调查

人为环境因素同样不可忽视。振动是一个重要的调查内容，尤其是对于那些靠近地铁线路或高频振动源的文物建筑而言。长期的振动可能导致建筑结构的微小裂缝逐渐扩大，最终影响建筑物的稳定性和安全性。此外，化工厂附近的建筑物可能面临空气中有害物质的腐蚀，调查这些因素可以帮助专家采取有效的防腐蚀措施，保护建筑物免受外界环境的侵害。

3. 灾害环境的调查

对于那些坐落于堤坝周边或低洼地带的文物建筑，洪水的威胁也是环境调查中不可忽视的一部分。洪水不仅会直接损坏建筑物的结构，还可能带来长期的潮湿环境，导致建筑物的基础和材料受到侵蚀。在这种情况下，提前进行使用环境的调查和评估，可以帮助专家制定有效的防洪措施，避免洪水对文物建筑造成无法挽回的损害。

对于那些位于偏僻地区的文物建筑，还需特别关注自然界中的生物威胁，如白蚁和其他虫害。这些生物往往对木质结构具有很强的破坏力，能够在短时间内造成严重的结构损坏。因此，在这些区域的使用环境调查中，需要详细记录虫害的种类、数量及其对建筑物的影响。

5.3.5 建筑结构使用历史调查

在文物建筑的保护和修缮过程中，通过对建筑历史背景、用途变迁以及修缮历史的全面调查，可以更好地理解建筑物的历史价值和文化内涵，从而制定科学合理的保护和修缮方案。使用历史调查的主要内容主要应涵盖建筑物的历史背景与基本信息、建筑用途与使用变迁以及保护和修缮历史三个方面。

1. 历史背景与建筑基本信息

（1）建造时间和历史背景

文物建筑的确切建造年代和历史背景是使用历史调查的基础。调查内容包括建筑物所处的历史时期、当时的社会和政治环境、重要历史事件，以及建筑物在当时的地位和作用。例如，建筑物可能是某个历史时期的象征性建筑，或是在重大历史事件中扮演了关键角色。了解这些背景信息有助于明确建筑的历史价值，为其保护和修缮工作奠定基础。

（2）建筑设计者与施工者

建筑的设计者和施工团队在文物建筑的历史和文化中占有重要地位。调查内容包括设计者的身份、背景以及设计者在历史和文化上的影响力。这些信息可以揭示建筑的独特性和艺术价值，尤其是当设计者或施工团队在历史上具有重要地位时，这些信息对于理解建筑的文化内涵尤为关键。

（3）建筑风格和材料

文物建筑的风格、结构形式及其使用的材料直接反映了其建成时期的文化、技术水平和宗教信仰。调查内容包括建筑的具体风格（如宫殿、庙宇、塔楼等）、结构形式，以及使用的材料（如砖石、木材、金属等）。这些因素通常与当时的文化传统和技术条件密切相关，了解这些细节有助于在修缮过程中尊重和保留建筑的原始风貌。

2. 建筑用途与使用变迁

（1）原始用途

建筑物的最初设计用途是理解其历史功能和文化意义的重要方面。调查内容包括建筑物最初是作为宫殿、庙宇、宗教场所、行政机关还是民居使用。这些用途通常与建筑物的结构设计和材料选择密切相关，揭示了建筑物在历史上的功能定位和社会角色。

（2）使用功能的变迁

文物建筑在漫长的历史过程中，往往经历了多次用途的变化。调查内容包括建筑物自建成以来是否发生过用途变化，如宫殿是否改为博物馆，宗教场所是否被用于其他社会功能。用途的改变可能影响建筑结构的承载需求，导致结构上的调整或改造。了解这些变迁对于制定修缮方案尤为重要，以确保在修缮中能够兼顾历史用途与现代功能的需求。

（3）重要历史事件与使用变化

文物建筑在重要历史时期的使用情况是使用历史调查的一个关键点。调查内容包括建筑物是否曾在战争、政治变革等重大历史事件中被作为军事基地、政府机构或其他特殊用途。建筑在这些特定历史事件中的角色，可能对其结构和外观产生重要影响。因此，了解这些信息有助于评估建筑物的历史价值和文化意义，为后续的保护工作提供重要依据。

3. 保护和修缮历史遗迹

（1）历次修缮记录

文物建筑在历史上可能经历过多次修缮和改造，这些记录对于理解建筑物的现状至关重要。调查内容包括建筑物是否经历过修缮或改造，这些修缮是否依照当时的技术条件进行，并且是否保留了建筑物的原始结构和风格。例如，某些修缮可能涉及材料的更换或结构的强化，这些变化可能会影响建筑的历史真实性和完整性。

（2）修缮时间与修缮措施

详细记录历次修缮的时间、范围和具体措施，是使用历史调查的重要内容。这些记录包括是否进行了结构加固，木结构是否被替换为钢筋混凝土，以及装饰性的壁画、雕塑等是否经过修复。了解这些修缮措施的细节，有助于评估建筑物当前的结构稳定性和历史原真性。

5.3.6　结构上的作用调查

1. 评估结构安全性

荷载作用调查的首要任务是评估文物建筑的结构安全性。这包括分析建筑物承受的静载、动载以及特殊荷载，判断其长期承载能力是否符合使用要求。通过这一评估，可以识别潜在的超载风险或局部结构失效的可能性，从而预防结构性问题，确保建筑物在自然灾害和日常使用中的安全性。

2. 保护历史完整性

文物建筑的独特价值常常体现在其原始结构和材料上。通过荷载作用调查，可以明确建筑物的受力状况，为修缮或改造提供科学依据，避免过度加固或不必要的结构更改，从而保持建筑物的历史完整性和真实性。

3. 应对环境与功能变化的影响

文物建筑的周边环境和使用功能可能随着时间而发生变化，如气候变化、地基条件改变或功能转换（如由宗教场所改为展览馆）。荷载作用调查通过评估这些变化对建筑结构的影响，确保其在新环境或新用途下的结构稳定性，并及时采取适当的应对措施。

4. 为修缮和加固工程提供依据

在进行文物建筑的修缮或加固工程之前，荷载作用调查提供了关键的受力数据，帮助设计科学合理的加固方案。通过调查建筑当前的受力情况，可以避免不必要的结构改动，确保修缮过程既保护建筑的历史价值，又提升其结构安全性。

5. 预防自然灾害和意外事故

荷载作用调查可以提前评估文物建筑在自然灾害（如地震、风暴、雪灾等）中的承载能力，识别结构上的脆弱点。根据调查结果，制定相应的防护措施，如抗震支撑或抗风加固，预防因自然灾害或意外事故导致的不可修复的损失。

通过荷载作用调查，可以科学地确定建筑物的合理使用范围和承载能力，为其在现代社会中的使用提供指导。这一调查有助于制定游客数量限制、特定区域封闭或强化保护措施，防止结构超载，同时保持建筑物的文化传播功能。

荷载作用调查为文物建筑的长期维护和保养提供了重要数据支持。通过定期监测建筑物的承载情况，及时发现和修复因荷载变化引发的结构问题，优化维护计划，从而延长建筑物的寿命并降低维护成本。

5.4 建筑结构病害勘察——坚塞颇章宫

5.4.1 结构形式及构件编号说明

坚塞颇章宫为局部三层石木混合结构，内部为木柱、木梁框架结构，建筑总高12.260m，加屋顶宝刹高度17.015m，南北向宽度27.08m，东西向宽度26.91m。外部为石砌体收分墙最大厚度约1100mm，内部隔墙室为草泥墙，厚度约300mm。室内外高差最大处–1.285m，内部高差最大处0.813m，如图5-12~图5-15所示。

图 5–12 坚塞颇章宫南立面

图 5–13 坚塞颇章宫西立面

图 5–14　坚塞颇章宫南立面图

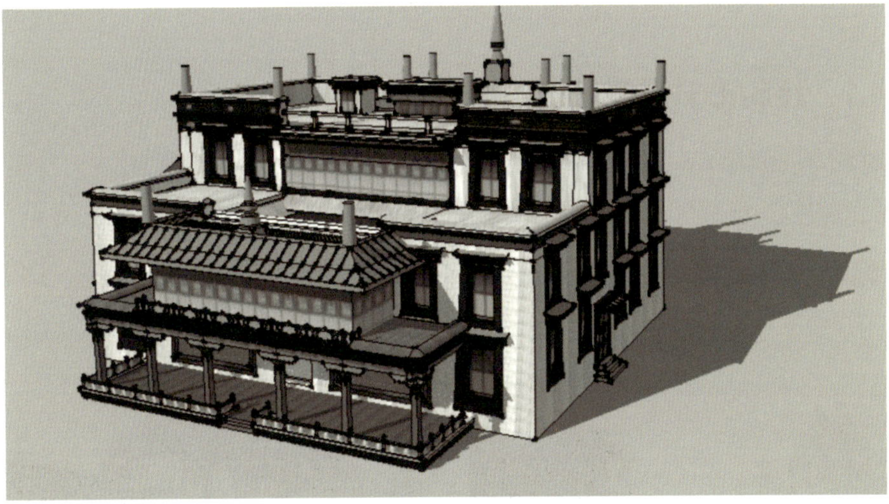

图 5–15　坚塞颇章宫模型图

（1）柱

坚塞颇章宫首层柱尺寸 300mm × 300mm，二层柱尺寸 280mm × 280mm，二层通高柱 400mm × 400mm，三层柱尺寸 260mm × 260mm、240mm × 240mm，柱距存在尺寸偏差，基本可归类为 3100mm、3300mm 两种尺寸。

（2）梁

首层大殿内梁尺寸 240mm × 305mm，外廊梁尺寸 240mm × 310mm；二层室内梁尺寸 240mm×305mm，通高处梁尺寸 270mm×360mm，大窗上梁有 180mm×225mm 和 200mm×360mm 两种尺寸。梁与梁之间采用燕尾榫连接，在柱顶断开。

（3）外墙

首层层高 3.765m，二层层高 3.079m，三层层高 3.321m；首层墙体高度 3.7m，厚度从底部的 1100mm 线性变化至 970mm；二层墙体高度 3.0m，厚度从底部的 970mm 线性变化至 820mm；三层墙体高度 3.3m，厚度从底部的 820mm 线性变化至 730mm。

（4）楼面

坚塞颇章宫楼面木檩条尺寸 120mm×120mm，阿嘎土厚度约 150mm，楼面整体厚度约 285mm。

（5）屋面

楼面木檩条尺寸 120mm×120mm，阿嘎土厚度各区域不同，变化范围 180~345mm。

为方便现场病害勘察和检测对木结构梁、柱进行编号，在现场记录中按照编号记录梁、柱缺陷情况。

（1）柱编号

编号原则按照由内层至外层、从首层到三层往上、依逆时针顺序从 1 开始编号。柱的编号中字母及数字的含义：以 Z1 为例，Z1 表示柱 1，如图 5-16~ 图 5-18 所示。

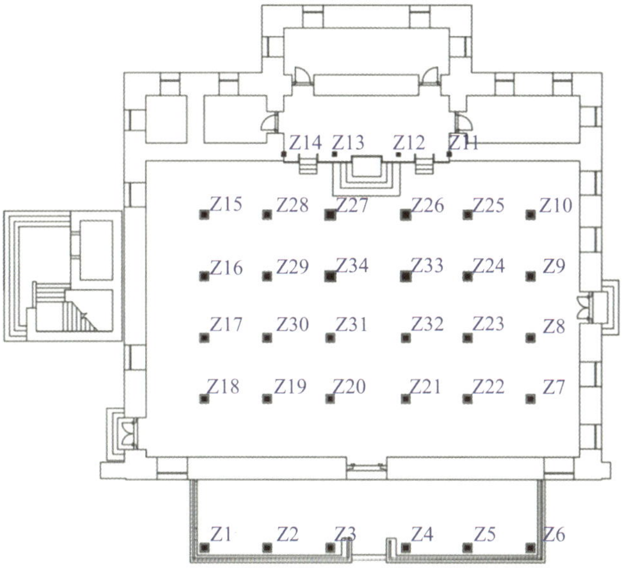

图 5-16　首层柱编号示意图

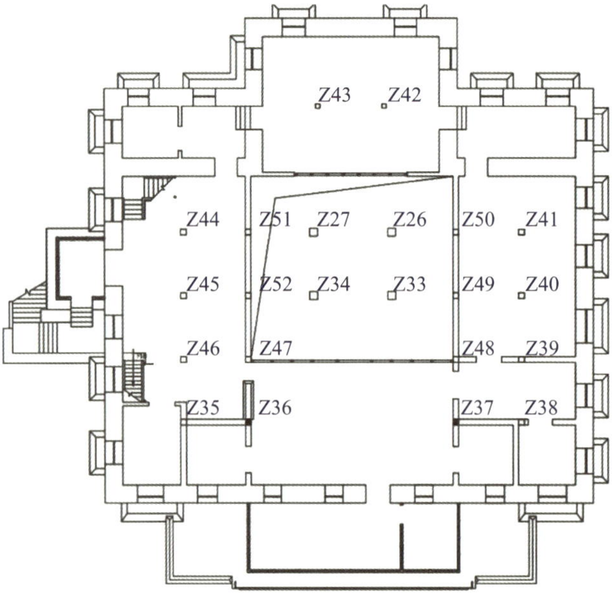

图 5-17　二层柱编号示意图

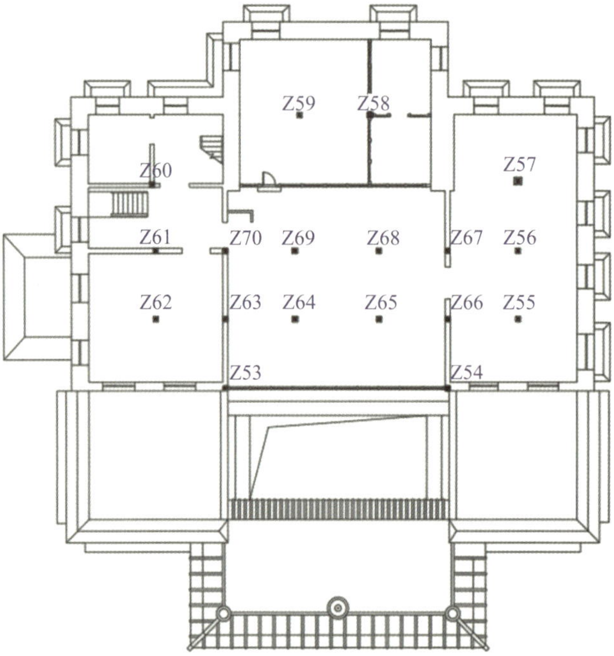

图 5-18　三层柱编号示意图

（2）梁编号

编号原则按照由内层至外层、依逆时针顺序从 1 开始编号。梁的编号中字母及数字的含义：以 L1 为例，L1 表示梁 1，如图 5-19~ 图 5-21 所示。

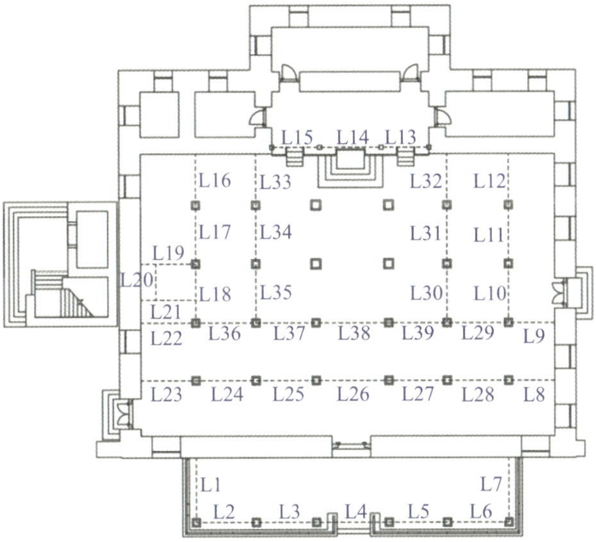

图 5-19　首层梁编号示意图

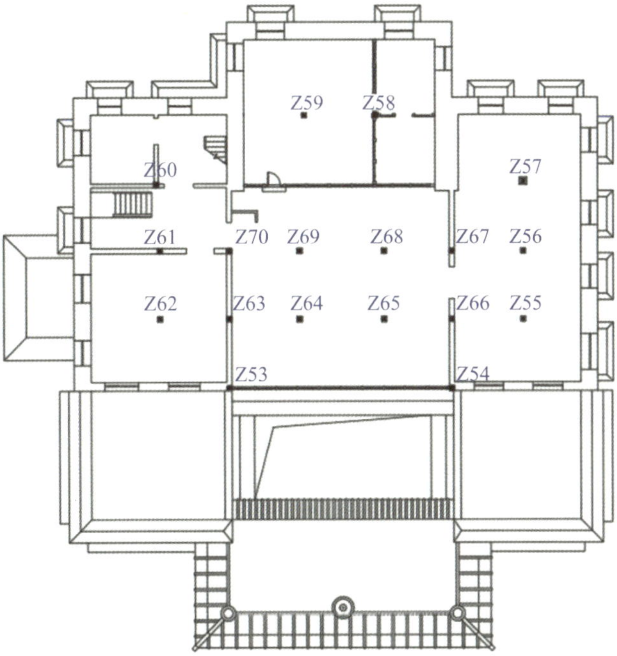

图 5-20　二层梁编号示意图

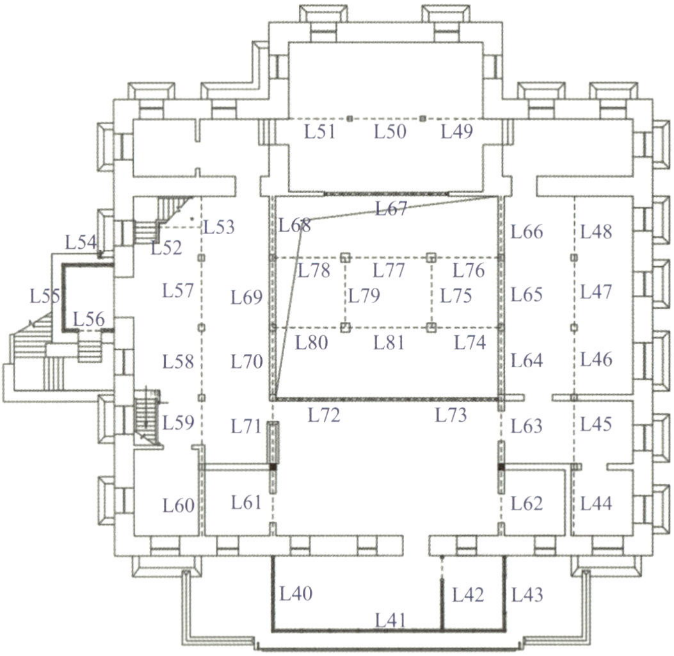

图 5-21　三层梁编号示意图

（3）雀替（弓木）编号

编号原则按照由内层至外层、依逆时针顺序从 1 开始编号。雀替的编号中字母及数字的含义：以 Q1 为例，Q1 表示雀替 1。

5.4.2　地基基础病害勘察

文物建筑的地基基础勘察是保护和修缮工作中的重要环节，旨在深入了解建筑地基和基础的现状，识别可能存在的病害和安全隐患。文物建筑地基基础勘察的主要工作内容包括以下几点。

1. 地基基础类型与构造

基础类型调查：明确文物建筑采用的基础类型，如条形基础、独立基础、桩基等。古代建筑的基础形式与现代建筑不同，勘察人员需详细掌握其独特的结构形式。

基础构造和材料：了解地基基础所使用的材料（如石材、砖瓦、土、木桩等），并评估这些材料的现状，包括磨损、老化、腐蚀等情况。

地基埋深测量：测量基础的埋深和尺寸，确保了解地基与上部结构之间的关系。尤其对于古代建筑，地基可能较浅，需准确掌握相关数据。

2. 地基沉降与不均匀沉降

地基沉降情况：检查建筑物是否存在整体沉降现象，包括水平沉降和竖向沉降，评估沉降的速度和幅度。

不均匀沉降分析：重点分析不同部位的沉降差异，不均匀沉降是导致文物建筑裂缝、倾斜、结构失稳的重要原因，特别是在地基土质不均匀的区域。

沉降裂缝与变形记录：详细记录因沉降引起的裂缝和变形，特别是墙体、柱基、地面和基础的裂缝类型、大小、位置及发展趋势。

3. 基础周边环境与地质条件

地质情况分析：分析建筑所在区域的地质条件，包括土质类型、地下水位、地震带影响等。地基土壤的类型对基础病害有重要影响。

地下水影响评估：调查地下水的分布和水位变化，评估地下水对地基的侵蚀，特别是在长期湿润或积水的地区。

周边建筑与设施影响调查：评估周边新建或拆除建筑、道路交通振动、施工打桩等对文物建筑地基的影响，关注外部因素可能引起的地基变形或不均匀沉降。

4. 病害现象与成因分析

裂缝与断裂检测：检查基础、墙体或结构中的裂缝，评估裂缝的深度、宽度及是否贯穿建筑构件，并分析其成因，如地基下沉或结构应力集中。

地基倾斜观察：观察建筑物整体是否发生倾斜，尤其是柱子、塔楼等高大结构。判断倾斜是否由地基不均匀沉降、地下水侵蚀或周边环境变化引起。

基础破损与侵蚀调查：评估基础表面状况，包括石材或砖瓦的破损、侵蚀、风化等现象，特别注意长期雨水、地下水或植物根系对基础的破坏。

地基局部下陷或隆起检测：检查地基是否出现局部下陷、隆起或坍塌现象，分析这些现象对地基支撑能力的影响，尤其是在建筑负重集中的区域，如墙角或柱基处。

5. 历史修缮记录调查分析

历次修缮情况调查：了解地基基础是否经历过修缮，修缮是否涉及基础加固或局部重建，评估这些修缮措施对当前地基病害的影响。

历史病害记录分析：根据历史维护记录，了解早期是否存在地基病害及其处理方法，评估现有问题是否是历史病害的延续或恶化。

坚塞颇章宫建于 1922 年，建成至今已使用 100 多年。在对上部结构的病害勘察中，未发现明显倾斜情况及不均匀沉降造成的上部结构开裂等缺陷发生，建筑地基和基础无静载缺陷，地基主要受力层范围内不存在软弱土、液化土和严重不均匀土层，非抗震不利地段，可认为地基基础基本完好。

5.4.3 台基病害勘察

台基是文物建筑中一个非常重要的部分，它的主要作用是将建筑物抬高，赋予建筑更高的地势和视觉上的威严感，彰显建筑的重要性。这在古代宫殿建筑中尤为突出，如紫禁城中的大殿通常建在高台基上，以示尊贵。

同时，台基有助于建筑防潮，避免地面潮气侵入建筑内部，从而提高建筑的耐久性，特别是在气候潮湿的地区尤为重要。台基为建筑提供了更为坚实的基础，使建筑在地面上更加稳定，特别是对于大型宫殿建筑，台基可有效分散建筑物的重力，防止沉降或倾斜。

坚塞颇章宫台基四周为石材砌筑，大块石材之间采用片石找平并用黄土作为黏结材料砌筑，台阶内部为填土，台阶面层铺装片石，在现场病害勘察调查中台基四周找平片石存在缺失情况，未发现台基有明显变形、渗水及风化。

5.4.4 木结构病害勘察

古建筑木结构的现场勘察主要关注木结构的关键构件及其可能存在的缺陷。由于古建筑的木材长期暴露于自然环境中，容易受到风化、腐蚀、虫害等诸多因素的影响，因此勘察时需要特别注意木结构的状态。

1. 主要木结构构件

（1）木柱的常见缺陷

柱脚腐朽：由于长时间暴露在潮湿环境中，柱脚部分最容易受潮腐烂。

柱体虫蛀：木材受到虫害侵蚀，导致强度下降。

柱身裂缝：温度和湿度的变化使木材收缩或膨胀，导致裂缝产生。

柱倾斜：地基不均匀沉降或木材变形可能引发柱子的倾斜。

（2）木梁的常见缺陷

梁体弯曲变形：木材受荷载或湿度变化的长期作用，可能出现弯曲变形。

梁表面龟裂：木材表面的裂纹多由干湿交替引起，若不及时修缮，可能影响梁的承载力。

端部开裂：梁与柱接合处容易受到应力集中，出现裂纹或断裂。

（3）枋的常见缺陷

腐蚀和变形：因处于靠近屋檐的位置，枋容易受到雨水、湿气侵蚀，从而引发变形或腐朽。

连接处松动：枋与其他木构件连接的节点处可能因长时间使用而松动，导致结构失稳。

（4）檩条的常见缺陷

虫蛀：檩条位于建筑的高处，不易维护，易受虫害侵蚀。

断裂或腐烂：暴露于风雨中，檩条容易发生腐烂或断裂，特别是与梁交接的地方。

（5）斗拱的常见缺陷

斗拱松动：斗拱结构复杂，时间久了容易出现松动，影响其结构性功能。

开裂和虫蛀：由于斗拱处于外露位置，受到风雨和虫害的影响，木材可能开裂或被侵蚀。

（6）椽（椽子）的常见缺陷

腐烂：由于靠近屋顶，椽子容易受潮或腐烂，尤其是在长期不维护的情况下。

断裂或脱落：椽子长期承受屋顶重力和外界因素，可能导致其断裂或与檩条脱落。

（7）屋架的常见缺陷

整体变形：长期受力可能导致屋架结构失稳，产生下沉或弯曲。

节点松动：屋架的各节点连接处可能松动，影响整体结构的稳定性。

根据《古建筑木结构维护与加固技术标准》（GB/T 50165—2020）和《木材耐久性能 第 2 部分：天然耐久性野外试验方法》（GB/T 13942.2—2009），通过观测、敲击和简单工具对古建筑木结构所有能触及的木构件进行普查，记录木构件的材质状况，是否开裂、是否腐朽、是否虫蛀、表面是否有渗漏水渍等。

2. 木柱病害勘察结果

为了便于整理和归档，根据现场检查条件，把木构件进行编号归类。本次病害勘察对具有病害勘察条件的共计 47 根木柱进行详细排查，发现其中 44 根木柱存在缺陷，木柱病害勘察结果统计如表 5-1 所示。

表 5–1 木柱病害勘察结果统计

序号	楼层	木柱数量	病害勘察木柱数量	病害勘察处存在缺陷的木柱数	备注
1	首层	34	18	18	
2	二层	18	14	12	
3	三层	18	15	14	
合计		70	47	44	

根据现场检查汇总，各层木柱详细病害勘察结果汇总如下。

（1）首层木柱共 34 根，病害勘察木柱数量共 18 根，经病害勘察的木柱存在缺陷的共 18 根。木柱普遍存在开裂现象，未见虫蛀、空洞情况。外廊柱因位于户外受到雨水、风、温差等环境影响，开裂较室内木柱多，其中 Z1、Z6 开裂最大，Z6 裂缝最大宽度 50mm。Z7、Z10 柱底存在位移。Z22、Z32 由于柱身保护措施无法对其进行详细病害勘察，但经现场勘察发现，此两柱柱顶歪闪，与之连接的木梁存在裂缝及变形。

（2）二层木柱共 18 根，病害勘察木柱数量共 14 根，经病害勘察的木柱存在缺陷的共 12 根。木柱普遍存在开裂现象，未见虫蛀、空洞情况。

（3）三层木柱共 18 根，病害勘察木柱数量共 15 根，经病害勘察的木柱存在缺陷的共 14 根。木柱普遍存在开裂现象，未见虫蛀、空洞情况。

3. 木梁病害勘察结果

本次病害勘察对具有病害勘察条件的共计 98 根木梁进行详细排查，发现其中 68 根存在缺陷。木梁病害勘察结果统计如表 5-2 所示。

表 5-2　木梁病害勘察结果统计

序号	楼层	木梁数量	病害勘察木梁数量	病害勘察处存在缺陷的木梁数	备注
1	首层	39	39	33	
2	二层	41	35	22	
3	三层	30	24	13	
合计		110	98	68	

根据现场检查汇总，各层木梁详细病害勘察结果汇总如下。

（1）首层木梁共 39 根，病害勘察木梁数量共 39 根，经病害勘察的木梁存在缺陷的共 33 根。木梁普遍存在开裂现象，未见虫蛀、空洞情况。部分木梁存在变形，L16 木梁存在木材本体缺陷，梁身有空洞。

（2）二层木梁共 41 根，病害勘察木梁数量共 35 根，其中 L67 图纸标注为一根木梁，实际现场病害勘察为两根木梁，经病害勘察的木梁存在缺陷的共 22 根。木梁缺陷多为干缩裂缝，且大量木梁存在通缝，未见虫蛀、空洞情况。L74~L81 为通高柱区域木梁，在病害勘察中发现，木梁由于木柱 Z32 存在歪闪，L77、L78、L80、L81 均存在变形，且存在剪切裂缝。

（3）三层木梁共 30 根，病害勘察木梁数量共 24 根，经病害勘察的木梁存在缺陷的共 13 根。木梁普遍存在开裂现象，未见虫蛀、空洞情况。

4. 雀替（弓木）病害勘察结果

本次病害勘察对具有病害勘察条件的共计 70 个雀替进行详细排查，发现其中 58 根存在缺陷。雀替病害勘察结果统计如表 5-3 所示。

表 5-3 雀替病害勘察结果统计

序号	楼层	雀替数量	病害勘察雀替数量	病害勘察处存在缺陷的雀替数	备注
1	首层	34	34	33	
2	二层	18	18	13	
3	三层	18	16	12	
合计		70	68	58	

根据现场检查汇总，各层雀替详细病害勘察结果汇总如下。

（1）首层雀替共 34 个，病害勘察雀替数量共 34 个，经病害勘察的雀替存在缺陷的共 33 个。雀替侧面、下部普遍存在干缩裂缝，未见虫蛀、空洞。部分雀替存在压缩变形及受力裂缝。

（2）二层雀替共 18 个，病害勘察数量共 18 个，经病害勘察的雀替存在缺陷的共 13 个。雀替侧面、下部普遍存在干缩裂缝，未见虫蛀、空洞情况。

（3）三层雀替共 18 个，病害勘察数量共 16 个，经病害勘察的雀替存在缺陷的共 12 个。雀替侧面、下部普遍存在干缩裂缝现象，未见虫蛀、空洞情况。

5.4.5 结构整体性、节点与连接情况调查

坚塞颇章宫为传统藏式结构建筑，为石木混合结构，内部为木梁、木柱，楼板荷载通过木檩条传递至木梁上再传递到木柱，同时外部围护的石墙也承担由木梁传递而来的荷载，形成外刚内柔的结构形式。

首层柱置于柱础上，柱底与柱础直接抵承，上层柱置于梁上，梁均为简支梁，无连续梁。

柱头上部设榫头，雀替下部设卯口，雀替上部设榫头，梁下部设卯口，梁、雀替、柱上下搭接，传递荷载。雀替增大了梁柱之间的接触面，增加了支承长度。最外围的木梁梁头直接搭接于石墙上。

经现场实际病害勘察，结构整体性、节点与连接情况如下。

（1）本建筑结构整体性较好，石砌墙体平面闭合，纵横墙咬槎砌筑。

（2）木梁与墙体连接良好，支承长度大于《古建筑木结构维护与加固技术标准》（GB/T 50165—2020）要求 240mm。

（3）首层 Z17 梁、柱节点存在拔榫，柱底存在位移（图 5-22、图 5-23）；首层、二层通高木柱 Z33 存在歪闪，雀替存在变形开裂，连接木梁开裂变形（图 5-24）。

（4）首层 Z28 柱开裂严重，柱底存在位移；Z10、Z9 柱底存在扭转、位移（图 5-25、图 5-26）；Z23 柱存在歪闪（图 5-27）。

（5）首层 Z6 柱位置梁柱下挠，节点存在变形缝隙（图 5-28、图 5-29）。

图 5-22　Z17 梁、柱节点存在拔榫

图 5-23　Z17 柱底存在位移

图 5-24　首层、二层通高木柱 Z33 存在歪闪

图 5-25　Z9 柱存在柱底位移

图 5-26　Z10 柱底存在扭转

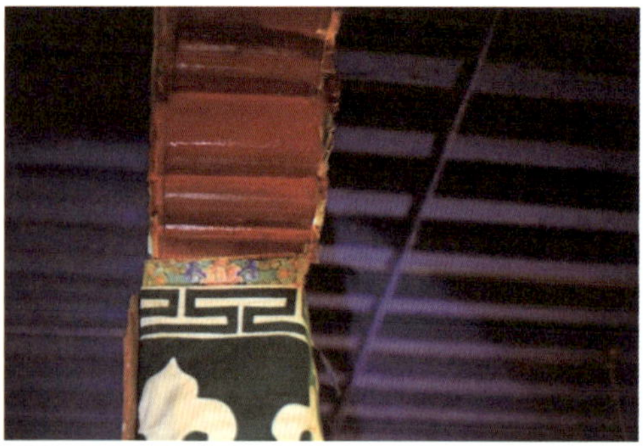

图 5-27　Z23 柱存在歪闪

图 5-28 Z6 柱梁柱下挠，节点存在拔榫

图 5-29 墙体与梁连接节点

5.4.6 墙体病害勘察

1. 西藏地区藏式古建筑承重墙病害勘察的要点

西藏地区藏式古建筑墙体的现场勘察主要是对墙体结构的现状、损坏情况及潜在问题进行全面的分析和评估。由于西藏地区藏式古建筑多处于高海拔、寒冷和干燥的环境，墙体的设计和材料都具有其独特性，勘察时需特别关注这些特质。

主要勘察内容如下。

（1）墙体材料与结构类型

墙体材料：西藏地区藏式古建筑的墙体多由石块、泥土、木材等建成，勘察时需确认具体使用的材料及其组合形式。一般墙体为夯土墙、石砌墙或砖砌墙，某些情况下也可能是混合材料。

墙体厚度：西藏地区藏式古建筑的墙体通常较厚，具有较好的保温性和抗风雪能力。勘察时需测量墙体厚度，并评估其是否均匀、一致，尤其在老旧建筑中，墙体厚度的降低可能导致承载力下降。

墙体结构：西藏地区藏式古建筑承重外墙，不仅承担建筑物的垂直荷载，还提供整体结构的稳定性。勘察时应明确墙体的承重情况和结构布置。

（2）墙体外观与表面状况

裂缝：勘察墙体表面的裂缝，特别关注是否存在贯穿性裂缝、水平裂缝、竖向裂缝或斜向裂缝。裂缝的形状、走向和宽度是判断墙体是否受力不均或沉降的关键指标。

墙体倾斜：墙体整体是否发生倾斜或局部偏斜，尤其在地基不均匀沉降的情况下，墙体倾斜是常见问题，勘察时应仔细测量并记录偏斜角度。

沉降裂缝：由于地基不均匀沉降，可能会在墙体上产生竖向或斜向裂缝，特别是在建筑角部或墙体与柱子连接处，勘察时应重点检查这些区域。

墙体与地基的连接：检查墙体与地基的连接是否牢固，特别是在石砌墙体和夯土墙体中，基座的稳固性对墙体结构影响较大。

墙面剥落和风化：西藏地区藏式古建筑常暴露于高原风雪或强烈的紫外线照射下，墙面容易出现剥落、风化等现象，尤其是石砌墙和泥墙，勘察时要仔细观察墙面的完整性。

外饰材料脱落：部分西藏地区藏式古建筑的墙体外层可能有白灰、涂层等外饰材料，勘察时需检查这些材料是否脱落、龟裂或褪色，了解其对墙体防护效果的影响。

局部鼓包或凹陷：石墙或夯土墙在长期受力不均或材料老化时，可能出现局部鼓包或凹陷，勘察时要检查墙体是否有表面变形及内部结构松散的迹象。

潮湿与渗水问题：西藏地区藏式古建筑通常位于高原地区，虽气候干燥，但在雨季或冬季，雨雪融水可能渗入墙体，造成内部潮湿，勘察时要检查是否存在渗水、墙体返潮或水渍痕迹，尤其是在建筑物的底部和靠近地面的区域。

墙体材料腐蚀：若墙体长期受潮，泥土墙体或石砌墙中的黏合材料可能受到腐蚀，降低墙体的整体强度。勘察时要检查墙体表面或内部是否有腐蚀痕迹。

其他修缮痕迹及修缮历史：了解墙体是否经过修缮，并检查修缮的效果。例如，曾经修复的裂缝是否再次出现，修补材料与原材料的匹配度等。

2. 承重墙病害勘察

坚塞颇章宫的承重外砌墙体采用石材砌筑，砌筑方式为大石材中间夹小片石，砌筑黏结材料是黄泥。砌体结构出现裂缝和产生变形对建筑物的危害主要表现在结构安全性和房屋使用功能两个方面，砌体结构受力裂缝的出现预示着结构承载力可能不足，结构变形裂缝的出现虽然对砌体抗压承载力没有直接影响，但贯穿性裂缝的形成会降低结构的整体稳定性和抗震性能。外墙、楼板和屋面结构裂缝会影响结构防水，造成房屋渗漏，明显的结构裂缝或较大变形会影响建筑物的使用功能要求。

在对承重石砌体墙病害勘察中发现以下缺陷：

（1）承重石砌外墙部分区域存在受潮滋生苔藓、表面涂层脱落的现象。

（2）承重石砌外墙部分区域灰浆脱落、片石缺失。

现场损伤病害勘察结果如图 5-30~ 图 5-33 所示。

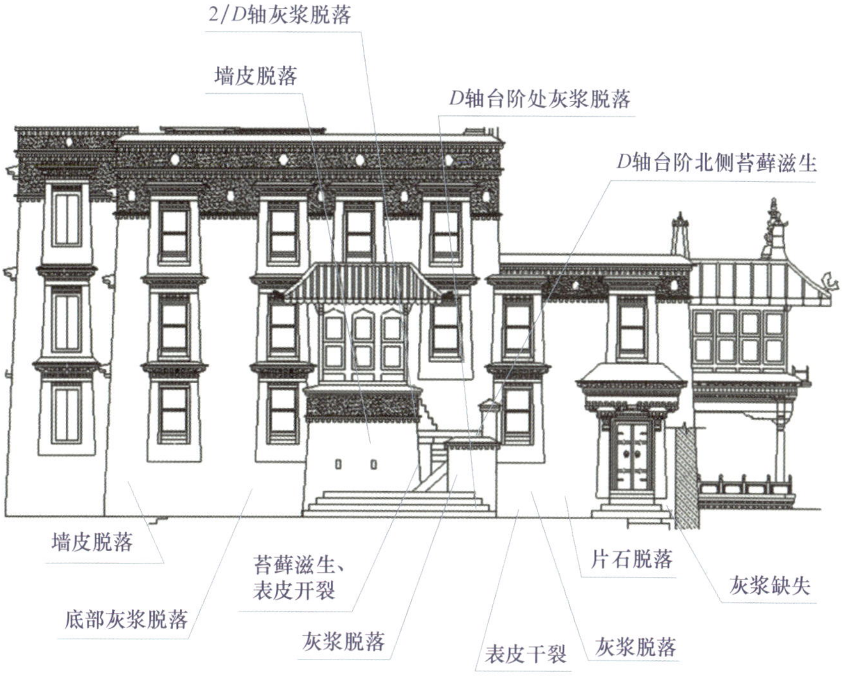

图 5-30　西立面损伤病害示意图

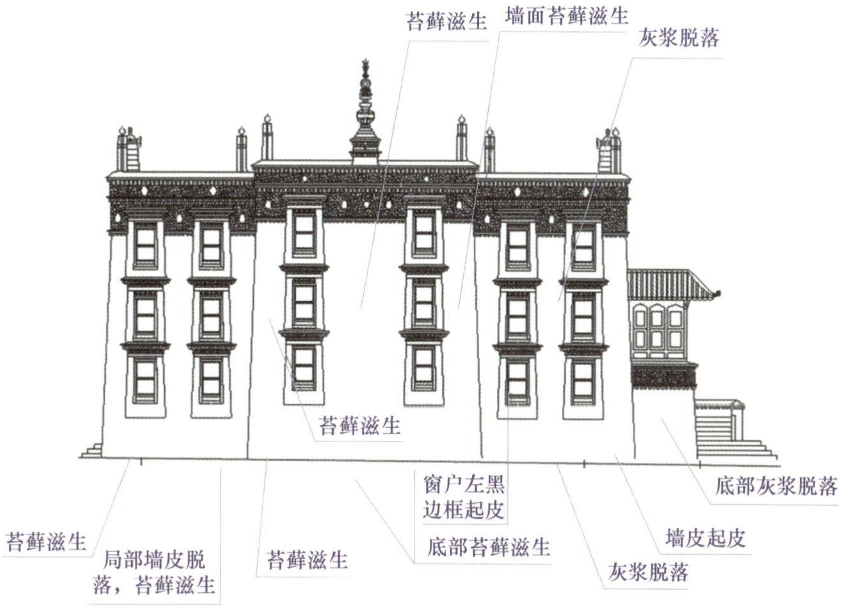

图 5-31　北立面损伤病害示意图

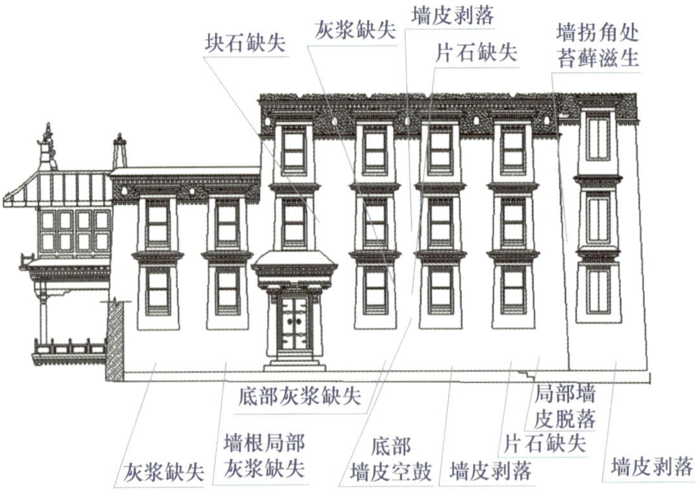

图 5-32　东立面损伤病害示意图

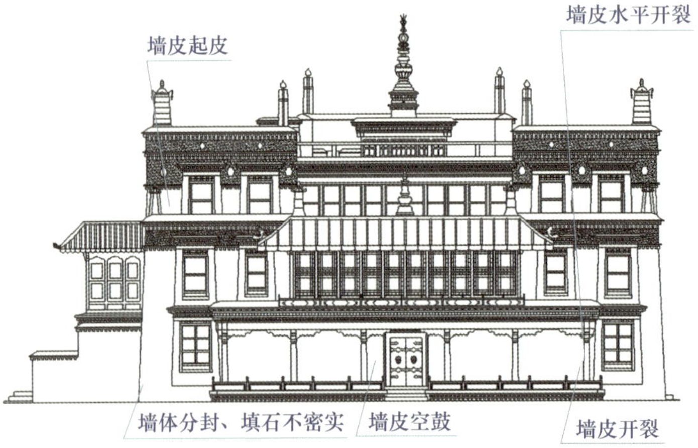

图 5-33　南立面损伤病害示意图

3. 隔墙病害勘察

对坚塞颇章宫的内隔墙未进行破损检测，根据资料查阅可知，传统隔墙一般做法为草泥墙体，具体做法为内填筑牛粪砖、草墙或边玛草，外抹黄泥，若绘壁画外再抹细阿嘎土和砂子 1∶1 拌和混合物。

在对内隔墙病害勘察中发现以下缺陷：

（1）二层库房 2 内北墙存在裂缝，长度 1.5m，宽度 0.25mm；二层库房 3 东墙存在裂缝长度 1m，宽度 0.4mm（图 5-34）。

（2）三层楼梯间东侧隔墙存在裂缝，长度 1.5m，宽度 0.2mm；三层卫生间东墙彩绘脱落；三层密集果界房间北墙存在裂缝，长度 1.5m，宽度 0.2mm（图 5-35）。

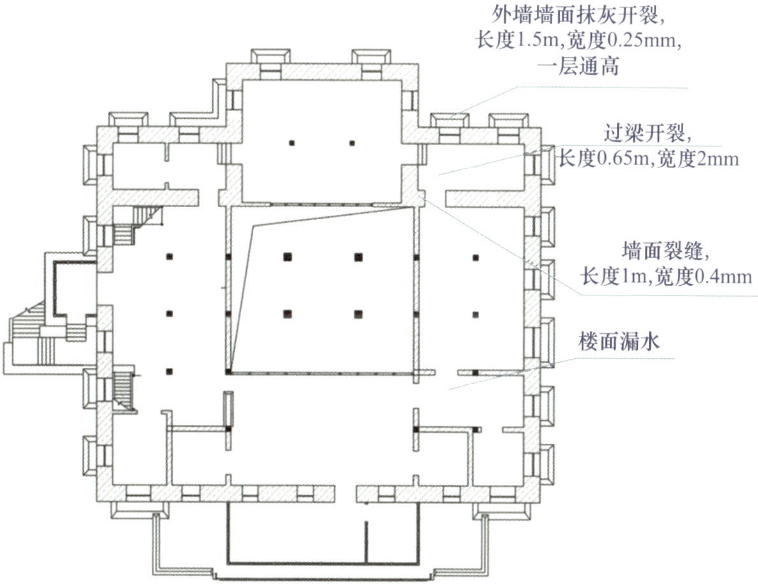

图 5-34　二层房间检查缺陷示意图

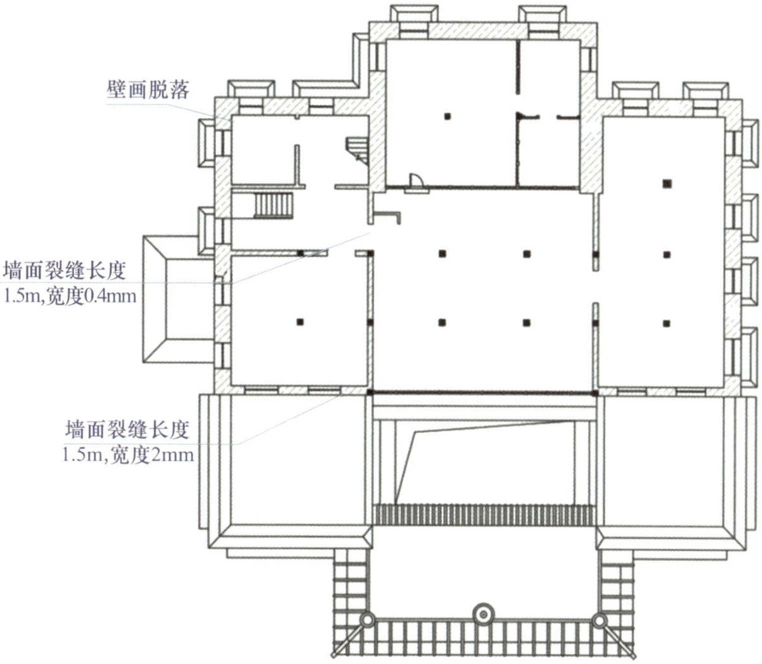

图 5-35　三层房间检查缺陷示意图

4. 边玛墙病害勘察

边玛墙是采用捆扎好的边玛草与黏土砌筑而成，可减轻墙体重力，同时美化墙面。在现场对坚塞颇章宫边玛墙的病害勘察中发现边玛墙密实、规整，未见明显缺陷，如图 5-36~ 图 5-39 所示。

图 5-36　边玛墙情况 1

图 5-37　边玛墙情况 2

图 5-38　边玛墙情况 3

图 5-39　边玛墙情况 4

5.4.7　地面病害勘察

坚塞颇章宫采用阿嘎土地面，在病害勘察中发现地面存在多条已修补裂缝，发现一条新增裂缝，裂缝为表面裂缝，长度 0.9m，宽度 0.5mm，深度 0.2mm，如图 5-40 所示。

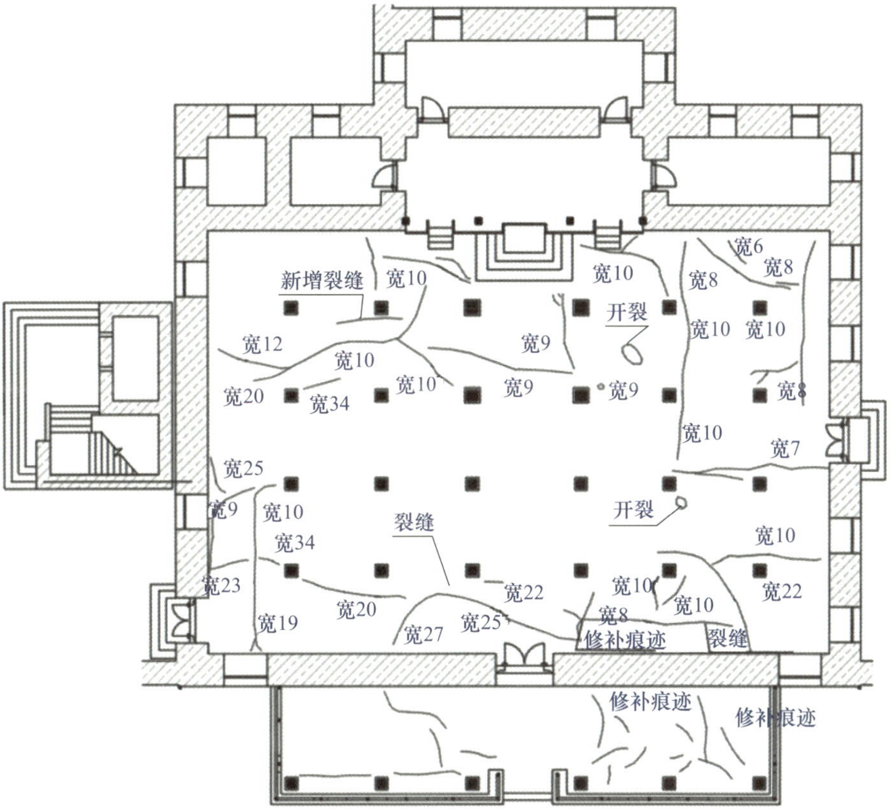

图 5-40　地面裂缝修补情况示意图

注：非新增裂缝的裂缝宽度为修补范围内的裂缝。

5.4.8　楼面、屋面病害勘察

楼面的做法为梁上密铺椽子，椽上密铺直径 1cm 的圆木、半圆木曲面向下或木板作为承重层，也称为占棍。占棍上铺一层直径小于 5cm 的卵石或碎石，作用是通风透气，不致使承重层的木料糟朽。在卵石层上铺约 10cm 厚的黏土垫层，上铺一层厚约 150mm 的阿嘎土作为面层。

屋面做法与楼面基本相同，面层阿嘎土层较厚，且做泛水，在檐口用木槽将雨水引出墙外。

在对楼面、屋面病害勘察中发现以下缺陷，如图 5-41 所示：

（1）各层屋面木檩条均存在纵向干缩裂缝，且在木檩条上可见渗水水迹。

（2）各层屋面阿嘎土存在裂缝修补痕迹，三层阿嘎土屋面存在新裂缝，最大宽度 0.5mm，各裂缝均为表面裂缝，深度小于 0.3mm。

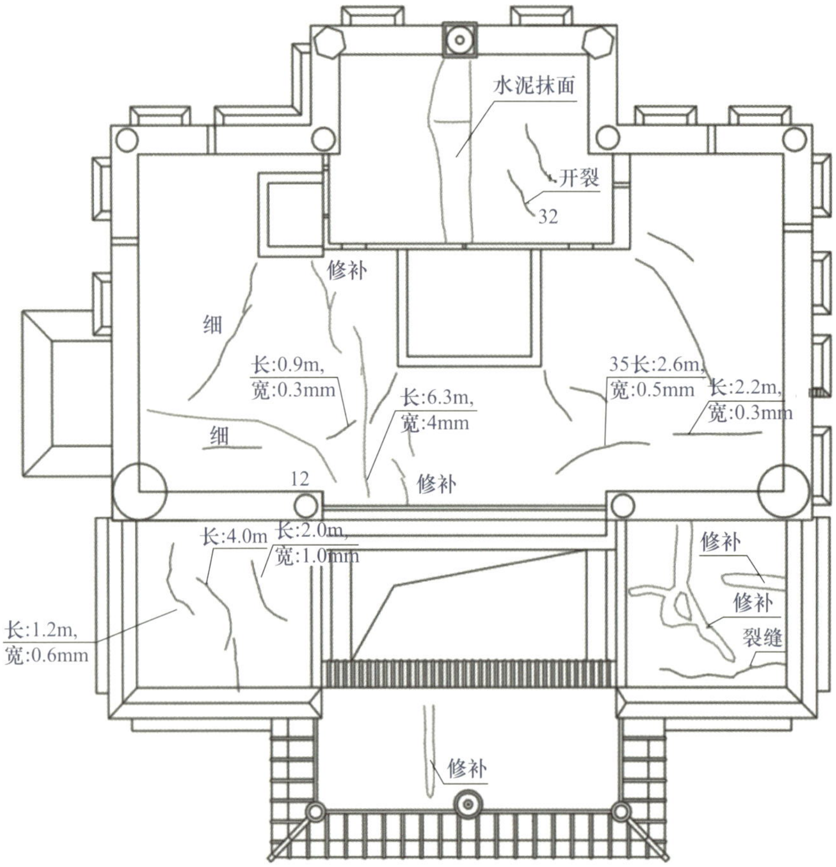

图 5-41　阿嘎土屋面裂缝示意图

5.4.9　门窗病害勘察

藏式民居的门通常由门扇、门框组成。门的上方设置木过梁，一般来说是单开门和双开门。门洞口的尺寸较小。门扇的厚度为 30~50mm。杉木、松木、柏木是常用来作为门材料的木材类型。

在对门窗病害勘察中发现以下缺陷。

（1）I/B-C 门、左右弓木下侧均存在干缩裂缝；I/D-E 门左右弓木、替木、过梁均存在干缩裂缝。

（2）各窗过梁均存在干缩裂缝，裂缝长度基本为通常，宽度平均 1mm。

（3）II/10-11 窗、III/D-E 窗雨棚倾斜破损。

5.4.10 重点保护部位现状调查

坚塞颇章宫，是罗布林卡坚塞颇章宫区主体建筑，建于 1926 年，坐北面南，建筑平面呈凸形，建筑面积 1968m^2（图 5-42）。坚塞颇章宫为藏式三层平顶建筑，从南到北依次为：前廊、抱厦、前殿、神台、库房。前廊为藏式平顶；抱厦为仿汉式铜皮屋顶，二层为小经堂；前殿一层、中心局部高两层，仅在南面设玻璃窗，既有利于采光又有利于防寒；神台及库房以上均为三层，大殿内西侧设木梯可登至各层和三层平台。前廊、前殿和库房地面均用阿嘎土夯筑；神台地面为木地板。

坚塞颇章宫大殿内立 4 根长柱，22 根短柱。宫殿正中高台上设达赖喇嘛木雕宝座，四周壁画描述释迦牟尼世时行道经历的《如意藤》内容，殿顶中空藻井处的墙面绘制了宗喀巴大师积德行善的八十功业，殿内梁柱及斗拱上满雕印度八十位大成就者的形象，正中的横梁雕刻有梵咒，并敷以金汁彩绘。二层为内侍殿，殿内四周诸多壁画描绘了大白伞盖、黑噜嘎等本尊像。还绘有汉地八仙的形象、颐和园全景、福禄寿喜图等。

经现场病害勘察发现存在以下缺陷，如图 5-43~ 图 5-70 所示。

（1）外墙墙面漆存在局部涂层脱落情况。

（2）二层库房 2 内北侧墙存在表面裂缝，长度 1.5m，宽度 0.25mm；二层库房 3 东墙存在裂缝长度 1m，宽度 0.4mm。三层楼梯间东侧隔墙存在裂缝，长度 1.5m，宽度 0.2mm；三层卫生间东墙彩绘脱落；三层密集果界房间北墙存在裂缝，长度 1.5m，宽度 0.2mm；三层顶部 1-J/1-5 女儿墙裂缝，长度 0.8m，宽度 1.0mm。

（3）天花板木椽子存在受潮水渍。

（4）屋顶宝刹倾斜、牦幢顶部构件倾斜，个别胜利幢铆钉脱落，锈蚀。

（5）个别窗户雨棚倾斜。

（6）室外栏板存在顶部构件缺失情况。

图 5-42 坚塞颇章宫立面

图 5-43 坚塞颇章宫二层栏杆

图 5-44　坚塞颇章宫墙体及门窗 1

图 5-45　坚塞颇章宫墙体及门窗 2

图 5-46　坚塞颇章宫墙体及门窗 3

图 5-47　坚塞颇章宫墙体及门窗 4

图 5-48　坚塞颇章宫墙体及门窗 5

图 5-49　坚塞颇章宫屋顶情况 1

图 5-50 坚塞颇章宫屋顶胜利幢

图 5-51 坚塞颇章宫双鹿法轮

图 5-52 坚塞颇章宫长号架

图 5-53 坚塞颇章宫胜利幢铆钉脱落，锈蚀

图 5-54 坚塞颇章宫牦幢

图 5-55 坚塞颇章宫牦幢顶部构件倾斜

图 5-56　坚塞颇章宫屋顶宝瓶存在倾斜

图 5-57　坚塞颇章宫鎏金屋顶

图 5-58　坚塞颇章宫屋顶檐下

图 5-59　坚塞颇章宫屋檐小兽

图 5-60　坚塞颇章宫共命鸟

图 5-61　坚塞颇章宫台基情况

图 5-62 坚塞颇章宫二层室内情况 1

图 5-63 坚塞颇章宫二层室内情况 2

图 5-64 坚塞颇章宫三层室内情况 1

图 5-65 坚塞颇章宫三层室内情况 2

图 5-66 坚塞颇章宫室内木窗

图 5-67 坚塞颇章宫三层木地板

图 5–68　坚塞颇章宫室外栏板顶部构件缺失 1

图 5–69　坚塞颇章宫室外栏板顶部构件缺失 2

图 5–70　坚塞颇章宫三层顶部女儿墙 1–J/1–5 女儿墙裂缝

5.5　建筑结构病害勘察——格桑颇章宫

5.5.1　格桑颇章宫结构形式及构件编号说明

格桑颇章宫为局部三层石木混合结构，内部为木柱、木梁框架结构，首层层高 2.7m，二层层高 2.6m，三层层高高度 2.6m，南北向宽度 34.5m，东西向宽度 17.7m。外部为石砌体收分墙最大厚度约 1090mm，内部隔墙室为草泥墙，厚度约 120mm、160mm、180mm。首层柱尺寸 170mm × 170mm、180mm × 190mm，一层通高柱 240mm × 240mm，二层柱尺寸 180mm × 180mm，三层柱尺寸 180mm × 180mm。

（1）柱

格桑颇章宫首层共计34根柱，柱尺寸170mm×170mm、180mm×180mm、240mm×240mm（通高柱）；二层柱共计6根，柱尺寸180mm×180mm；三层柱共计6根，柱尺寸180mm×180mm。

（2）梁

格桑颇章宫首层共计44根梁，梁尺寸150mm×200mm、200×300mm；二层梁共计7根，梁尺寸160mm×200mm、140mm×180mm；三层梁共计14根，梁尺寸160mm×190mm、150mm×200mm、130mm×200mm等。梁与梁之间采用燕尾榫连接，在柱顶断开。

（3）外墙

首层墙体高度2.7m，厚度从底部的1100mm线性变化至970mm；二层墙体高度2.6m，厚度从底部的970mm线性变化至820mm；三层墙体高度2.6m，厚度从底部的820mm线性变化至730mm。

（4）楼面

格桑颇章宫楼面木檩条尺寸120mm×120mm，阿嘎土厚度约150mm，楼面整体厚度约285mm。

（5）屋面

楼面木檩条尺寸120mm×120mm，阿嘎土厚度各区域不同，变化范围180~345mm。

为方便现场病害勘察和检测对木结构梁、柱进行编号，在现场记录中按照编号记录梁、柱缺陷情况。

（1）柱编号

编号原则按照由内层至外层、从首层到三层往上、依逆时针顺序从1开始编号。柱的编号中字母及数字的含义：Z1-1表示一层的柱1，Z2-1表示二层的柱1。首层编号为Z1-1~Z1-30，如图5-71所示；二层编号为Z2-1~Z2-6，如图5-72所示；三层编号为Z3-1~Z3-6，如图5-73所示。

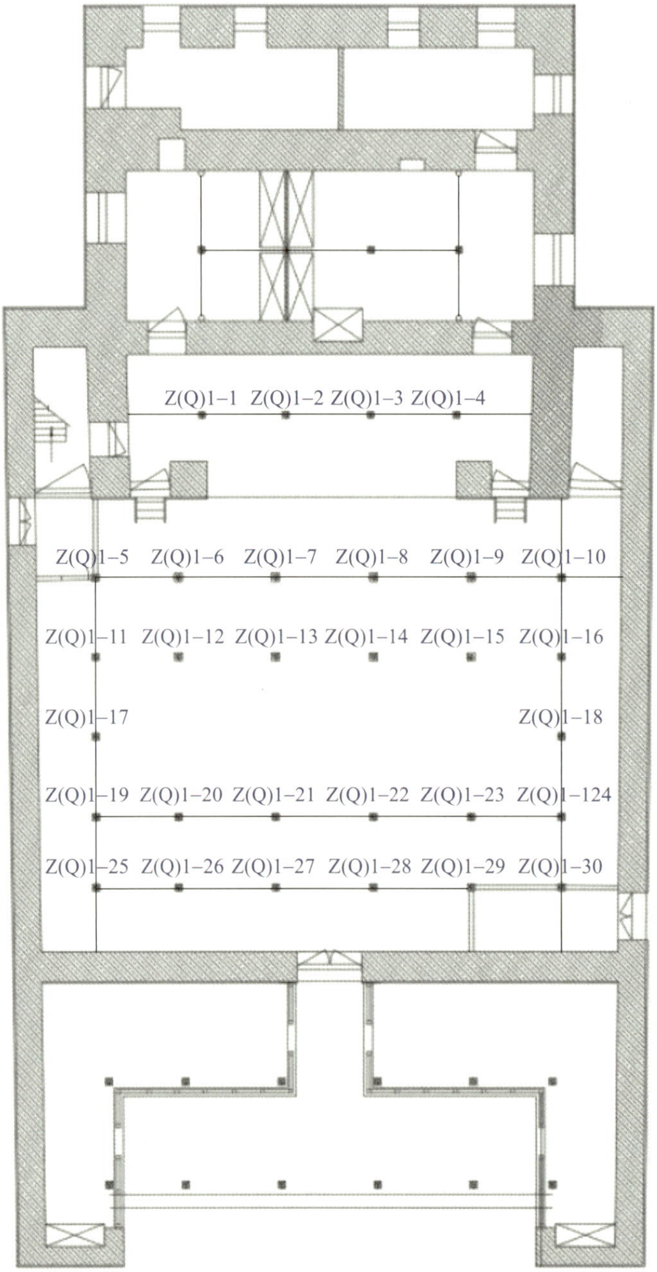

图 5-71　首层柱编号示意图

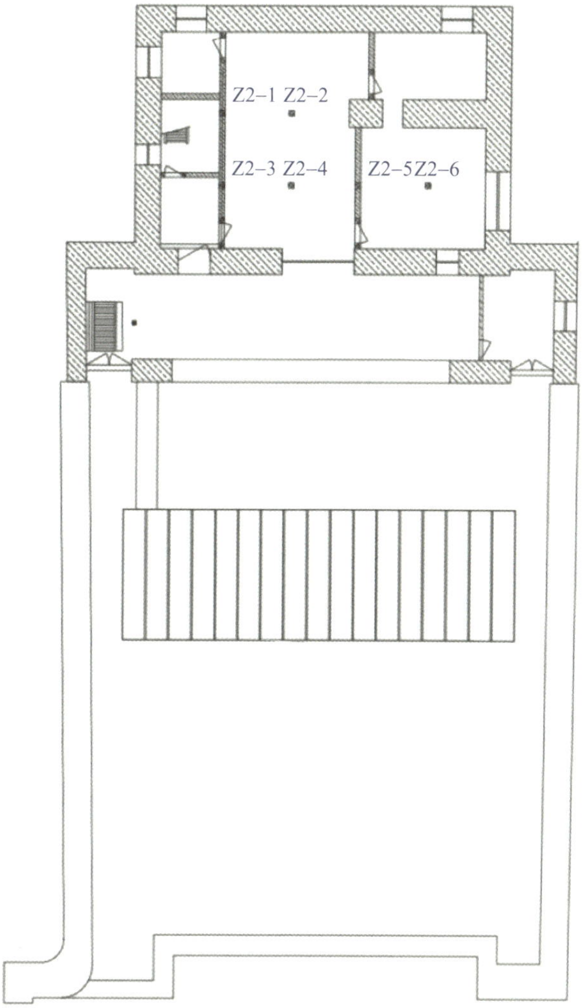

图 5-72 二层柱编号示意图

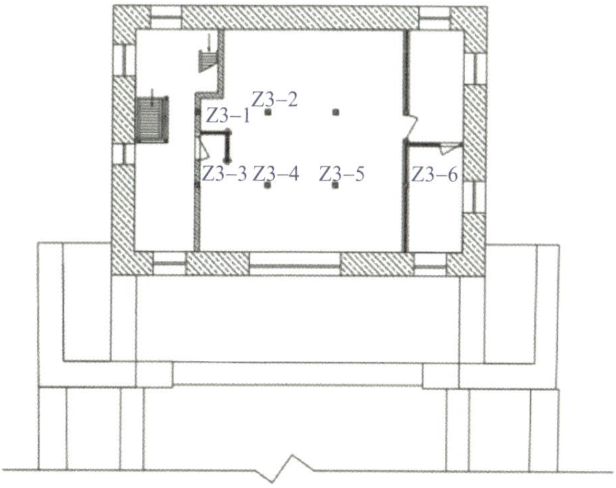

图 5-73 三层柱编号示意图

（2）梁编号

编号原则按照由南侧到北侧，从西侧到东侧从 1 开始编号。梁的编号中字母及数字的含义：L1-1 表示一层的梁 1，L2-1 表示二层的梁 1。首层编号为 L1-1~L1-44，如图 5-74 所示；二层编号为 L2-1~L2-7，如图 5-75 所示；三层编号为 L3-1~L3-14，如图 5-76 所示。

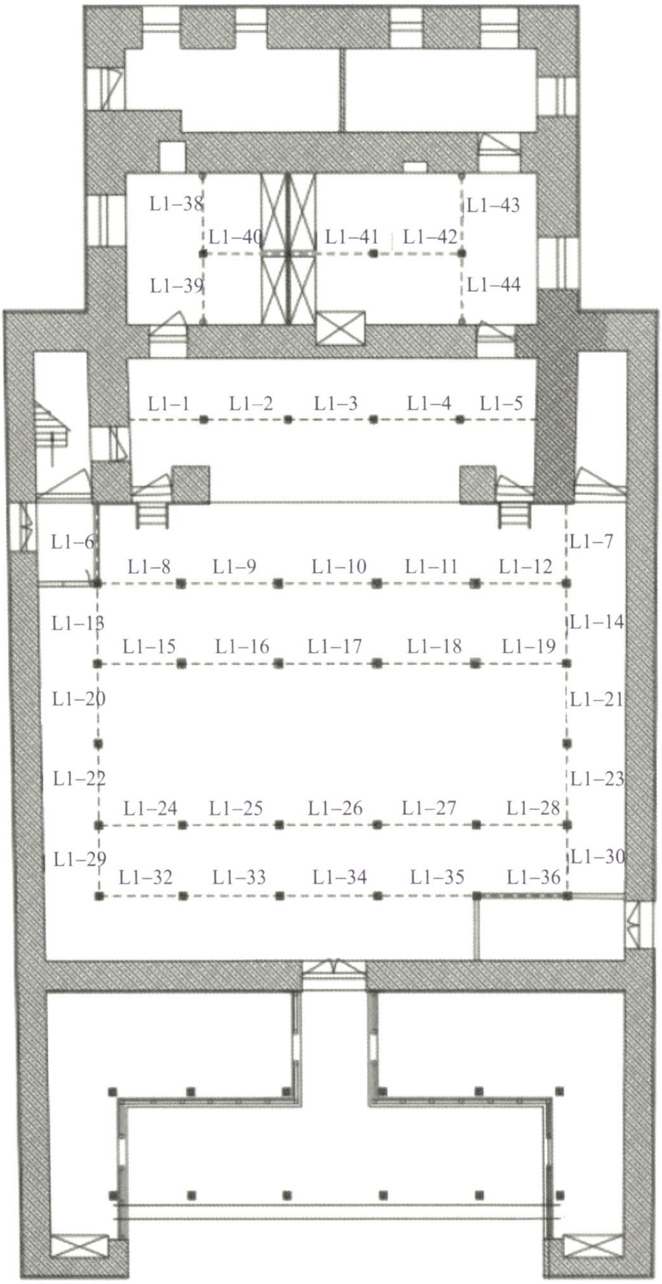

图 5–74　首层梁编号示意图

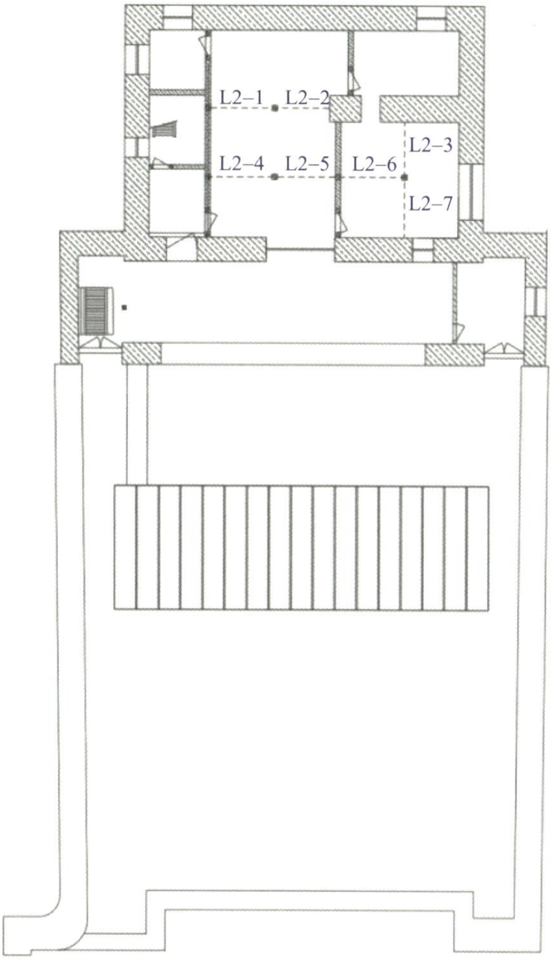

图 5–75 二层梁编号示意图

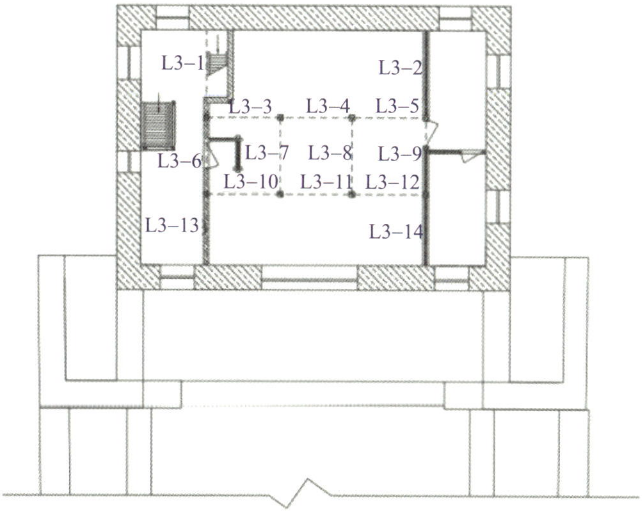

图 5–76 三层梁编号示意图

（3）雀替（弓木）编号

编号原则按照由南侧到北侧，从西侧到东侧从 1 开始编号。雀替的编号中字母及数字的含义：以 Q1-1 为例，Q1-1 表示一层的雀替 1。

Z2-1、Z2-3 柱子上没有雀替，故没有 Q2-1、Q2-3 编号。雀替编号示意图同柱编号示意图。

5.5.2 地基基础病害勘察

格桑颇章宫建于 1755 年。在对上部结构的检验中，未发现明显倾斜情况及不均匀沉降造成的上部结构开裂等缺陷发生，建筑地基和基础无静载缺陷。根据地勘报告，卵石土为区内主要分布土体，土体厚度较大，平面上分布连续，空间分布较稳定。土体工程地质性能中等，承载力中等。地基主要受力层范围内不存在软弱土、液化土和严重不均匀土层，非抗震不利地段，可认为地基基础工作正常。

5.5.3 台基病害勘察

格桑颇章宫台基四周为石材砌筑，大块石材之间采用片石找平并用黄土作为黏结材料砌筑，台阶内部为填土，台阶面层铺装片石，在现场病害勘察中未发现台基有明显变形、开裂、渗水及风化的情况。

5.5.4 木结构病害勘察

根据《古建筑木结构维护与加固技术标准》（GB/T 50165—2020）和《木材耐久性能 第 2 部分：天然耐久性野外试验方法》（GB/T 13942.2—2009），通过观测、敲击和简单工具对古建筑木结构所有能触及的木构件进行普查，记录木构件的材质状况，是否开裂、是否腐朽、是否虫蛀、表面是否有渗漏水渍等。

1. 木柱病害勘察结果

为了便于整理和归档，根据现场检查条件，把木构件进行编号归类。本次病害勘察对具有病害勘察条件的共计 46 根木柱进行详细排查，发现其中 37 根木柱存在缺陷，木柱病害勘察结果统计如表 5-4 所示。

表 5–4 木柱病害勘察结果统计

序号	楼层	木柱数量	检验木柱数量	存在缺陷的木柱数	备注
1	首层	34	34	31	
2	二层	6	6	3	
3	三层	6	6	3	
合计		46	46	37	

根据现场检查汇总，各层木柱详细病害勘察结果汇总如下。

（1）首层木柱共 34 根，病害勘察木柱数量共 34 根，经病害勘察的木柱存在缺陷的共 31 根。木柱普遍存在开裂现象，未见虫蛀、空洞情况。其中 Z1-5、Z1-6、Z1-7、Z1-9、Z1-10、Z1-13、Z1-17、Z1-19、Z1-20、Z1-21、Z1-23、Z1-24、Z1-25、Z1-26 开裂严重，通长开裂或局部劈裂，Z1-9、Z1-10 梁柱节点连接处有变形。

（2）二层木柱共 6 根，病害勘察木柱数量共 6 根，经病害勘察的木柱存在缺陷的共 3 根。木柱未见虫蛀、空洞情况，Z2-5 柱子梁柱节点连接处有变形。

（3）三层木柱共 6 根，病害勘察木桩数量共 6 根，经病害勘察的木柱存在裂缝缺陷的共 3 根，木柱未见虫蛀、空洞情况及其他缺陷。

2. 木梁病害勘察结果

本次病害勘察对具有病害勘察条件的共计 65 根木梁进行详细排查，发现其中 7 根存在缺陷。木梁病害勘察结果统计如表 5-5 所示。

表 5–5 木梁病害勘察结果统计

序号	楼层	木梁数量	检验木梁数量	存在缺陷的木梁数	备注
1	首层	44	44	3	
2	二层	7	7	1	
3	三层	14	14	3	
合计		65	65	7	

根据现场检查汇总，各层木梁详细病害勘察结果汇总如下。

（1）首层木梁共 44 根，病害勘察木梁数量共 44 根，经病害勘察的木梁存在缺陷的共 3 根，主要为干缩开裂，木梁未见虫蛀、空洞情况。木梁 L1-1、L1-2、L1-25 存在干缩开裂现象。

（2）二层木梁共 7 根，病害勘察木梁数量共 7 根，经病害勘察 1 根木梁存在缺陷，主要为干缩开裂，未见虫蛀、空洞情况。木梁 L2-1 存在干缩开裂。

（3）二层木梁共 14 根，病害勘察木梁数量共 14 根，经病害勘察的木梁存在缺陷的共 3 根，主要为干缩开裂，未见虫蛀、空洞情况。L3-1、L3-10、L3-12 存在干缩开裂现象。

3. 雀替（弓木）病害勘察结果

本次病害勘察对具有病害勘察条件的共计 44 个雀替进行详细排查，发现其中 31 根存在缺陷。雀替病害勘察结果统计如表 5-6 所示。

表 5–6　雀替病害勘察结果统计

序号	楼层	雀替数量	检验雀替数量	存在缺陷的雀替数	备注
1	首层	34	34	23	
2	二层	4	4	3	
3	三层	6	6	5	
合计		44	44	31	

根据现场检查汇总，各层雀替详细病害勘察结果汇总如下。

（1）首层雀替共 34 个，病害勘察雀替数量共 34 个，经病害勘察的雀替存在缺陷的共 23 个，普遍存在木构件干缩开裂现象，未见虫蛀、空洞情况。其中 Q1-2、Q1-10、Q1-15、Q1-18、Q1-21、Q1-22、Q1-23、Q1-30、Q1-33 开裂严重，横向通长开裂或局部劈裂。

（2）二层雀替共 4 个，病害勘察雀替数量共 4 个，经病害勘察的雀替存在缺陷的共 3 个。雀替侧面、下部普遍存在干缩裂缝现象，未见虫蛀、空洞情况。其中 Q2-5 雀替节点存在歪闪变形。

（3）三层雀替共 6 个，病害勘察雀替数量共 6 个，经病害勘察的雀替存在缺陷的共 5 个。雀替侧面、下部普遍存在干缩裂缝现象，未见虫蛀、空洞情况。其中 Q3-1、Q3-4 劈裂较严重。

5.5.5　结构整体性、节点与连接情况调查

格桑颇章宫为传统藏式结构建筑，为石木混合结构，内部为木梁、木柱，楼板荷载通过木檩条传递至木梁上再传递至木柱，同时外部围护的石墙也承担由木梁传递而来的

荷载，形成外刚内柔的结构形式。

首层柱置于柱础上，柱底与柱础直接抵承，上层柱置于梁上，梁均为简支梁，无连续梁。

柱头上部设榫头，雀替下部设卯口，雀替上部设榫头，梁下部设卯口，梁、雀替、柱上下搭接，传递荷载。雀替增大了梁柱之间的接触面，增加了支承长度。最外围的木梁梁头直接搭接于石墙上。

经现场实际病害勘察，结构整体性、节点与连接情况如下（图 5-77~ 图 5-80）。

（1）本建筑结构整体性较好，石砌墙体平面闭合，纵横墙咬槎砌筑；

（2）木梁与墙体连接良好，支承长度大于《古建筑木结构维护与加固技术标准》（GB/T 50165—2020）要求 240mm；

（3）二层 Q2-5 雀替节点存在歪闪变形。

图 5–77 首层 Z1–19 柱底现状

图 5–78 二层 Z2–2 位置节点现状

图 5–79 二层 Q2–5 雀替歪闪变形

图 5–80 首层 L1–10 位置梁柱搭接现状

5.5.6　墙体病害勘察

1. 承重墙病害勘察

格桑颇章宫承重外砌体墙采用石材砌筑，大石材中间夹小片石，砌筑黏结材料为黄泥。砌体结构出现裂缝和产生变形对建筑物的危害主要表现在结构安全性和房屋使用功能两个方面，砌体结构受力裂缝的出现预示着结构承载力可能不足，结构变形裂缝的出现虽然对砌体抗压承载力没有直接影响，但贯穿性裂缝的形成会弱化结构的整体稳定性和抗震性能。外墙、楼板和屋面结构裂缝会影响结构防水，造成房屋渗漏，明显的结构裂缝或较大变形会影响建筑物的使用功能要求。

承重外围墙体现状保存基本完好，在对承重石砌体墙病害勘察中发现以下缺陷。

（1）承重外围墙体无空鼓，墙体普遍有不同程度的灰浆脱落现象。

（2）承重石砌外墙部分区域存在受潮滋生苔藓、植物病害。

现场损伤检验结果如图 5-81~ 图 5-88 所示。

图 5-81　格桑颇章宫西立面现状

图 5-82　格桑颇章宫西立面底部洇水，灰浆脱落

图 5-83　格桑颇章宫北立面现状

图 5-84　格桑颇章宫北立面现状，局部苔藓滋生

图 5-85　格桑颇章宫东立面现状

图 5-86　格桑颇章宫东立面拐角处墙体洇水，苔藓滋生

图 5-87　格桑颇章宫东立面窗间墙墙体洇水

图 5-88　格桑颇章宫边玛墙上植物病害

2. 隔墙病害勘察

对格桑颇章宫的室内墙体进行病害勘察，包括承重墙内侧及内隔墙。根据资料查阅可知，传统隔墙一般做法为草泥墙体。

在对室内墙体病害勘察中发现以下缺陷。

（1）室内墙体存在多处抹灰层表层开裂，多处裂缝有修补痕迹。

（2）首层墙体抹灰层开裂，主要集中在日光殿四周及神台两侧墙体。

（3）二层墙体抹灰层开裂，主要集中在十六罗汉殿两侧隔墙。

（4）三层墙体抹灰层开裂，主要集中在南、北两侧墙体。

3. 边玛墙病害勘察

在现场对格桑颇章宫边玛墙的病害勘察中发现边玛墙密实、规整，未见明显缺陷，如图 5-89~ 图 5-94 所示。

图 5-89　格桑颇章宫边玛墙情况 1

图 5-90　格桑颇章宫边玛墙情况 2

图 5-91　格桑颇章宫边玛墙情况 3

图 5-92　格桑颇章宫边玛墙情况 4

图 5-93　格桑颇章宫边玛墙情况 5

图 5-94　格桑颇章宫边玛墙情况 6

5.5.7　地面病害勘察

格桑颇章宫采用阿嘎土地面，在病害勘察中发现地面存在多条已修补裂缝，首层阿嘎土地面局部破损，如图 5-95~ 图 5-98 所示。

图 5-95 格桑颇章宫首层地面室内现状

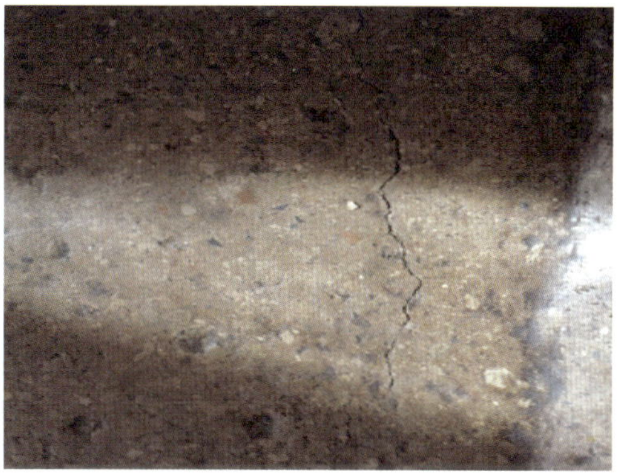

图 5-96 格桑颇章宫首层已修补裂缝 1

图 5-97 格桑颇章宫首层已修补裂缝 2

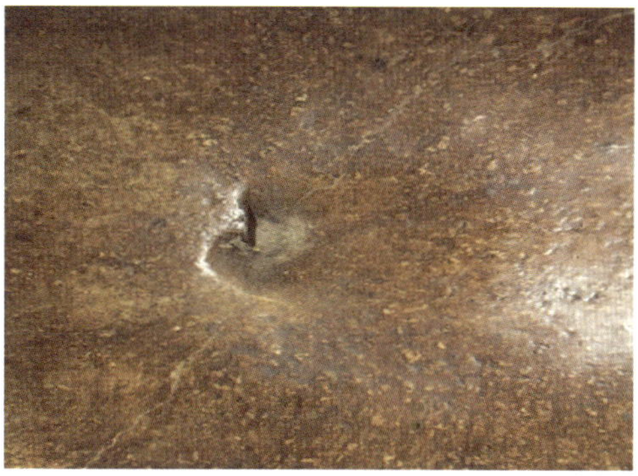

图 5-98 格桑颇章宫阿嘎土地面破损

5.5.8 楼面、屋面病害勘察

楼面的做法为梁上密铺椽子，椽上密铺直径 1cm 的圆木、半圆木曲面向下或木板作为承重层，也称为占棍。占棍上铺一层直径小于 5cm 的卵石或碎石，作用是通风透气，不致使承重层的木料糟朽。在卵石层上铺约 10cm 厚的黏土垫层，上铺一层厚约 150mm 的阿嘎土作为面层。

在对楼面、屋面病害勘察中发现以下缺陷：

（1）楼面、屋面木檩条均存在纵向干缩裂缝，屋面木檩条上可见渗水水迹。

（2）楼面屋面阿嘎土存在裂缝修补痕迹，局部破损开裂。

5.5.9 门窗病害勘察

门窗现状保存基本完好，窗上方的木构件普遍存在干缩开裂现象，Ⅰ/6-7 门雨棚木构件糟朽。

5.5.10 重点保护部位现状调查

格桑颇章宫是格桑颇章区建筑群中的重要殿堂建筑，建于 1755 年，坐北面南，建筑平面呈矩形，建筑面积 645m^2，为藏式三层平顶建筑，从南到北依次为：抱厦、前殿、神台、库房。抱厦为一层，木梁、木柱承重，屋面为阿嘎土夯筑；前殿一层，中心局部高两层，仅在中部高出位置设玻璃窗，既有利于采光又有利于防寒；神台为一层，屋面为阿嘎土夯筑；库房以上为三层。神台西侧设木梯可登至二层平台；二层西侧设楼梯，可登至三层；三层北侧设楼梯，可至屋顶。抱厦、前殿和库房地面均用阿嘎土夯筑；神台地面为木地板。格桑颇章宫是罗布林卡中建得较早的宫殿之一，因是七世达赖格桑嘉措修建，故名格桑颇章。“颇章”是藏语，意思是宫殿。格桑颇章第一层为经堂，第二层为罗汉殿、护法殿及达赖的阅经室，第三层为达赖接见僧俗官员的地方。

格桑颇章的主殿，设有七世达赖喇嘛的宝座，挂满了珍贵的度母唐卡像和护法神像，有近百幅之多。二楼上供奉的是释迦牟尼佛像，两侧有十六罗汉像，墙上壁画记载了松赞干布等吐蕃藏王的传记故事，里间供奉了一尊八世达赖喇嘛命人塑造的六臂护法神像；第二层有四幅儿童题材的壁画，画面生动活泼，极富世俗气息，为西藏壁画中所少见，从画中儿童的服饰、发型上看，有浓厚的汉族地区绘画风格，体现出汉藏文化交流的情况。

经现场病害勘察发现，存在以下缺陷。

（1）承重石砌外墙部分区域存在受潮滋生苔藓、植物病害、表面涂层脱落的现象。

（2）屋面部分牦尾幢锈蚀。

（3）内墙多处墙面抹灰开裂、壁画破损。

（4）天花板木椽子存在受潮水渍。

详细检查结果如图 5-99~ 图 5-116 所示。

图 5-99　格桑颇章宫立面

图 5-100　格桑颇章宫屋顶情况

图 5-101　格桑颇章宫牦尾幢 1

图 5-102　格桑颇章宫牦尾幢 2

图 5-103　格桑颇章宫牦尾幢上部构件锈蚀

图 5-104　格桑颇章宫长号架

图 5-105　格桑颇章宫屋顶胜利幢 1

图 5-106　格桑颇章宫屋顶胜利幢 2

图 5-107　格桑颇章宫屋顶宝瓶 1

图 5-108　格桑颇章宫屋顶宝瓶 2

图 5-109　格桑颇章宫首层室内现状 1

图 5-110　格桑颇章宫首层室内现状 2

图 5-111　格桑颇章宫二层室内现状 1

图 5-112　格桑颇章宫二层室内现状 2

图 5-113　格桑颇章宫二层室内现状 3

图 5-114　格桑颇章宫三层室内现状 1

图 5-115 格桑颇章宫三层室内现状 2

图 5-116 格桑颇章宫三层室内现状 3

5.6 建筑结构病害勘察——格桑德吉颇章宫

5.6.1 格桑德吉颇章宫结构形式及构件编号说明

格桑德吉颇章宫为二层石木混合结构，内部为木柱、木梁框架结构，建筑总高 6.6m，南北向宽度 12.2m，东西向宽度 15.2m。外部为石砌体收分墙最大厚度约 1060mm，内部隔墙室为草泥墙，厚度约 160mm、220mm。内部木结构柱距约 3200m、6200mm。首层柱尺寸 320mm × 340mm，二层柱尺寸 290mm × 300mm，室外柱尺寸 183mm × 185mm。

（1）柱

格桑德吉颇章宫首层共有 4 根柱子，布置在 2/*B*、2/*C*、3/*B*、3/*C* 轴线位置，柱尺寸基本一致，约 320mm × 340mm。二层共有 6 根柱子，室内柱布置在 2/*B*、2/*C*、3/*B*、3/*C* 轴线四个位置，柱尺寸基本一致，约 300mm × 300mm；外廊布置 2 根柱，尺寸约 185mm × 185mm。

（2）梁

首层梁布置于 1-4/*B* 轴、1-4/*C* 轴柱与墙体之间，共计 6 根，梁尺寸基本一致，约 220mm × 290mm。二层有 6 根梁布置于 1-4/*B* 轴、1-4/*C* 轴柱与墙体之间，梁尺寸基本一致，约 240mm × 400mm；二层有 3 根梁沿外廊周边布置，梁尺寸基本一致，约 180mm × 300mm。梁与梁之间采用燕尾榫连接，在柱顶断开。

（3）外墙

承重外墙用块石、片石、碎石和湿土垒砌，每层块石之间采用片石填充，内填不规整块石和碎石。承重石墙均有收分，外壁收分内壁不收分，墙体收分内倾，能够增强建筑物的稳定性。墙体收分一方面是满足墙自身稳定的需要，另一方面是寻求整体结构的稳定，同时采用收分的处理方式，可以减轻墙体上部的重力，使整个建筑的重心下降，增加建筑物的稳定性，提高抗震能力。首层层高 3.3m、二层层高 3.2m，墙体厚度由首层底部 1060mm 线性变化至顶层 600mm。

（4）楼面

格桑德吉颇章宫楼面木檩条尺寸为 120mm × 120mm，阿嘎土厚度约 150mm，楼面整体厚度约 285mm。

（5）屋面

楼面木檩条尺寸 120mm × 120mm，阿嘎土厚度各区域不同，变化范围 180~345mm。

为方便现场病害勘察和检测对木结构梁、柱进行编号，在现场记录中按照编号记录梁、柱缺陷情况。

（1）柱编号

编号原则按照由南侧到北侧，从西侧到东侧从 1 开始编号。柱的编号中字母及数字的含义：Z1-1 表示首层的柱 1，Z2-1 表示二层的柱 1。首层编号为 Z1-1~Z1-4，如图 5-117 所示；二层编号为 Z2-1~Z2-6，如图 5-118 所示。

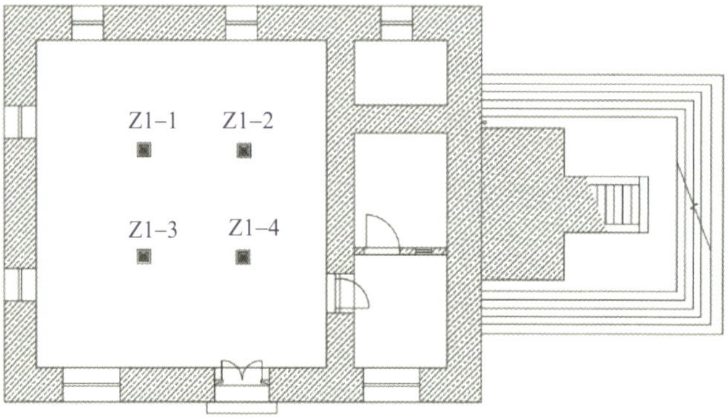

图 5-117　首层柱编号示意图

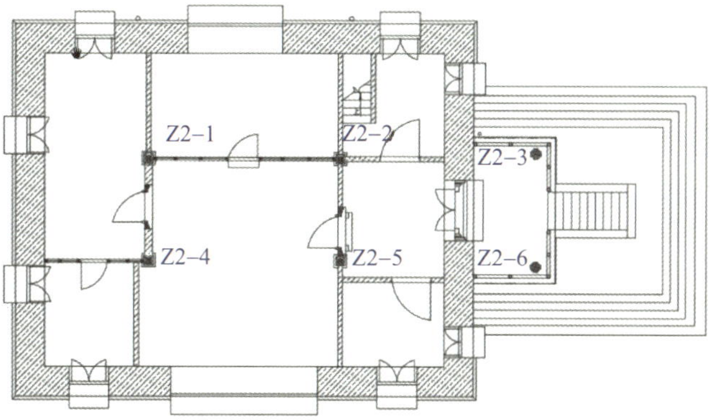

图 5–118 二层柱编号示意图

（2）梁编号

编号原则按照由南侧到北侧，从西侧到东侧从 1 开始编号。梁的编号中字母及数字的含义：L1-1 表示首层的梁 1，L2-1 表示二层的梁 1。首层编号为 L1-1~L1-6，如图 5-119 所示；二层编号为 L2-1~L2-9，如图 5-120 所示。

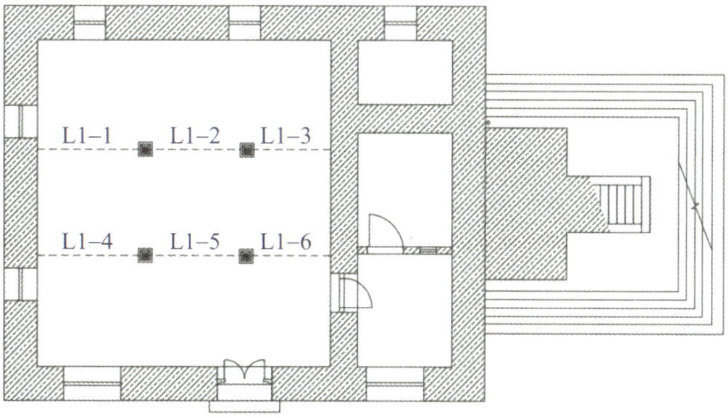

图 5–119 首层梁编号示意图

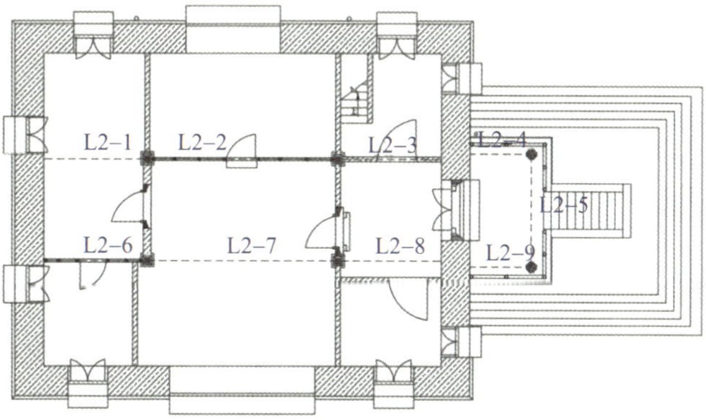

图 5–120 二层梁编号示意图

（3）雀替（弓木）编号

编号原则按照由南侧到北侧，从西侧到东侧从 1 开始编号。其中二层 2-6/B、2-6/C 位置各有两个雀替。雀替的编号中字母及数字的含义：以 Q1-1 为例，Q1-1 表示首层的雀替 1。首层编号为 Q1-1~Q1-4，如图 5-121 所示；二层编号为 Q2-1~Q2-6，如图 5-122 所示。

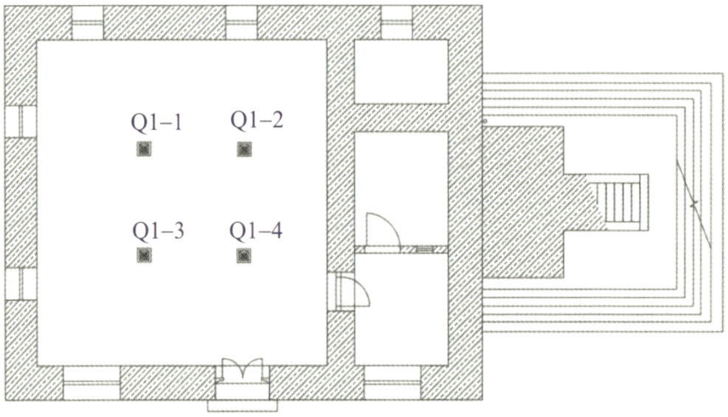

图 5–121　首层雀替编号示意图

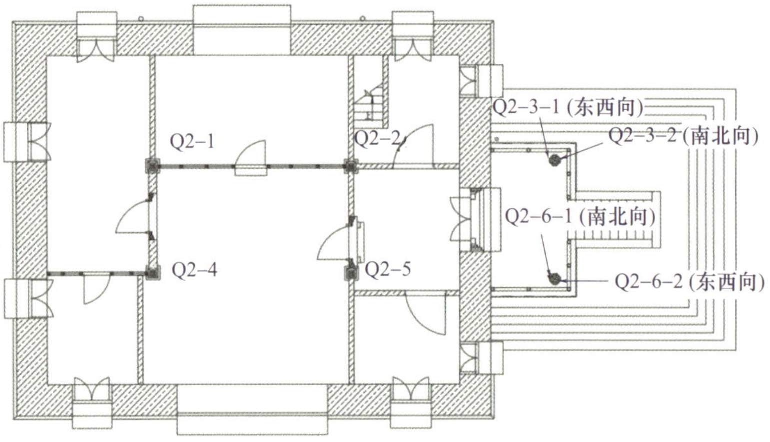

图 5–122　二层雀替编号示意图

5.6.2　地基基础病害勘察

格桑德吉颇章宫建于 1926 年，建成至今已使用逾 90 年。在对上部结构的病害勘察中，未发现明显倾斜情况及不均匀沉降造成的上部结构开裂等缺陷发生，建筑地基和基础无静载缺陷。根据地勘报告，卵石土为区内主要分布土体，土体厚度较大，平面上分布连续，空间分布较稳定。土体工程地质性能中等，承载力中等。地基主要受力层范围内不存在软弱土、液化土和严重不均匀土层，非抗震不利地段，可认为地基基础工作正常。

5.6.3 台基病害勘察

格桑德吉颇章宫台基四周为石材砌筑，大块石材之间采用片石找平并用黄土作为黏结材料砌筑，台阶内部为填土，台阶面层铺装片石，在现场病害勘察中台基四周杂草较多，未发现台基有明显变形、开裂、渗水及风化的情况。

5.6.4 木结构病害勘察

根据《古建筑木结构维护与加固技术标准》(GB/T 50165—2020)和《木材耐久性能 第2部分：天然耐久性野外试验方法》(GB/T 13942.2—2009)，通过观测、敲击和简单工具对古建筑木结构所有能触及的木构件进行普查，记录木构件的材质状况，是否开裂、是否腐朽、是否虫蛀、表面是否有渗漏水渍等。

1. 木柱病害勘察结果

为了便于整理和归档，根据现场检查条件，把木构件进行编号归类。本次病害勘察对具有病害勘察条件的共计10根木柱进行详细排查，发现其中4根木柱存在缺陷，木柱病害勘察结果统计如表5-7所示。

表5-7 木柱检验结果统计

序号	楼层	木柱数量	检验木柱数量	存在缺陷的木柱数	备注
1	首层	4	4	3	
2	二层	6	6	1	
合计		10	10	4	

根据现场检查汇总，各层木柱详细病害勘察结果汇总如下。

(1)首层木柱共4根，病害勘察木柱数量共4根，经病害勘察的木柱存在缺陷的共3根。木柱总体开裂情况较轻，未见虫蛀、空洞情况。Z1-1存在开裂，长度1300mm，有后期修缮痕迹；Z1-2、Z1-3柱顶节点歪闪变形。

(2)二层木柱共6根，病害勘察木柱数量共6根，经病害勘察的木柱存在缺陷的共1根。Z2-4通常开裂，木柱未见虫蛀、空洞情况。

2. 木梁病害勘察结果

本次病害勘察对具有病害勘察条件的共计 15 根木梁进行详细排查，发现其中 3 根木梁存在缺陷，木梁病害勘察结果统计如表 5-8 所示。

表 5–8　木梁病害勘察结果统计

序号	楼层	木梁数量	检验木梁数量	存在缺陷的木梁数	备注
1	首层	6	6	2	
2	二层	9	9	1	
合计		15	15	3	

根据现场检查汇总，各层木梁详细病害勘察结果汇总如下。

（1）首层木梁共 6 根，病害勘察木梁数量共 6 根，经病害勘察的木梁存在缺陷的共 2 根。木梁 L1-3、L1-4 存在开裂现象，未见虫蛀、空洞情况。

（2）二层木梁共 9 根，病害勘察木梁数量共 9 根，经病害勘察木梁 L2-3 存在开裂现象，未见虫蛀、空洞情况。

3. 雀替（弓木）病害勘察结果

本次病害勘察对具有病害勘察条件的共计 12 个雀替进行详细排查，发现其中 6 根存在缺陷，雀替病害勘察结果统计如表 5-9 所示。

表 5–9　雀替病害勘察结果统计

序号	楼层	雀替数量	检验雀替数量	存在缺陷的雀替数	备注
1	首层	4	4	1	
2	二层	8	8	5	
合计		12	12	6	

根据现场检查汇总，各层雀替详细病害勘察结果汇总如下。

（1）首层雀替共 4 个，病害勘察雀替数量共 4 个，经病害勘察的雀替存在缺陷的共 1 个。雀替 Q1-2 侧面、下部存在干缩裂缝现象，未见虫蛀、空洞情况。

（2）二层雀替共 8 个，病害勘察雀替数量共 8 个，经病害勘察的雀替存在缺陷的共 5 个。雀替侧面、下部普遍存在干缩裂缝现象，未见虫蛀、空洞情况；Q2-5 与柱顶位置有歪闪变形。

5.6.5 结构整体性、节点与连接情况调查

格桑德吉颇章宫为传统藏式结构建筑，为石木混合结构，内部为木梁、木柱，楼板荷载通过木檩条传递至木梁上再传递到木柱，同时外部围护的石墙也承担由木梁传递而来的荷载，形成外刚内柔的结构形式。

经现场实际病害勘察，结构整体性、节点与连接情况如下。

（1）本建筑结构整体性较好，石砌墙体平面闭合，纵横墙咬槎砌筑。

（2）木梁与墙体连接良好，支承长度大于《建筑抗震鉴定标准》（GB 50023—2009）要求 240mm。

（3）首层 Z1-2、Z1-3 梁、柱节点存在歪闪变形，如图 5-123 所示。

（4）二层 Q2-5 与柱顶位置歪闪变形，如图 5-124 所示。

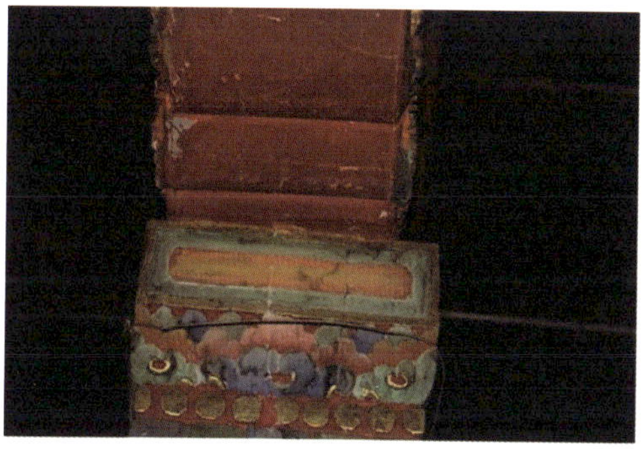

图 5-123 Z1-3 梁、柱节点存在歪闪变形

图 5-124 二层 Q2-5 与柱顶位置歪闪变形

5.6.6 墙体病害勘察

1. 承重墙病害勘察

格桑德吉颇章宫承重外砌体墙采用石材砌筑，大石材中间夹小片石，砌筑黏结材料为黄泥。砌体结构出现裂缝和产生变形对建筑物的危害主要表现在结构安全性和房屋使用功能两个方面，砌体结构受力裂缝的出现预示着结构承载力可能不足，结构变形裂缝的出现虽然对砌体抗压承载力没有直接影响，但贯穿性裂缝的形成会降低结构的整体稳定性和抗震性能。外墙、楼板和屋面结构裂缝会影响结构防水，造成房屋渗漏，明显的结构裂缝或较大变形会影响建筑物的使用功能要求。

外墙重新粉刷，整体较为完好，局部有以下缺陷。

（1）承重石砌无空鼓，外墙部分区域存在受潮滋生苔藓、表面涂层脱落的现象。

（2）承重石砌外墙部分区域灰浆脱落。

现场损伤病害勘察结果如图 5-125~ 图 5-132 所示。

图 5-125　格桑德吉颇章宫东立面现状

图 5-126　格桑德吉颇章宫东立面局部洇水，苔藓滋生

图 5-127　格桑德吉颇章宫北立面现状，局部洇水

图 5-128　格桑德吉颇章宫西立面现状

图 5-129　格桑德吉颇章宫西立面底部杂草较多

图 5-130　格桑德吉颇章宫西立面 *A*–*B* 轴二层窗上方木构件开裂

图 5-131 格桑德吉颇章宫南立面现状

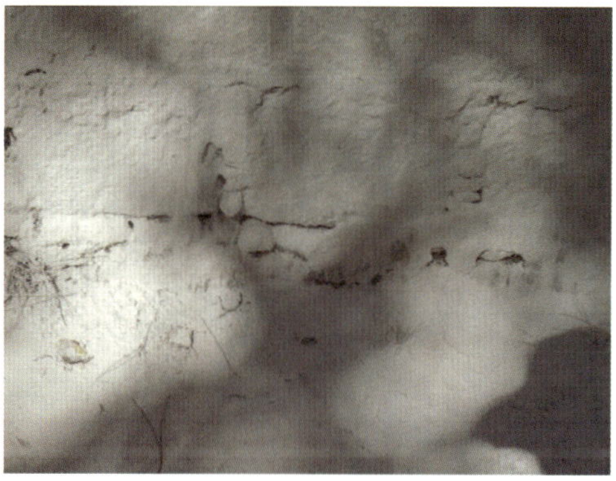
图 5-132 格桑德吉颇章宫南立面底部灰缝缺失

2. 隔墙病害勘察

对格桑德吉颇章宫的隔墙未进行破损检测，根据资料查阅可知，传统隔墙一般做法为草泥墙体。图 5-133、图 5-134 为格桑德吉颇章宫首层、二层房间平面布置图。

在对内隔墙病害勘察中发现以下缺陷。

（1）首层房间 3 南墙存在细微裂缝，房间 1 墙面有修补痕迹，如图 5-135 所示。

（2）二层多处墙面裂缝。房间 1 东墙体开裂，宽度 20mm；房间 3 北墙壁画风化剥落，南墙隔墙歪闪倾斜；房间 4 南墙壁画空鼓起翘；房间 5 南墙壁画破损；房间 6 南墙墙体上部严重开裂，宽度 8mm。如图 5-136 所示。

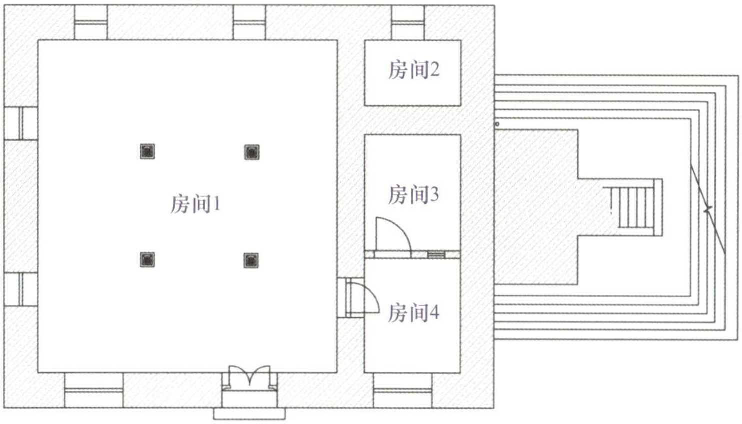

图 5-133 格桑德吉颇章宫首层房间检查名称图

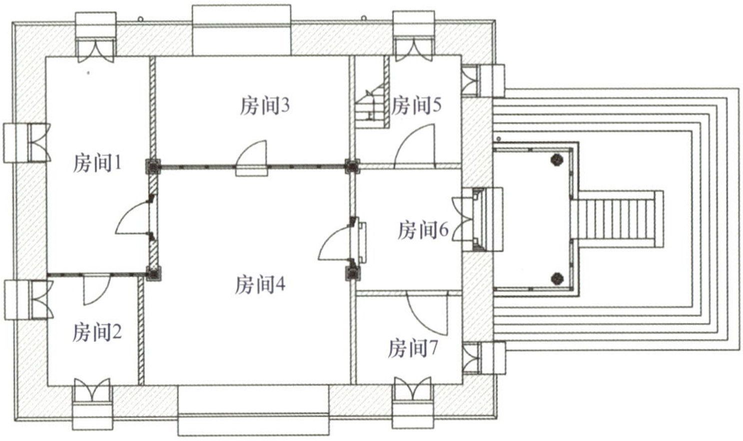

图 5-134　格桑德吉颇章宫二层房间检查名称图

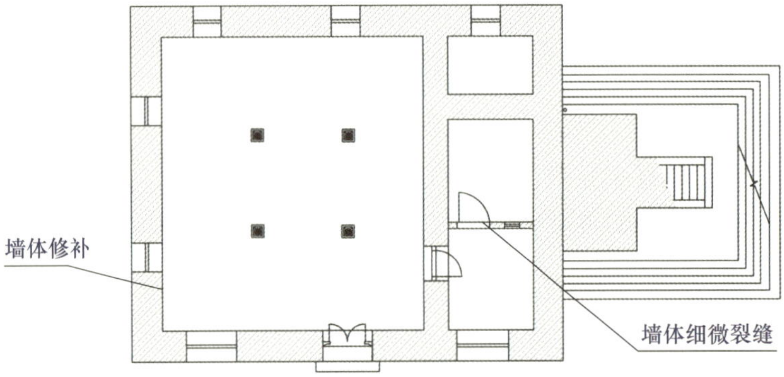

图 5-135　格桑德吉颇章宫首层房间检查缺陷示意图

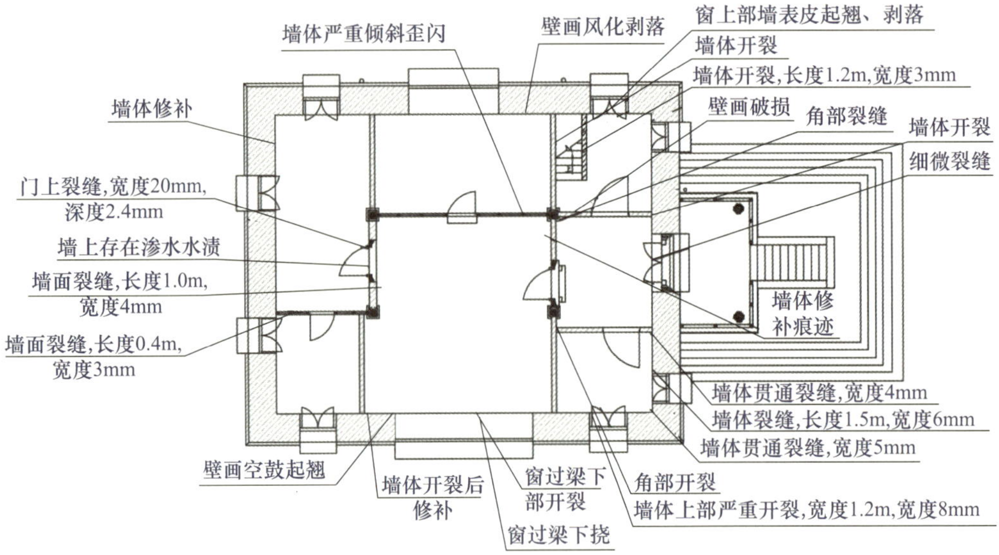

图 5-136　格桑德吉颇章宫二层房间检查缺陷示意图

3. 边玛墙病害勘察

边玛墙是采用捆扎好的边玛草与黏土砌筑而成，可减轻墙体重力，同时美化墙面。在现场对格桑德吉颇章宫边玛墙的病害勘察中发现边玛墙密实、规整，未见明显缺陷，如图 5-137、图 5-138 所示。

图 5–137　格桑德吉颇章宫边玛墙情况 1

图 5–138　格桑德吉颇章宫边玛墙情况 2

5.6.7　地面病害勘察

格桑德吉颇章宫采用阿嘎土地面，在病害勘察中发现地面情况良好，未见明显缺陷。如图 5-139~ 图 5-142 所示。

图 5–139　格桑德吉颇章宫地面情况 1

图 5–140　格桑德吉颇章宫地面情况 2

图 5–141　格桑德吉颇章宫地面情况 3

图 5–142　格桑德吉颇章宫地面情况 4

5.6.8 楼面、屋面病害勘察

楼面的做法为梁上密铺椽子，椽上密铺直径 1cm 的圆木、半圆木曲面向下或木板作为承重层，也称为占棍。占棍上铺一层直径小于 5cm 的卵石或碎石，作用是通风透气，不致使承重层的木料糟朽。在卵石层上铺约 10cm 厚的黏土垫层，上铺一层厚约 150mm 的阿嘎土作为面层。

屋面做法与楼面基本相同，面层阿嘎土层较厚，且做泛水，在檐口用木槽将雨水引出墙外。

在对楼面、屋面病害勘察中发现以下缺陷：

（1）楼面木檩条存在干缩裂缝。

（2）屋面木檩条存在干缩裂缝，且在木檩条上可见渗水水迹；屋面阿嘎土存在表面裂缝。

5.6.9 门窗病害勘察

藏式民居的门通常由门扇、门框组成。门的上方设置木过梁，一般来说是单开门和双开门。在对门窗病害勘察中发现以下缺陷。

门窗现状保存基本完好，窗上方的木构件普遍存在干缩开裂，具体检测结果如图 5-143~ 图 5-152 所示。

图 5–143　格桑德吉颇章宫南立面现状

图 5–144　格桑德吉颇章宫北立面 3 轴二层窗上方木构件开裂

图 5-145　格桑德吉颇章宫北立面 4–5 轴二层窗上方木构件开裂

图 5-146　格桑德吉颇章宫北立面 1–2 轴二层窗上方木构件开裂

图 5-147　格桑德吉颇章宫西立面 *C–D* 轴一层窗上方木构件开裂

图 5-148　格桑德吉颇章宫西立面 *A–B* 轴二层窗上方木构件开裂

图 5-149　格桑德吉颇章宫南立面 1–2 轴一层窗上方木构件开裂

图 5-150　格桑德吉颇章宫南立面门上方木构件开裂

图 5-151　格桑德吉颇章宫南立面门上方木构件开裂

图 5-152　格桑德吉颇章宫南立面 4-5 轴一层窗上方木构件开裂

5.6.10　重点保护部位现状调查

格桑德吉颇章意为“幸福宫殿”“善缘喜旋”，为两层西藏地区藏式古建筑。一层为金银库，二层为十三世达赖喇嘛商讨议事的会客厅、诵经房、禅房室内。屋顶饰鎏金铜经幢和牦尾幢，建筑上方四面的石条雕刻彩绘龟、龙、虎、雀，以求永固镇伏。格桑德吉颇章主殿为达赖喇嘛接见贵宾之所，中置宝榻，宝榻上方为双凤牡丹纹缂丝天棚，座榻前后的墙面分别绘制了弥勒净土和天台山全景图。宫殿内的隔墙，窗棂形式和纹饰等雕刻得十分繁缛，雕刻彩绘有众多汉地题材的人物形象，运用了很多汉族典型的传统图案，其中五台山全景图十分壮观。

经现场病害勘察发现，存在以下缺陷。

（1）外墙墙面漆存在局部涂层脱落情况。

（2）牦尾幢顶部构件倾斜，部分胜利幢局部构件歪斜。

（3）局部屋檐瓦片脱落。

（4）二层多处墙面裂缝、壁画破损。

（5）天花板木椽子存在受潮水渍。

详细检查结果如图 5-153~ 图 5-174 所示。

图 5-153　格桑德吉颇章宫立面

图 5-154　格桑德吉颇章宫墙体及门窗 1

图 5-155　格桑德吉颇章宫墙体及门窗 2

图 5-156　格桑德吉颇章宫牦尾幢顶部构件倾斜 1

图 5-157　格桑德吉颇章宫牦尾幢顶部构件倾斜 2

图 5-158　格桑德吉颇章宫屋顶胜利幢 1

图 5-159　格桑德吉颇章宫屋顶胜利幢 2

图 5-160　格桑德吉颇章宫屋顶胜利幢 3

图 5-161　格桑德吉颇章宫屋顶胜利幢 4

图 5-162　格桑德吉颇章宫屋顶胜利幢 5

图 5-163　格桑德吉颇章宫屋顶胜利幢 6

图 5-164　格桑德吉颇章宫双鹿法轮

图 5-165　格桑德吉颇章宫屋顶宝瓶 1

图 5-166　格桑德吉颇章宫屋顶宝瓶 2

图 5-167　格桑德吉颇章宫屋檐瓦片脱落

图 5-168　格桑德吉颇章宫首层室内情况

图 5-169　格桑德吉颇章宫二层室内情况 1

图 5-170　格桑德吉颇章宫二层室内情况 2

图 5-171 格桑德吉颇章宫二层室内情况 3

图 5-172 格桑德吉颇章宫二层室内情况 4

图 5-173 格桑德吉颇章宫二层室内情况 5

图 5-174 格桑德吉颇章宫二层室内情况 6

6

CHAPTER SIX

建筑结构

检测技术及成果

6.1 三维激光扫描测量

三维激光扫描测量技术的出现和发展为空间三维信息的获取提供了全新的技术手段，为信息数字化发展提供了必要的生存条件。三维激光扫描技术主要利用激光测距原理来获取目标数据，具有不需要合作目标、高精度、高密度、高效率、全数字特征等优点。它可以真实描述扫描对象的整体结构和形态特性。

三维激光扫描测量技术在古建筑保护领域具有非常广阔的应用前景和研究价值。古建筑延续了历史文脉，是人类文明的载体。由于年代久远，再加上现代社会人类活动的影响，这些古建筑的残毁程度与日俱增。因此，很难满足人们研究和参观欣赏的需求。所以，对于古建筑必须采取积极的手段进行保护和修缮，在保护和修复前要求进行精确的测绘工作，以记录建筑物的原貌，为制定维修方案提供完整、准确的第一手资料。传统上，由建筑师手绘的结构图以及通过地面近景摄影测量方法获取的结构图，能够展现建筑物的关键部位与整体结构。然而，受限于技术手段，这两种方式在对古建筑进行快速测绘时存在困难，且难以清晰呈现建筑的立体空间。可见，传统的建筑测绘与资料整理方法及技术手段，已远远无法满足古建筑保护的实际需要。用三维激光技术扫描古建筑，其单点扫描精度达毫米级，且扫描间距可达亚毫米级，因而能将复杂、不规则的建筑物数据完整地采集到计算机中，并满足精度要求；采用非接触的测量方式不会对古建筑造成损伤，满足了不改变文物现状的基本原则，在技术层面上加强了古建筑的保护力度；与此同时，通过三维激光扫描测量技术可以将建（构）筑物的几何、纹理信息记录下来，构建虚拟的三维模型，不仅可以使人们通过虚拟场景漫游仿佛置身于真实的环境中，还可以从各个角度去观察欣赏这些历史遗产，而且还可以为这些历史遗迹保存一份完整、真实的数据记录，一旦遭受意外破坏，可以根据这些真实的数据进行修复和重建。

6.1.1 三维数据处理

通过三维扫描可以将坚塞颇章宫某一历史阶段的三维信息永久保留，为日后针对坚塞颇章宫、格桑颇章宫、格桑德吉颇章宫的修缮工作提供一手数据，如图 6-1~ 图 6-12 所示。

图 6-1 坚塞颇章宫东立面点云展开图

图 6-2 坚塞颇章宫北立面点云展开图

图 6-3 坚塞颇章宫西立面点云展开图

图 6-4 坚塞颇章宫南立面点云展开图

图 6-5 格桑颇章宫东立面点云展开图

图 6-6 格桑颇章宫北立面点云展开图

图 6-7 格桑颇章宫西立面点云展开图

图 6-8 格桑颇章宫南立面点云展开图

图 6–9　格桑德吉颇章宫东立面点云展开图

图 6–10　格桑德吉颇章宫北立面点云展开图

图 6–11　格桑德吉颇章宫西立面点云展开图

图 6–12　格桑德吉颇章宫南立面点云展开图

6.1.2　正射影像

根据点云获取坚塞颇章宫、格桑颇章宫及格桑德吉颇章宫外立面、局部壁画、雀替、胜利幢、宝瓶等正射影像。局部缺失未扫描到的部分可通过多站扫描、搭架子扫描的方式进行补充。如图 6-13~ 图 6-27 所示。

图 6–13　坚塞颇章宫东立面 TIN 模型正射影像（灰度值）

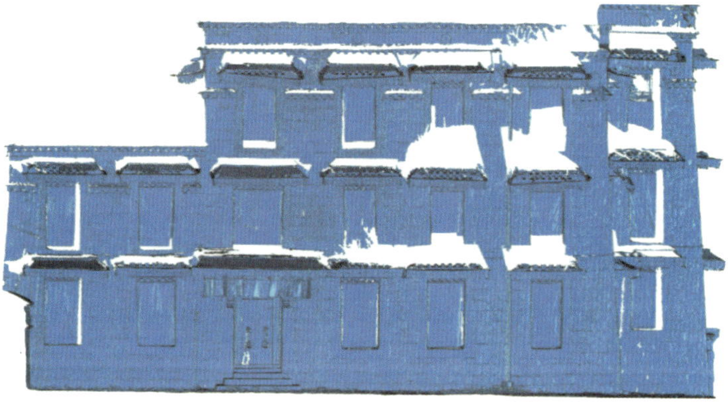

图 6-14 坚塞颇章宫东立面 TIN 模型正射影像

图 6-15 坚塞颇章宫二层南侧局部墙体 TIN 模型正射影像（素模）

图 6-16 坚塞颇章宫二层 9/E-F 墙西侧壁画 TIN 模型正射影像（灰度值）

图 6–17　坚塞颇章宫二层 4/E–F 墙西侧壁画 TIN 模型正射影像（灰度值）

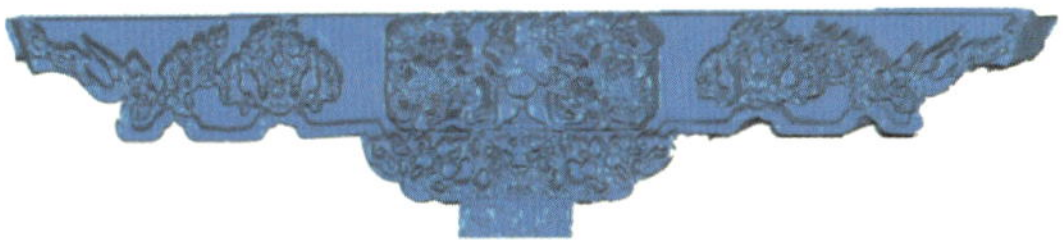

图 6–18　坚塞颇章宫替木 TIN 模型正射影像

(a) 点云　(b) TIN (灰度值)　(c) TIN (素模)

图 6–19　坚塞颇章宫胜利幢正射影像

图 6–20　格桑颇章宫东立面 TIN 模型正射影像

图 6–21 格桑颇章宫南立面 TIN 模型正射影像

图 6–22 格桑颇章宫西立面 TIN 模型正射影像

图 6–23 格桑颇章宫北立面 TIN 模型正射影像

图 6-24　格桑德吉颇章宫东立面 TIN 模型正射影像

图 6-25　格桑德吉颇章宫南立面 TIN 模型正射影像

图 6-26　格桑德吉颇章宫西立面 TIN 模型正射影像

图 6-27 格桑德吉颇章宫北立面 TIN 模型正射影像

6.1.3 梁柱变形检测

三维扫描数据使用形式多种多样，在本次病害勘察中采用三维扫描对建筑的梁柱变形进行数据收集。

1. 坚塞颇章宫

根据行业标准《建筑变形测量规范》（JGJ 8—2016），采用三维激光扫描仪对坚塞颇章宫梁、柱进行变形测量，测量结果包含了材料误差、累计总计变形和测量误差在内。

（1）柱倾斜检测。坚塞颇章宫的木柱存在收分现象。在对其进行检测时，选取木柱上下边线的中点来测量倾斜度。由于木柱存在收分，所以在测量木柱的倾斜率时，需要对三维模型进行处理，从而得到真实的木柱倾斜量，具体方法如下。

利用扫描的点云模型创建三角网模型：通过专业的扫描设备获取木柱的点云模型，点云模型是由大量的点数据构成，能够精确地反映木柱的表面形态；然后利用相关软件或算法，依据这些点云数据创建三角网模型。该模型能够更直观地展现木柱的几何形状，为后续准确测量木柱的倾斜量提供基础，创建过程如图 6-28 所示。

图 6-28 坚塞颇章宫木柱三角网模型

（2）梁挠度检测。现场对具备检测条件的 38 根木梁的挠度展开检测工作，检测结果如表 6-1 所示。

表 6–1 坚塞颇章宫梁挠度检测结果

序号	梁编号	挠度（mm）	梁长度（mm）	变形限值（mm）
1	L1	5.50	2900	17.22
2	L2	5.50	3280	17.50
3	L3	15.00	3300	17.39
4	L4	14.50	3730	17.83
5	L5	7.50	3200	18.22
6	L6	3.00	3300	18.22
7	L7	4.00	3000	18.33
8	10/C-D	–1.00	3100	17.39
9	L10	–2.00	3150	18.33
10	L11	3.00	3130	21.94
11	L17	–1.50	3080	17.39
12	L28	5.00	3330	21.94
13	L29	18.00	3330	17.78
14	L30	–1.50	3150	17.78
15	L31	9.00	3130	16.11
16	L34	3.50	3130	18.22
17	L59	10.00	3100	18.33
18	L58	3.00	3150	20.72
19	L57	3.00	3130	17.78
20	L53	8.00	3210	18.33
21	L74	0.50	3200	16.67
22	L76	–2.00	3200	17.22
23	L77	–3.00	3950	17.50
24	L78	–1.00	3300	17.39
25	L75	–2.50	3130	17.11
26	L79	2.50	3130	17.78
27	L80	5.00	3300	18.33

续表

序号	梁编号	挠度（mm）	梁长度（mm）	变形限值（mm）
28	L81	8.00	3950	21.94
29	L99	18.00	3280	17.78
30	L98	14.00	3280	21.94
31	L108	5.00	3300	18.33
32	L110	7.00	3130	17.39
33	L100	6.50	3300	17.39
34	L112	15.50	3950	17.50
35	L111	1.00	3130	17.39
36	L101	15.00	3950	17.39
37	L105	3.50	3200	18.50
38	L102	3.50	3200	18.50

小结：根据《近现代历史建筑结构安全性评估导则》（WW/T 0048—2014）第 7.4.2.2 条木结构构件变形限值要求，梁的变形限值为 $L_0/180$，经检测，所测木梁的最大挠度值为 18mm，最小挠度值为 –3mm，未超过变形限值满足要求。

① 在柱头和柱脚分别剖切，生成柱子的外轮廓线，图 6-29 为柱脚剖切位置。

图 6–29　柱脚剖切位置

② 图 6-30 为柱头和柱脚生成的轮廓线。需对这些轮廓线进行重新拟合，图 6-31 为拟合后生成四边形，连接四边形的对角线，将柱头、柱脚对角线各自交点在平面内的相对偏移量作为柱子的倾斜值。

图 6-30　柱头和柱脚生成的外轮廓线

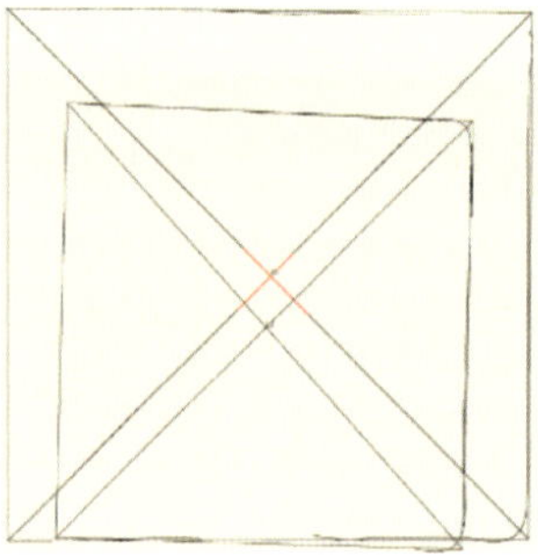

图 6-31　柱头和柱脚中心点

（新拟合四边形对角线交点）

现场对具备检测条件的 27 根木柱的变形情况进行检测，检测结果如表 6-2 所示。

表 6-2　坚塞颇章宫柱倾斜检测结果

序号	柱编号	东西向			南北向			是否满足规范要求
		倾斜值（mm）	测量高度（mm）	变形限值（mm）	倾斜值（mm）	测量高度（mm）	变形限值（mm）	
1	Z1	-20.0	2000	11.11	18.0	2000	11.11	不满足
2	Z2	-31.0	2000	11.11	-25.0	2000	11.11	不满足
3	Z3	-1.0	2000	11.11	-27.0	2000	11.11	不满足
4	Z4	1.0	2000	11.11	-16.0	2000	11.11	不满足
5	Z5	7.0	2000	11.11	-6.0	2000	11.11	满足
6	Z6	-28.0	2000	11.11	1.0	2000	11.11	不满足
7	Z7	11.2	2200	12.22	29.0	2200	12.22	不满足
8	Z8	10.0	2100	11.67	30.0	2100	11.67	不满足
9	Z9	11.0	2100	11.67	20.0	2100	11.67	不满足
10	Z10	43.0	2300	12.78	23.4	2300	12.78	不满足
11	Z15	19.7	2100	11.67	1.6	2100	11.67	不满足
12	Z22	1.0	2200	12.22	36.1	2200	12.22	不满足
13	Z24	-5.6	2200	12.22	42.0	2200	12.22	不满足
14	Z25	-19.7	2200	12.22	28.1	2200	12.22	不满足

续表

序号	柱编号	东西向			南北向			是否满足规范要求
		倾斜值（mm）	测量高度（mm）	变形限值（mm）	倾斜值（mm）	测量高度（mm）	变形限值（mm）	
15	Z26	-5.3	5000	27.78	48.5	5000	27.78	不满足
16	Z27	26.0	5000	27.78	49.1	5000	27.78	不满足
17	Z28	22.3	2200	12.22	10.0	2200	12.22	不满足
18	Z33	3.6	5000	27.78	37.4	5000	27.78	不满足
19	Z34	22.0	5000	27.78	54.6	5000	27.78	不满足
20	Z45	14.0	2000	11.11	29.5	2000	11.11	不满足
21	Z46	-5.7	2000	11.11	6.0	2000	11.11	满足
22	Z44	-15.0	2000	11.11	31.0	2000	11.11	不满足
23	Z62	18.2	2000	11.11	1.0	2000	11.11	不满足
24	Z69	11.8	2000	11.11	5.3	2000	11.11	不满足
25	Z68	-9.5	2000	11.11	15.8	2000	11.11	不满足
26	Z64	-12.0	2000	11.11	4.7	2000	11.11	不满足
27	Z65	-2.3	2000	11.11	10.8	2000	11.11	满足

注：东、南偏为正；西、北偏为负。

小结：根据《近现代历史建筑结构安全性评估导则》（WW/T 0048—2014）第 7.4.2.2 条木结构构件变形限值要求，柱的变形限值为 $h/180$，经检测，所测木柱的最大倾斜值为 54.6mm，最小倾斜值为 1mm，其中仅有 3 根柱（Z5、Z21、Z27）满足变形限值要求。

2. 格桑颇章宫

采用三维激光扫描仪对坚塞颇章宫梁、柱进行变形测量，测量结果包含材料误差、累计总计变形和测量误差。

（1）梁挠度检测。现场对具有检测条件的 60 根木梁的挠度展开检测工作，检测结果如表 6-3 所示。表 6-3 中挠度为负值的不代表上拱，而是表示包括材料误差、累计总计变形和测量误差在内的实际测量值。

表 6–3　格桑颇章宫梁挠度检测结果

序号	梁编号	挠度（mm）	梁长度（mm）	变形限值(mm）	是否超限
1	1 层 L38 梁	22.5	1751.1	9.7	是
2	1 层 L45 梁	2.3	1769.1	9.8	否
3	1 层 L39 梁	2.0	2194.1	12.2	否
4	1 层 L46 梁	–4.0	2194.1	12.2	否
5	1 层 L40 梁	10.3	2552.4	14.2	否
6	1 层 L47 梁	6.1	2552.4	14.2	否
7	1 层 L41 梁	8.0	2518.5	14.0	否
8	1 层 L48 梁	16.3	2518.5	14.0	是
9	1 层 L42 梁	1.5	2518.2	14.0	否
10	1 层 L49 梁	1.4	2518.2	14.0	否
11	1 层 L43 梁	8.3	2194.5	12.2	否
12	1 层 L50 梁	6.3	2194.5	12.2	否
13	1 层 L44 梁	9.6	1719.3	9.6	否
14	1 层 L51 梁	3.8	1719.3	9.6	否
15	1 层 L1 梁	0.8	2135.7	11.9	否
16	1 层 L2 梁	0.5	2211.1	12.3	否
17	1 层 L3 梁	2.9	2357.2	13.1	否
18	1 层 L5 梁	7.1	2333.8	13.0	否
19	1 层 L6 梁	–2.0	2152.9	12.0	否
20	1 层 L7 梁	11.7	2164.1	12.0	否
21	1 层 L8 梁	4.0	2476.9	13.8	否
22	1 层 L9 梁	7.2	2751.4	15.3	否
23	1 层 L10 梁	1.4	2649.3	14.7	否
24	1 层 L11 梁	0.2	2786.1	15.5	否
25	1 层 L12 梁	4.8	2341.7	13.0	否
26	1 层 L13 梁	4.7	2093.4	11.6	否
27	1 层 L14 梁	–0.5	2194.1	12.2	否

续表

序号	梁编号	挠度（mm）	梁长度（mm）	变形限值(mm)	是否超限
28	1 层 L15 梁	19.3	2287.6	12.7	是
29	1 层 L16 梁	–3.8	2691.1	15.0	否
30	1 层 L17 梁	–8.3	2649.3	14.7	否
31	1 层 L18 梁	0.4	2786.1	15.5	否
32	1 层 L19 梁	–3.5	2341.7	13.0	否
33	1 层 L20 梁	3.6	2033.3	11.3	否
34	1 层 L21 梁	1.3	2720.0	15.1	否
35	1 层 L22 梁	6.1	2019.6	11.2	否
36	1 层 L23 梁	–0.9	2108.1	11.7	否
37	1 层 L24 梁	6.1	2485.8	13.8	否
38	1 层 L25 梁	8.7	2554.0	14.2	否
39	1 层 L26 梁	7.5	2700.6	15.0	否
40	1 层 L27 梁	7.5	2803.6	15.6	否
41	1 层 L28 梁	1.6	2333.7	13.0	否
42	1 层 L29 梁	0.2	1790.3	9.9	否
43	1 层 L30 梁	1.1	1794.1	10.0	否
44	1 层 L31 梁	–4.9	1647.6	9.2	否
45	1 层 L32 梁	–0.5	2387.1	13.3	否
46	1 层 L33 梁	4.9	2554.0	14.2	否
47	2 层 L2 梁	7.6	2154.2	12.0	否
48	2 层 L3 梁	8.6	2381.8	13.2	否
49	2 层 L4 梁	3.1	2315.5	12.9	否
50	2 层 L5 梁	7.3	2184.3	12.1	否
52	2 层 L7 梁	9.2	2005.4	11.1	否
54	3 层 L2 梁	9.8	2285.1	12.7	否
55	3 层 L3 梁	1.9	2275.7	12.6	否
56	3 层 L4 梁	5.4	2624.7	14.6	否

续表

序号	梁编号	挠度（mm）	梁长度（mm）	变形限值(mm)	是否超限
57	3 层 L5 梁	9.6	2634.7	14.6	否
58	3 层 L6 梁	−2.7	2233.6	12.4	否
59	3 层 L7 梁	6.7	2465.7	13.7	否
60	3 层 L8 梁	2.1	2350.6	13.1	否

小结：根据《近现代历史建筑结构安全性评估导则》（WW/T 0048—2014）第 7.4.2.2 条木结构构件变形限值要求，梁的变形限值为 $L_0/180$。经检测，所测梁中有 3 根挠度超过变形限值，分别为：1 层 L15 梁、1 层 L38 梁、1 层 L48 梁。

（2）柱倾斜检测。格桑颇章宫木柱存在收分。在对其进行检测中，选取柱头、柱脚截面的中点来测量倾斜度。通过对现场采集点云数据进行分析，柱倾斜值结果如表 6-4 所示。

表 6–4　格桑颇章宫柱倾斜检测结果

序号	柱编号	东西向			南北向			是否超限
		倾斜值（mm）	测量高度（mm）	变形限值（mm）	倾斜值（mm）	测量高度（mm）	变形限值（mm）	
1	1 层 Z2 柱	3.9	1665.2	9.3	11.5	1665.2	9.3	是
2	1 层 Z3 柱	−5.7	1641.9	9.1	12.2	1641.9	9.1	是
3	1 层 Z6 柱	7.4	3673.6	20.4	7.8	3673.6	20.4	否
4	1 层 Z7 柱	−2.5	3720.1	20.7	25.1	3720.1	20.7	是
5	1 层 Z8 柱	−1.6	3731.0	20.7	−6.6	3731.0	20.7	否
6	1 层 Z9 柱	2.6	3733.7	20.7	2.9	3733.7	20.7	否
7	1 层 Z10 柱	39.9	1964.8	10.9	14.4	1964.8	10.9	是
8	1 层 Z11 柱	−7.9	2114.2	11.7	29.9	2114.2	11.7	是

续表

序号	柱编号	东西向			南北向			是否超限
		倾斜值（mm）	测量高度（mm）	变形限值（mm）	倾斜值（mm）	测量高度（mm）	变形限值（mm）	
9	1层 Z15柱	5.3	3807.3	21.2	−6.8	3807.3	21.2	否
10	1层 Z16柱	1.8	2175.3	12.1	−9.6	2175.3	12.1	否
11	1层 Z17柱	5.9	2097.1	11.7	16.4	2097.1	11.7	是
12	1层 Z18柱	−10.6	2162.7	12.0	17.6	2162.7	12.0	是
13	1层 Z19柱	−17.6	2110.6	11.7	−2.9	2110.6	11.7	是
14	1层 Z20柱	−0.5	2081.9	11.6	32.9	2081.9	11.6	是
15	1层 Z21柱	29.9	2142.5	11.9	−21.4	2142.5	11.9	是
16	1层 Z22柱	−17.7	2099.1	11.7	−9.6	2099.1	11.7	是
17	1层 Z23柱	3.7	2130.7	11.8	9.2	2130.7	11.8	否
18	1层 Z24柱	16.3	2107.0	11.7	20.8	2107.0	11.7	是
19	1层 Z26柱	29.3	2174.2	12.1	−2.5	2174.2	12.1	是
20	1层 Z31柱	−5.7	1886.6	10.5	18.9	1886.6	10.5	是
21	1层 Z32柱	−11.4	1862.6	10.3	−3.4	1862.6	10.3	是
22	1层 Z33柱	−20.6	1869.0	10.4	−9.1	1869.0	10.4	是
23	1层 Z34柱	−10.4	1901.3	10.6	2.5	1901.3	10.6	否

续表

序号	柱编号	东西向			南北向			是否超限
		倾斜值（mm）	测量高度（mm）	变形限值（mm）	倾斜值（mm）	测量高度（mm）	变形限值（mm）	
24	1层Z35柱	-8.4	1877.0	10.4	20.4	1877.0	10.4	是
25	1层Z36柱	12.9	1862.5	10.3	3.7	1862.5	10.3	是
26	1层Z37柱	-16.3	1926.9	10.7	17.7	1926.9	10.7	是
27	1层Z39柱	-2.3	2190.5	12.2	33.7	2190.5	12.2	是
28	1层Z40柱	5.5	2192.7	12.2	35.1	2192.7	12.2	是
29	1层Z41柱	-1.4	2113.1	11.7	24.2	2113.1	11.7	是
30	1层Z42柱	3.4	1863.2	10.4	5.9	1863.2	10.4	否
31	2层Z1柱	8.9	1663.9	9.2	-4.2	1663.9	9.2	否
32	2层Z2柱	4.2	1732.3	9.6	5.6	1732.3	9.6	否
33	2层Z3柱	-5.8	1510.6	8.4	-14.4	1510.6	8.4	是
34	3层Z1柱	1.7	2056.6	11.4	17.4	2056.6	11.4	是
35	3层Z2柱	4.0	2063.0	11.5	29.3	2063.0	11.5	是
36	3层Z3柱	-5.2	2038.4	11.3	20.1	2038.4	11.3	是
37	3层Z4柱	24.3	2075.5	11.5	39.2	2075.5	11.5	是

注：东、南偏为正；西、北偏为负。

小结：根据《近现代历史建筑结构安全性评估导则》（WW/T 0048—2014）第 7.4.2.2 条木结构构件变形限值要求，柱的变形限值为 h/180。经检测，所测柱中有 27 根柱倾斜超过变形限值，分别为：1 层 Z2 柱、1 层 Z3 柱、1 层 Z7 柱、1 层 Z10 柱、1 层 Z11 柱、1 层 Z17 柱、1 层 Z18 柱、1 层 Z19 柱、1 层 Z20 柱、1 层 Z21 柱、1 层 Z22 柱、1 层 Z24 柱、1 层 Z26 柱、1 层 Z31 柱、1 层 Z32 柱、1 层 Z33 柱、1 层 Z35 柱、1 层 Z36 柱、1 层 Z37 柱、1 层 Z39 柱、1 层 Z40 柱、1 层 Z41 柱、2 层 Z3 柱、3 层 Z1 柱、3 层 Z2 柱、3 层 Z3 柱、3 层 Z4 柱。

（3）格桑德吉颇章宫

采用三维激光扫描仪对格桑德吉颇章宫梁、柱进行变形测量，测量结果包含材料误差、累计总计变形和测量误差。

① 梁挠度检测。现场对具备检测条件的 15 根木梁的挠度展开检测工作，检测结果如表 6-5 所示。表 6-5 中挠度为负值的不代表上拱，而是表示包括材料误差、累计总计变形和测量误差在内的实际测量值。

表 6–5　格桑德吉颇章梁挠度检测结果

序号	梁编号	挠度（mm）	梁长度（mm）	变形限值(mm)	是否超限
1	1 层 1-2/B 梁	12.55	3160.7	17.56	否
2	1 层 2-3/B 梁	−0.026	3115.1	17.31	否
3	1 层 3-4/B 梁	−1.05	2619.1	14.55	否
4	1 层 1-2/C 梁	−0.226	3345.5	18.59	否
5	1 层 2-3/C 梁	1.35	3122.5	17.35	否
6	1 层 3-4/C 梁	2.9	2619.1	14.55	否
7	2 层 5-6/C 梁	2.85	1971.9	10.96	否
8	2 层 6/B-C 梁	10.8	3368.5	18.71	否
9	2 层 5-6/B 梁	−0.2	1945.4	10.81	否
10	2 层 4-5/C 梁	10.85	3095.3	17.20	否
11	2 层 4-5/B 梁	2.3	3095.3	17.20	否
12	2 层 2-4/C 梁	18.7	6085.1	33.81	否

续表

序号	梁编号	挠度（mm）	梁长度（mm）	变形限值(mm)	是否超限
13	2层2-4/B梁	75.3	6085.1	33.81	是
14	2层1-2/C梁	-6.65	3241.7	18.01	否
15	2层1-2/B梁	-7.45	3241.7	18.01	否

小结：根据《近现代历史建筑结构安全性评估导则》（WW/T 0048—2014）第7.4.2.2条木结构构件变形限值要求，梁的变形限值为L_0/180。经检测，所测梁中有1根挠度超过变形限值，为2层2-4/B梁。

② 柱倾斜检测。格桑德吉颇章宫的木柱存在收分，在对其进行检测中，选取柱头、柱脚截面的中点来测量倾斜度。通过对现场采集点云数据进行分析，柱倾斜值结果如表6-6所示。

表6-6　格桑德吉颇章宫柱倾斜检测结果

序号	柱编号	东西向			南北向			是否超限
		倾斜值（mm）	测量高度（mm）	变形限值（mm）	倾斜值（mm）	测量高度（mm）	变形限值（mm）	
1	1层2/B柱	16.9	2486.6	13.81	-36.0	2486.6	13.81	是
2	1层3/B柱	27.1	2433.4	13.52	-21.7	2433.4	13.52	是
3	1层2/C柱	22.6	2435.2	13.53	-0.7	2435.2	13.53	是
4	1层3/C柱	26.5	2459.4	13.66	24.8	2459.4	13.66	是

注：东、南偏为正；西、北偏为负。

小结：根据《近现代历史建筑结构安全性评估导则》（WW/T 0048—2014）第7.4.2.2条木结构构件变形限值要求，柱的变形限值为h/180。经检测，所测柱中有4根柱倾斜超过变形限值，分别为：1层2/B柱、1层3/B柱、1层2/C柱、1层3/C柱。

6.1.4　房屋收分率检测

1. 坚塞颇章宫

采用三维激光扫描仪对坚塞颇章宫收分率进行检测，测量结果包含了原始施工误差、累计总计变形和测量误差在内。检测点位置如图 6-32 所示，检测结果如表 6-7 所示。

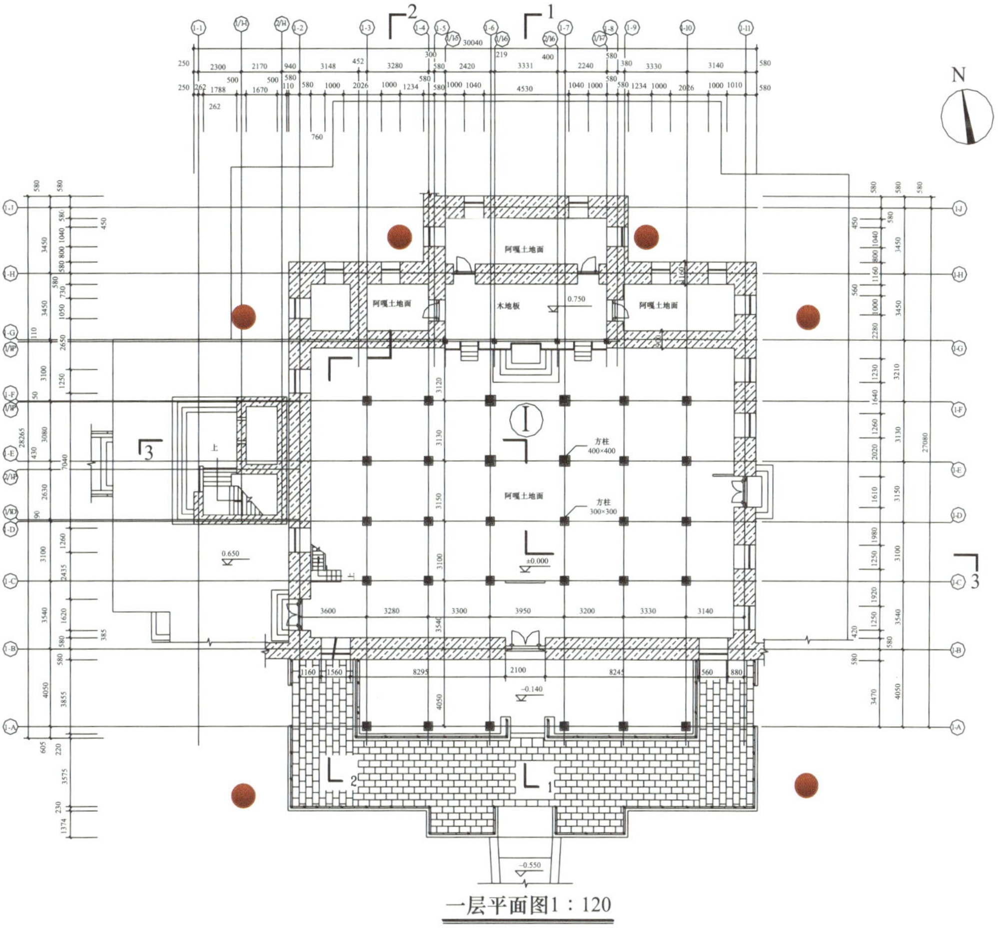

图 6-32　坚塞颇章宫外墙收分检测点位置示意图

表 6-7　坚塞颇章宫外墙收分检测结果

位置	东西(mm)	高度(mm)	占比(‰)	南北(mm)	高度(mm)	占比(‰)
2/B	394	6400	61.56	-366	6400	-57.19
2/H	530	9400	56.38	563	9400	59.89
5/J	528	9400	56.17	838	9400	89.15

续表

位置	东西(mm)	高度(mm)	占比(‰)	南北(mm)	高度(mm)	占比(‰)
8/J	-615	9400	-65.43	605	9400	64.36
11/H	-505	9400	-53.72	590	9400	62.77
11/B	-273	6400	-42.66	-450	6400	-70.31

注：南正北负，东正西负。

小结：经用三维激光扫描坚塞颇章宫外墙墙体收分率在 5‰~9‰之间。

2. 格桑颇章宫

采用三维激光扫描仪对格桑颇章宫收分率进行检测，测量结果包含了原始施工误差、累计总计变形和测量误差在内，检测点位置如图 6-33 所示，检测结果如表 6-8 所示。

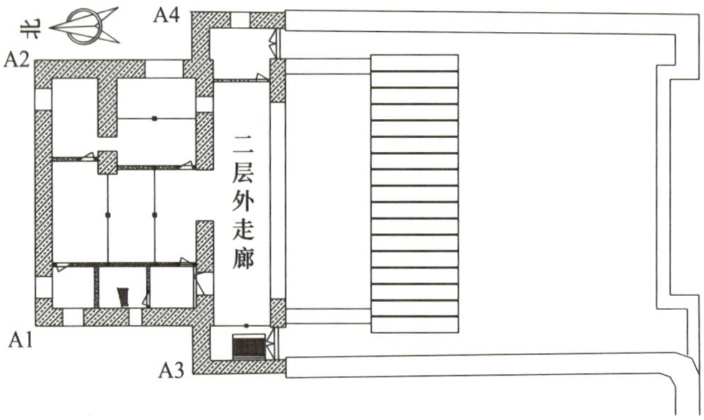

图 6–33　格桑颇章宫外墙收分检测点位置示意图

表 6–8　格桑颇章宫外墙收分检测结果

位置	东西(mm)	高度(mm)	占比(‰)	南北(mm)	高度(mm)	占比(‰)
A1	635.3	7325.5	86.7	529.6	7245.8	73.1
A2	-474	7386.5	-64.2	380.1	7438.6	51.1
A3	146.7	5443.9	26.9	317.3	5366.7	59.1
A4	-374.7	4836.5	-77.5	397.3	4855	81.8

注：南正北负，东正西负。

小结：经用三维激光扫描格桑颇章宫外墙墙体收分率在 26.9‰ ~86.7‰之间。

3. 格桑德吉颇章宫

采用三维激光扫描仪对格桑德吉颇章宫收分率进行检测，测量结果包含了原始施工误差、累计总计变形和测量误差在内，检测结果如表 6-9 所示。

表 6–9 格桑德吉颇章宫外墙收分检测结果

位置	东西(mm)	高度(mm)	占比（‰）	南北(mm)	高度(mm)	占比（‰）
1/A	279.9	6138	45.6	–239.9	6138	–39.1
5/A	–328.6	6290	–52.2	–477.3	6290	–75.9
1/D	361.7	6276	57.6	419.2	6276	66.8
5/D	–437.2	6400	–68.3	331.3	6400	51.8

注：南正北负，东正西负。

小结：经用三维激光扫描格桑德吉颇章宫外墙墙体收分率在 39.1‰ ~75.9‰之间。

6.2 材料性能检测

6.2.1 石材强度检测

承重外墙采用块石、片石、碎石以及湿土垒砌而成，每层块石之间用片石填充，内部则填充不规整的块石和碎石。为保护具有重大历史价值的文物建筑，避免对文物建筑造成取样损伤，外墙体石材样本选取坚塞颇章宫附近与外墙材质相同的石材。石材试块及试验过程如图 6-34~ 图 6-37 所示，石材样本的抗压试验结果如表 6-10 所示。

图 6-34　石材试块

图 6-35　试验设备

图 6-36　试验中的试块

图 6-37　破坏后的石材试块

表 6-10　石材砌块强度检测结果

第一组	岩石抗压强度（MPa）	单个值	101.2	89.8	115.7	116.0	82.2	87.3
		平均值	99		最小值	82		
第二组	岩石抗压强度（MPa）	单个值	70.2	51.8	155.8	94.8	73.7	160.5
		平均值	101		最小值	52		

根据试验结果，坚塞颇章宫承重墙体的石材砌块的两组试块抗压强度分别为 99MPa、101MPa。

6.2.2　砌筑黄泥强度检测

承重外墙使用当地黄泥进行砌筑。砌筑用黄泥在当地选取，之后通过土工试验了解其相关材料性能。土工试验成果见表 6-11。

表 6-11 土工试验成果报告表

室内土样编号	野外土样编号	含水率 ω	比重 G_s	密度 ρ	干密度 ρ_d	孔隙比 e_0	饱和度 S_r	液限 W_L	塑限 W_P	塑性指数 I_P	液性指数 I_L	快剪 (q)		土定名依规范《岩土工程勘察规范》(GB 50021—2001)分类
												黏聚力 c	内摩擦角 Φ	
		%	—	g/cm^3		—	%	%	%	—	—	kPa	度	
坚塞颇章宫 1	扰 1	14.2	2.70	1.96	1.72	0.573	67.0	22.6	14.6	8.0	−0.05	14.8	28.9	粉土

6.2.3 木材检测含水率检测

含水率测定采用探针式木材含水率测定仪进行。木材的比电导（即比电阻的倒数）与含水率有关，当木材的含水率低于纤维饱和点时，木材的比电导的对数 $\lg k$ 与含水率之间呈线性关系；而当木材的含水率超过纤维饱和点时，木材的比电导的对数 $\lg k$ 与含水率之间不再呈线性关系。

木材的电阻会随温度的升高而降小。木材比电阻的对数与木材绝对温度的倒数呈线性关系，基于上述木材的电学性质，电导式木材水分计是依据木材的含水率在纤维饱和点以下时，木材电导（电阻的倒数）的对数与含水率呈线性关系这一特性设计的，通过测定木材的电导来测定木材的含水率。

在本次安全评估中，采用德国德图水分仪 testo 606-2（图 6-38）进行现场检测（图 6-39）。

图 6-38 材料水分计

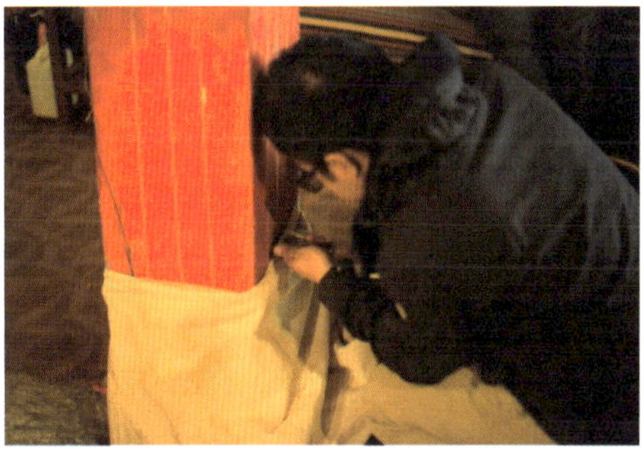

图 6 39 含水率现场检测

含水率是判定木结构构件力学性能的重要指标。在检测时，依据《木结构工程施工质量验收规范》(GB 50206—2012）进行评定。对于木柱构件，选取距地面 250mm、

1500mm、2000mm 三个位置，分别检测其含水率；对木梁构件，选取两端以及中间三个位置，分别检测其含水率；将这几个位置测得的含水率的平均值，作为该木构件的含水率。

1. 坚塞颇章宫

通过现场对木构件含水率的检测发现，坚塞颇章宫的木柱含水率在 8.2%~8.8% 之间，木梁含水率在 8.0%~8.3% 之间，符合《木结构工程施工质量验收规范》(GB 50206—2012）第 4.2.5 条规定的原木或方木的平均含水率不应大于 25% 的要求。检测结果如表 6-12 和表 6-13 所示。

表 6-12　坚塞颇章宫木柱含水率检测结果

轴线号	位置(mm)	木构件含水率（%）				平均值(%)
		1	2	3	4	
Z1	距地 250	9.1	8.6	9.1	8.7	8.5
	距地 1500	8.7	8.9	8.2	8.3	
	距地 2000	8.4	8.2	8	8.1	
Z2	距地 250	8.6	8.4	8.2	8.1	8.3
	距地 1500	8.2	8.2	8.6	8	
	距地 2000	8.4	8.3	8.5	8	
Z3	距地 250	8.3	8.7	8.5	8.8	8.6
	距地 1500	8.9	8.5	9	8.9	
	距地 2000	8.4	8.4	8	8.4	
Z4	距地 250	8.4	8.6	8.3	9	8.5
	距地 1500	8.7	8.4	8.4	8.8	
	距地 2000	8.6	8.6	8.5	8.1	
Z5	距地 250	9.1	8.7	8.4	9	8.5
	距地 1500	8.4	8.1	8	8.9	
	距地 2000	8.3	8.5	8.5	8.5	
Z6	距地 250	8.4	8.7	8.2	9	8.6
	距地 1500	9	9	8.8	8.7	
	距地 2000	8.4	8.5	8.3	8.5	

续表

轴线号	位置(mm)	木构件含水率(%)				平均值(%)
		1	2	3	4	
Z7	距地 250	8.1	8.3	8.1	8.2	8.2
	距地 1500	8	8.5	8.3	8.5	
	距地 2000	8.1	8.3	8.2	8	
Z8	距地 250	8.6	8.9	8.9	9.1	8.8
	距地 1500	8.9	9	8.2	8.6	
	距地 2000	8.6	9	8.9	9.4	
Z9	距地 250	8.2	8.6	8.5	8.5	8.7
	距地 1500	8.6	8.7	8.7	8.7	
	距地 2000	8.9	8.8	9	8.9	
Z10	距地 250	9	8.3	8.8	8.7	8.8
	距地 1500	8.8	8.7	9	8.8	
	距地 2000	8.6	8.8	9	8.9	
Z22	距地 250	8.6	9	8.2	9.1	8.6
	距地 1500	8.9	8.9	8.1	8.3	
	距地 2000	8.3	8.6	8.6	8.6	
Z24	距地 250	8.3	8.6	8.5	8.8	8.4
	距地 1500	8	8.3	8.3	8.6	
	距地 2000	8.3	8.6	8.4	8.3	
Z25	距地 250	8.3	8.1	9.1	8.7	8.5
	距地 1500	8.3	9	8.2	8.8	
	距地 2000	8.6	8.2	8.6	8.3	
Z26	距地 250	8.5	8.2	8.6	8.3	8.4
	距地 1500	8.4	8.4	8.9	8.9	
	距地 2000	8.2	8.1	8.5	8	
Z27	距地 250	8.2	8.2	9	8.1	8.2
	距地 1500	8.1	8.2	8.4	8	
	距地 2000	8.1	8.1	8.1	8.4	

续表

轴线号	位置(mm)	木构件含水率(%)				平均值(%)
		1	2	3	4	
Z28	距地 250	9	8.9	8.2	8.2	8.4
	距地 1500	8.4	8.6	8.6	8.1	
	距地 2000	8.4	8.3	8	8.6	
Z15	距地 250	9	8.1	8.6	8.5	8.5
	距地 1500	8.9	8.6	8.3	8.5	
	距地 2000	8.1	8.4	8.4	8.4	
Z33	距地 250	8.9	8.1	8.2	8.4	8.4
	距地 1500	8.5	8.9	8.2	8.1	
	距地 2000	8.6	8	8.6	8.5	
Z34	距地 250	8.2	8.2	8.7	8.2	8.3
	距地 1500	8	8.5	8.2	9	
	距地 2000	8.5	8.2	8	8.2	
Z45	距地 250	9.1	8.1	8.7	8.4	8.5
	距地 1500	8.9	8.4	8.7	8.8	
	距地 2000	8	8.4	8.3	8.4	
Z46	距地 250	8.2	8.7	8.5	8.3	8.4
	距地 1500	8.5	8.4	8.2	8.5	
	距地 2000	8.5	8.6	8.3	8.6	
Z44	距地 250	8.4	9	8.6	8.1	8.4
	距地 1500	8.1	8.7	8.6	8.2	
	距地 2000	8.5	8.2	8.2	8.4	
Z62	距地 250	8.7	8.9	8.8	8.5	8.5
	距地 1500	8.9	8.2	8.4	8	
	距地 2000	8.6	8.4	8.3	8.1	
Z69	距地 250	8.9	8.9	9.1	8.1	8.5
	距地 1500	8.6	8.9	8.9	8.5	
	距地 2000	8.3	8	8	8	

续表

轴线号	位置(mm)	木构件含水率(%)				平均值(%)
		1	2	3	4	
Z68	距地 250	8.5	8.7	9	8.3	8.6
	距地 1500	8.9	8.7	8.9	8	
	距地 2000	8.3	8.6	8.6	8.3	
Z64	距地 250	8.9	8.5	9.1	8.3	8.4
	距地 1500	8.1	8.8	8	8.2	
	距地 2000	8.3	8.6	8	8.2	
Z65	距地 250	8.3	8.3	8.9	8.8	8.4
	距地 1500	8.2	8.1	8.9	8	
	距地 2000	8.3	8.1	8.5	8.1	

表 6-13 坚塞颇章宫木梁含水率检测结果

轴线号	位置	木构件含水率(%)				平均值(%)
		1	2	3	4	
L1	左	8.1	8.1	8.4	7.9	8.1
	中	7.9	8.2	7.7	7.9	
	右	7.9	8.4	8.2	8.3	
L2	左	8	8.4	8	7.9	8
	中	8.2	7.7	8.5	7.7	
	右	7.7	7.7	7.7	8	
L3	左	7.9	8.3	8.1	7.9	8.2
	中	8.5	8.5	8.5	8.2	
	右	8.3	8.5	7.9	7.7	
L4	左	8.4	8.2	8.3	8.5	8.3
	中	8.4	8.1	7.9	8.3	
	右	8.4	8.4	8.3	8.1	

续表

轴线号	位置	木构件含水率（%）				平均值（%）
		1	2	3	4	
L5	左	7.8	8.1	8.3	8.4	8.2
	中	8.2	7.8	8	8.4	
	右	8.4	8.2	8.5	8	
L6	左	8.5	7.8	7.8	8.1	8.2
	中	8.4	8.3	8.1	8.2	
	右	7.9	8.5	7.8	8.4	
L7	左	8.3	8	7.6	7.9	8.1
	中	8	8.2	8.5	8	
	右	8.5	7.8	8	7.9	
10/C-D	左	7.7	7.9	8.4	8.2	8
	中	7.7	8	8	8.3	
	右	8	8	7.9	7.9	
L10	左	7.9	8.3	8.5	7.6	8
	中	8	8	7.8	8.5	
	右	7.8	7.9	7.8	8.3	
L11	左	8.5	8.4	7.9	7.9	8.2
	中	8.2	7.9	8.1	8.1	
	右	8.5	8	8.4	8.3	
L17	左	8	8.5	8.1	7.9	8.1
	中	8	7.8	7.9	8.5	
	右	7.8	8.5	8.3	8	
L74	左	8	8.1	8.1	8.2	8.1
	中	8.2	8.2	8.1	8	
	右	7.8	8.5	7.8	7.7	
L80	左	7.9	8.1	7.9	7.8	8
	中	7.9	7.7	7.9	8.5	
	右	7.7	8.1	8.2	8.3	

续表

轴线号	位置	木构件含水率（%）				平均值（%）
		1	2	3	4	
L81	左	8	8.5	7.7	8.1	8.1
	中	7.7	8.3	8.3	7.9	
	右	7.8	8	8.5	7.9	
L30	左	8.4	7.9	8	8	8.2
	中	8.5	8.5	8.2	8.5	
	右	8.3	7.9	8.1	7.9	
L31	左	7.8	8.4	8.5	8	8.2
	中	8.3	8	8.5	7.8	
	右	7.8	8.2	8.4	8.3	
L34	左	8.3	8.2	8.1	7.9	8.1
	中	8.2	7.7	8.1	8	
	右	8.4	8.4	7.8	7.8	
L28	左	8.3	8.4	8	8.1	8.2
	中	8.1	8.5	8.3	8.3	
	右	7.9	8	7.9	8.1	
L29	左	8.3	8	7.8	7.9	8.1
	中	8.4	8.1	8.1	8.3	
	右	8.1	8.1	8	8.3	
L59	左	8.3	8.4	8.5	8.1	8.3
	中	8.1	8.2	8.3	7.9	
	右	8.2	8.5	8.2	8.3	
L58	左	7.8	7.8	8.1	8	8
	中	7.9	8.5	8.3	8.1	
	右	7.9	7.9	8.1	7.9	
L57	左	7.9	8	7.8	7.7	8
	中	8.5	8.2	8.3	7.8	
	右	8.3	7.9	8.2	7.8	

续表

轴线号	位置	木构件含水率（%）				平均值（%）
		1	2	3	4	
L53	左	8.4	8.2	8.3	8.1	8.2
	中	8.5	8.5	8.1	7.9	
	右	8.3	8.3	8.1	8.1	
L99	左	8.4	8.5	8.1	7.8	8.2
	中	8.4	7.8	8.4	8.5	
	右	8.3	8	7.9	8.5	
L98	左	8.3	8.5	8.2	8.3	8.2
	中	8.1	8.5	8.5	8.2	
	右	8.2	7.9	7.9	8	
L108	左	8.2	7.9	7.7	8.4	8.1
	中	8.1	8.3	7.9	8.4	
	右	8.2	7.8	8	7.9	
L110	左	8.2	7.8	8.5	8.1	8.1
	中	8.5	8.1	8.1	7.7	
	右	8.1	7.8	8.3	8.4	
L100	左	8.2	8.5	8.1	7.9	8.2
	中	8.4	8.3	7.9	7.9	
	右	8.1	8.5	8.2	7.9	
L112	左	7.9	7.8	8.4	8.1	8.1
	中	7.8	7.8	8	8.4	
	右	8.5	8.1	7.9	8.1	
L111	左	8	7.8	8.1	8	8
	中	7.9	7.7	8.5	7.8	
	右	7.9	7.8	8.4	8.3	
L101	左	8.4	8.4	7.8	8.1	8.2
	中	8.4	7.8	8.4	8.1	
	右	8.1	8.4	8.2	7.9	

续表

轴线号	位置	木构件含水率（%）				平均值（%）
		1	2	3	4	
L105	左	7.9	8	7.9	8.5	8.1
	中	7.7	8.3	8.5	7.8	
	右	8.2	8.2	7.9	8.5	
L102	左	8.5	8.1	8	7.7	8.1
	中	8.3	7.9	8.4	8.3	
	右	8.5	7.8	7.9	8.3	

2. 格桑颇章宫

通过现场对木构件含水率的检测发现，格桑颇章宫木构件含水率在 8.6%~10.0% 之间，符合《木结构工程施工质量验收规范》（GB 50206—2012）第 4.2.5 条规定的原木或方木的平均含水率不应大于 25% 的要求，检测结果如表 6-14 和表 6-15 所示。

表 6-14　格桑颇章宫木柱含水率统计

构件编号	位置（mm）	木构件含水率（%）			平均值（%）
		1	2	3	
Z1-30	距地 200	9.9	9.2	9.7	9.3
	距地 1000	9.1	9.1	9.2	
	距地 1500	9.4	9.0	9.2	
Z1-15	距地 200	8.9	9.5	9.8	9.4
	距地 1000	9.7	9.8	9.7	
	距地 1500	9.2	9.1	9.3	
Z1-21	距地 200	9.1	8.9	8.9	9.4
	距地 1000	9.4	9.7	9.5	
	距地 1500	10.2	9.8	9.2	
Z1-19	距地 200	9.9	9.7	9.6	10.0
	距地 1000	9.8	10.1	10.2	
	距地 1500	10.3	10.4	10.4	

续表

构件编号	位置（mm）	木构件含水率（%）			平均值（%）
		1	2	3	
Z2-4	距地 200	9.8	10.3	10.0	9.9
	距地 1000	10.1	10.5	10.1	
	距地 1500	9.3	9.1	9.7	
Z2-2	距地 200	8.8	10.1	10.0	9.7
	距地 1000	10.1	10.5	10.1	
	距地 1500	9.3	9.1	9.7	
Z3-6	距地 200	9.6	9.1	9.5	9.7
	距地 1000	10.1	10.3	10.0	
	距地 1500	9.8	9.0	9.8	
Z3-3	距地 200	10.6	9.2	9.7	9.5
	距地 1000	8.9	10.0	9.0	
	距地 1500	10.0	9.3	9.2	

表 6-15 格桑颇章宫木梁含水率检测结果

构件编号	位置	木构件含水率（%）			平均值（%）
		1	2	3	
L1-24	梁左	9.6	9.0	9.5	9.6
	跨中	10.1	10.3	9.9	
	梁右	9.8	9.1	9.2	
L1-26	梁左	9.6	10.2	9.7	9.3
	跨中	8.9	9.1	9.0	
	梁右	9.0	9.3	9.2	
L1-27	梁左	10.3	9.7	9.2	9.5
	跨中	8.8	10.0	9.1	
	梁右	9.9	9.2	9.2	

续表

构件编号	位置	木构件含水率（%）			平均值（%）
		1	2	3	
L2-3	梁左	8.4	8.9	8.6	8.6
	跨中	8.3	8.2	8.7	
	梁右	8.6	9.2	8.9	
L2-5	梁左	9.0	9.1	9.5	9.3
	跨中	9.5	9.1	9.0	
	梁右	9.2	9.3	9.6	
L3-3	梁左	10.1	9.9	9.0	9.5
	跨中	9.9	9.2	10.1	
	梁右	9.1	9.0	9.2	
L3-5	梁左	10.2	9.9	10.2	9.9
	跨中	9.8	9.7	9.9	
	梁右	10.0	9.9	9.3	

3. 格桑德吉颇章宫

通过现场对木构件含水率的检测发现，格桑德吉颇章宫木构件含水率在 9.2%~10.1% 之间，符合《木结构工程施工质量验收规范》（GB 50206—2012）第 4.2.5 条规定的原木或方木的平均含水率不应大于 25% 的要求。检测结果如表 6-16 和表 6-17 所示。

表 6-16　格桑德吉颇章宫木材含水率检测结果

构件编号	位置（mm）	木构件含水率（%）			平均值（%）
		1	2	3	
一层 2/C 柱	距地 200	10.6	9.7	10.4	10.1
	距地 1000	9.4	9.6	9.9	
	距地 1500	10.5	10.6	9.8	
一层 3/C 柱	距地 200	9.8	10.2	10.1	10.0
	距地 1000	9.4	9.6	9.8	
	距地 1500	10.2	10.6	9.9	

续表

构件编号	位置（mm）	木构件含水率（%）			平均值（%）
		1	2	3	
二层 2/C 柱	距地 200	9.6	9.5	9.4	9.7
	距地 1000	10.3	9.8	9.5	
	距地 1500	9.6	10.1	9.5	
二层 2/B 柱	距地 200	9.2	9.5	9.8	9.6
	距地 1000	8.9	9.3	9.5	
	距地 1500	9.6	10.0	10.2	

表 6-17　格桑德吉颇章宫木梁含水率检测结果

构件编号	位置（mm）	木构件含水率（%）			平均值（%）
		1	2	3	
一层 2-3/C 梁	梁左	10.4	9.2	8.9	9.8
	跨中	10.1	10.3	9.7	
	梁右	10.6	9.5	9.2	
一层 3-4/C 梁	梁左	10.1	9.8	9.7	9.8
	跨中	10.0	10.2	9.9	
	梁右	8.9	9.5	9.7	
二层 6/B-C 梁	梁左	9.9	9.1	9.2	9.2
	跨中	9.0	8.9	8.8	
	梁右	9.1	9.2	9.8	
二层 2-3/B 梁	梁左	9.1	9.2	9.0	9.7
	跨中	9.8	9.9	10.1	
	梁右	10.2	10.1	9.9	

6.3 墙体红外热成像检测

采用红外热成像仪检测坚塞颇章宫、格桑颇章宫及格桑德吉颇章宫墙体缺陷。红外热成像检测技术是利用红外辐射对物体或材料表层进行检测、测量，并且可将不可见的红外辐射转化为可见图像的一种专门技术。红外线是一种肉眼看不见的电磁波，其波长范围在 0.76~1.000μm 之间，它能反映物体表面的能量场，即温度场。红外热成像检测是利用物体自身发出的红外辐射，对物体或材料的表层进行检测和测量，其工作原理是：只要物体的温度在绝对 0℃以上，就会因为自身分子的运动而向外辐射红外线。通过红外探测器将物体辐射的功率信号转化为电信号，再经过电子系统处理，最终传输到显示屏上，形成与物体表面热分布相应的热像图。由于热像图反映了目标各部分的热分布情况以及各部分能量大小的差异，所以可以依据所形成的热像图来分析目标各部分的状况。当物体内部出现结构变化（如裂缝）或材料性质改变（如加固）时，会影响物体的热传导，进而使物体表面的温度分布产生差别。

1. 坚塞颇章宫

通过现场红外热成像病害勘察，坚塞颇章宫外石墙较为平整、坚实，未发现明显的空鼓、腐朽等缺陷。然而，在个别位置的墙面存在渗水现象，砌筑所用的黄泥也受到了潮湿影响。坚塞颇章宫典型热红外墙体检测图像如表 6-18 所示。

表 6-18　坚塞颇章宫典型热红外墙体检测图像

编号	照片	热红外
1/3-5		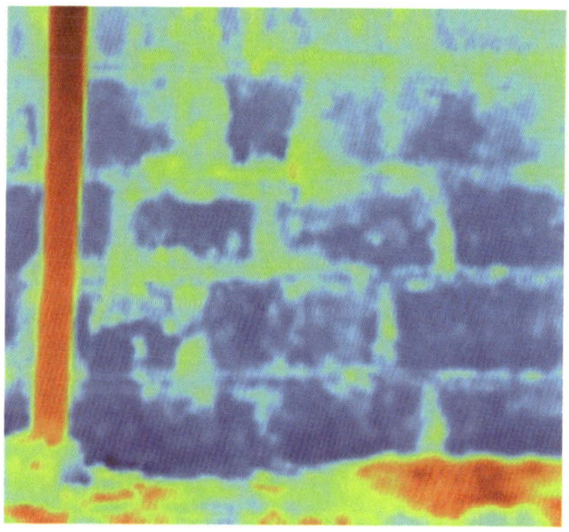

续表

编号	照片	热红外
I/7-8（1）		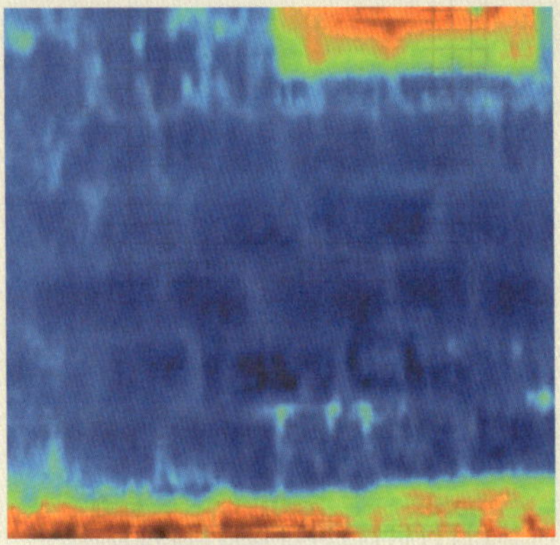
I/7-8（2）		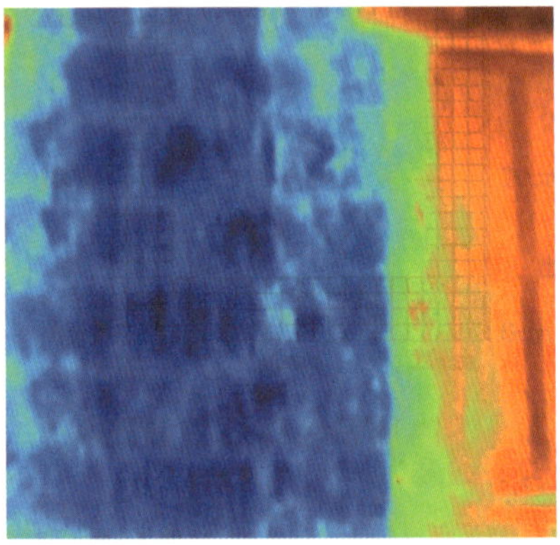
II/7-8		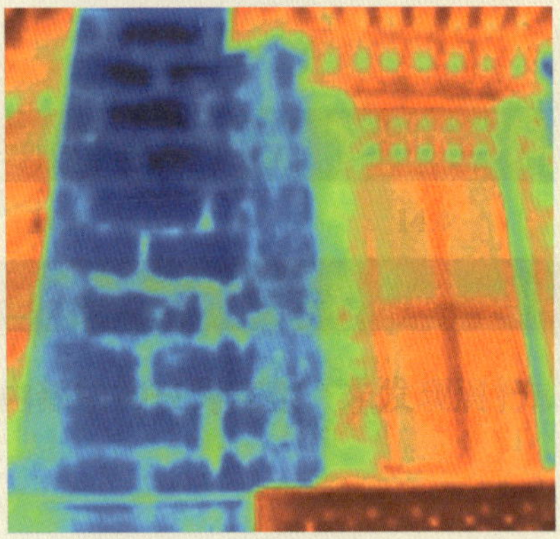
		墙面渗水、石块间砌筑黄泥受潮

2. 格桑颇章宫

通过现场热红外成像病害勘察发现，格桑颇章宫外石墙较为平整、坚实，未发现明显的空鼓、腐朽等缺陷。然而，在个别位置的墙面存在渗水现象，砌筑所用的黄泥也受到了潮湿影响。格桑颇章宫东立面区位划分如图 6-40 所示；典型热红外墙体检测图像如表 6-19 所示。

图 6-40　格桑颇章宫东立面区位划分图

表 6-19　格桑颇章宫东立面典型热红外墙检测图像

编号	照片	红外
1 层 6-12/W		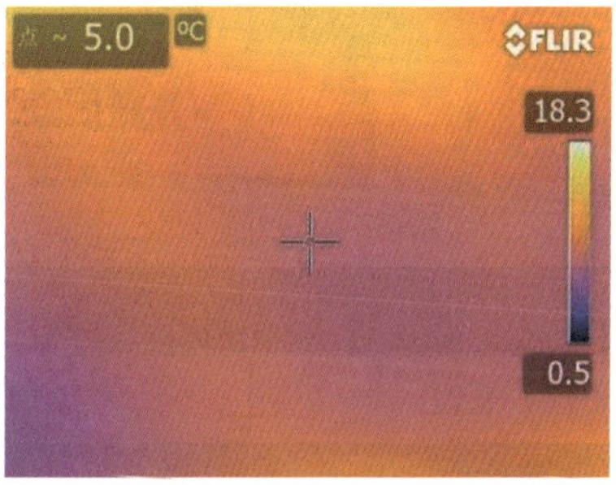
1 层 4-6/W		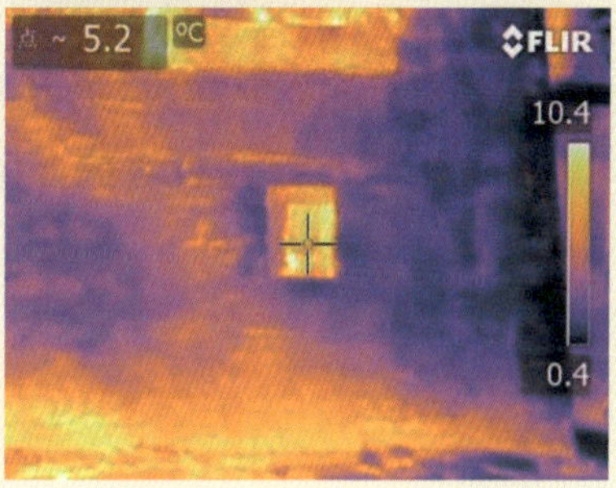

续表

编号	照片	红外
2 层 4-6/W		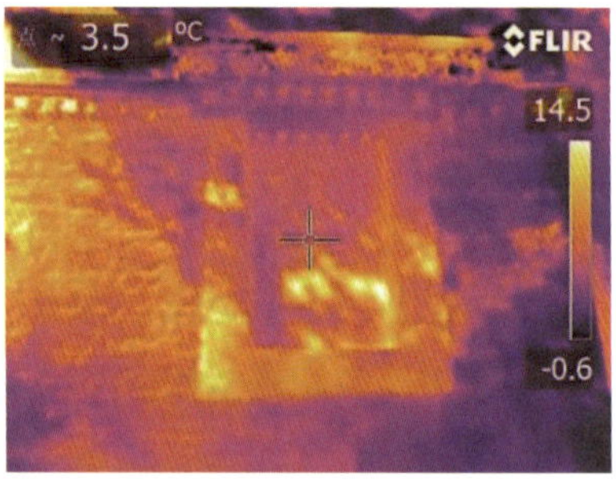
1 层 4/V-W		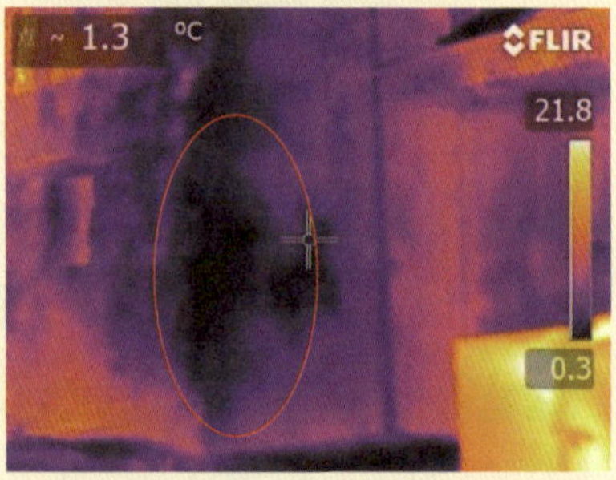
2 层 4/V-W		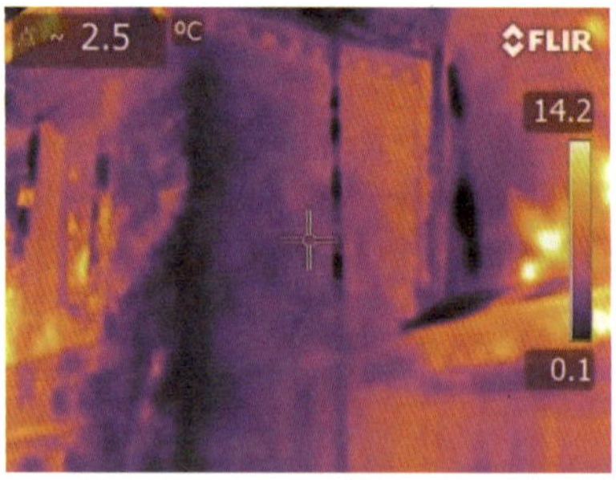
1 层 3-4/V		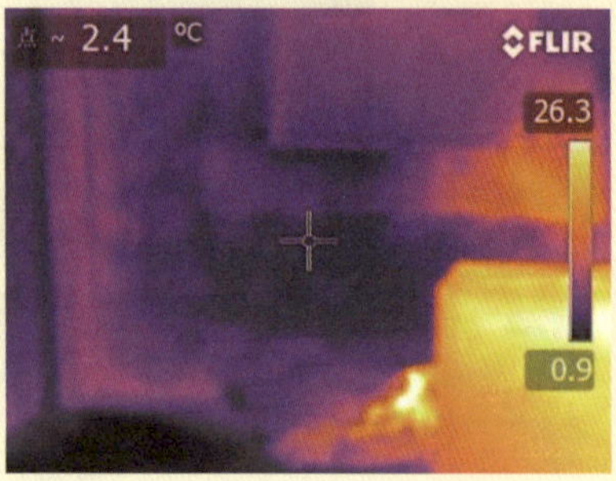

续表

编号	照片	红外
2 层 3-4/V		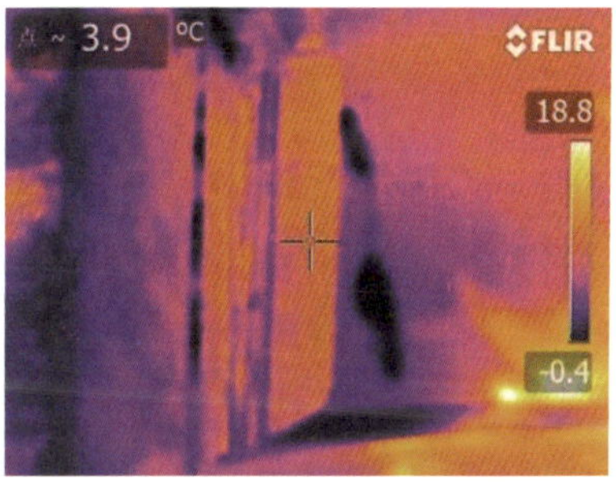
1 层 2-3/V		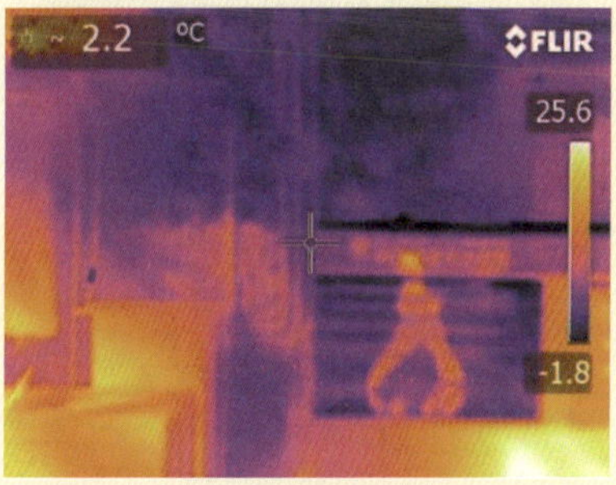
2 层 2-3/V		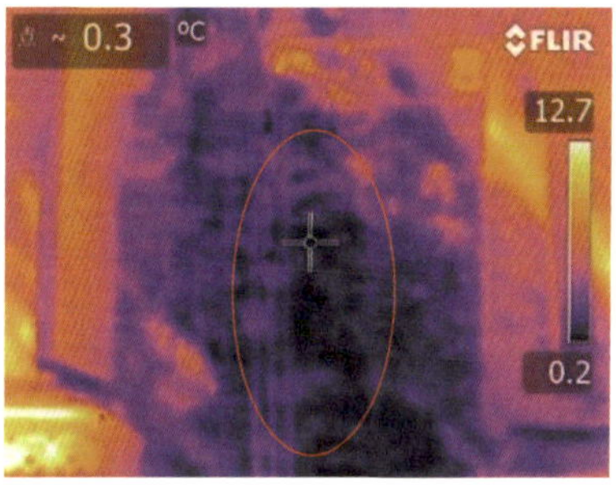
3 层 2-3/V		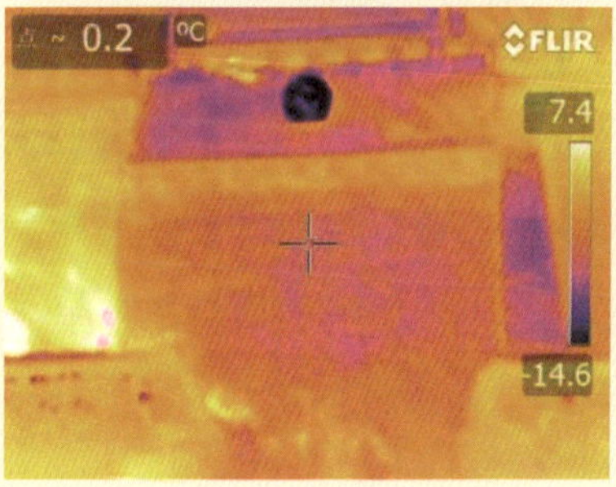

续表

编号	照片	红外
1 层 1-2/V		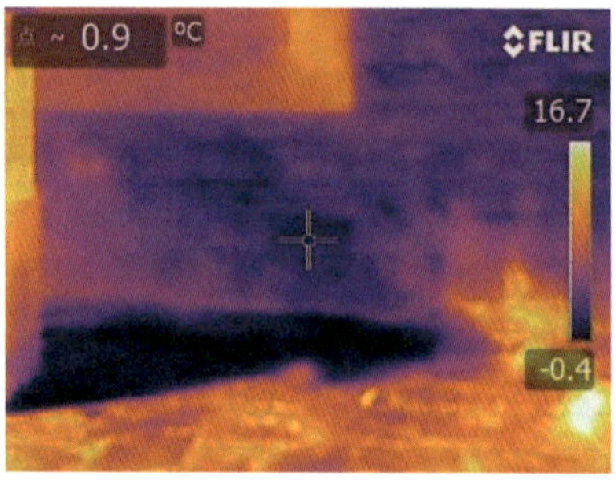
2 层 1-2/V		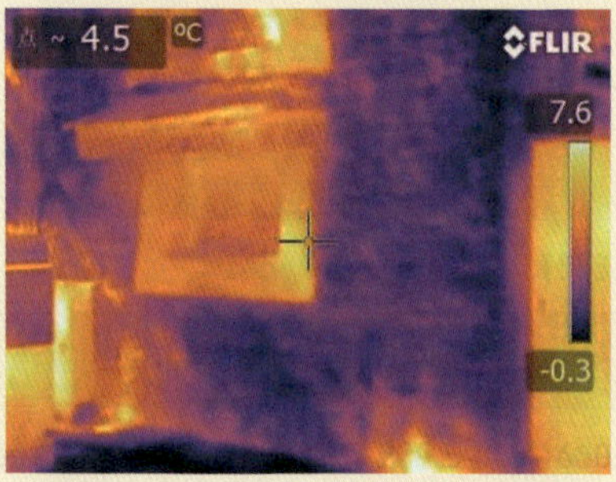
3 层 1-2/V		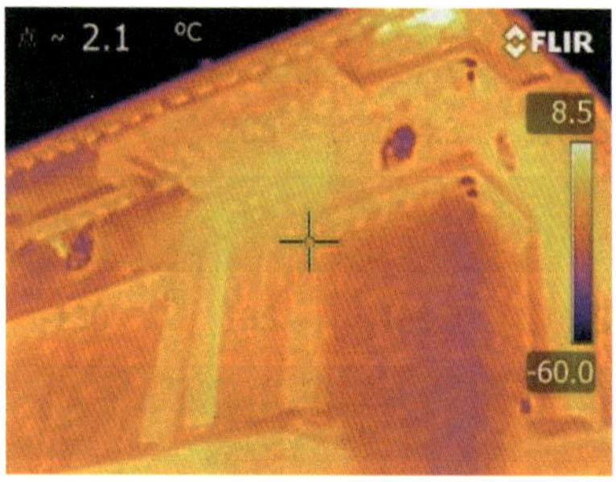

3. 格桑德吉颇章宫

通过现场热红外成像病害勘察发现，格桑德吉颇章宫外石墙较为平整、坚实，未发现明显的空鼓、腐朽等缺陷。然而，在个别位置的墙面存在渗水现象，砌筑所用的黄泥也受到了潮湿影响。格桑德吉颇章宫南立面区位划分如图 6-41 所示；典型热红外墙体检测图像如表 6-20 所示。

图 6-41　格桑德吉颇章宫南立面区位划分图

表 6-20　格桑德吉颇章宫南立面典型热红外墙检测图像

编号	照片	热红外
1 层 1/D1		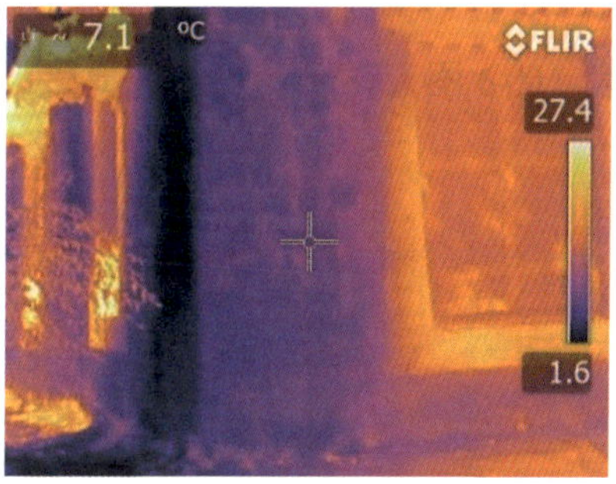
2 层 2/D1		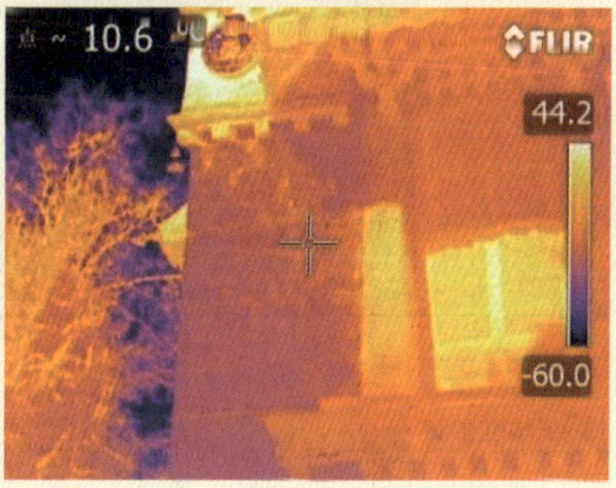

续表

编号	照片	热红外
1 层 1/D2		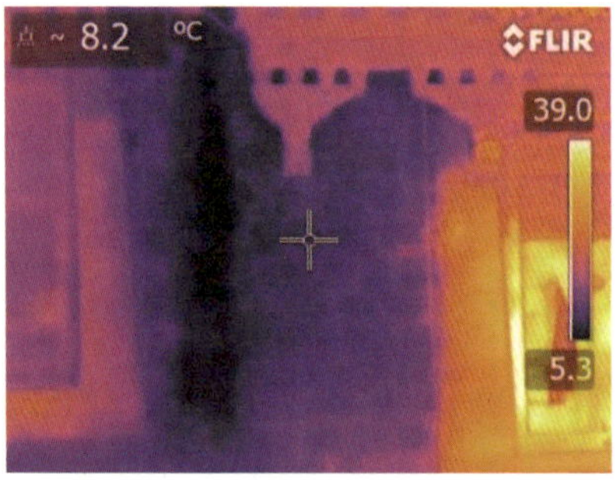
2 层 2/D2		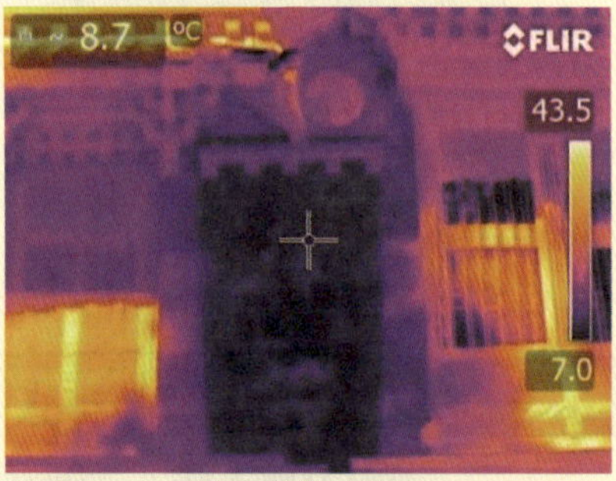
1 层 1/D3		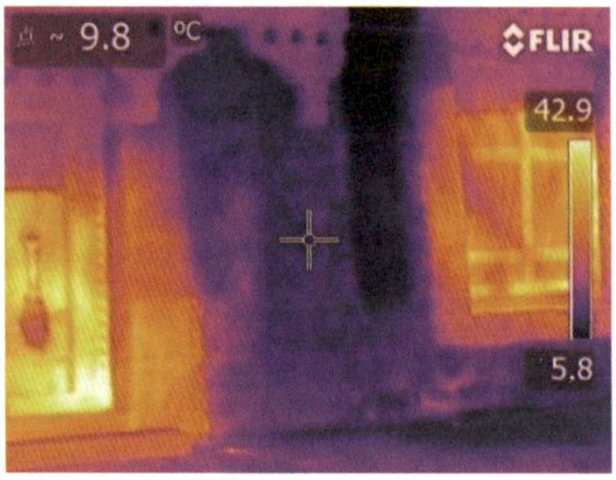
2 层 2/D3		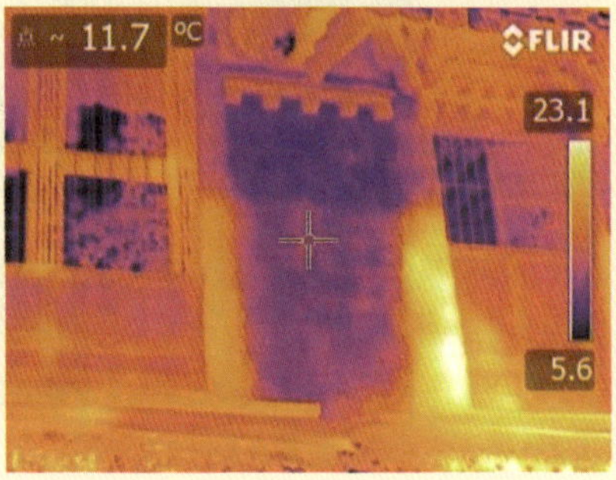

续表

编号	照片	热红外
1 层 1/D4		
2 层 2/D4		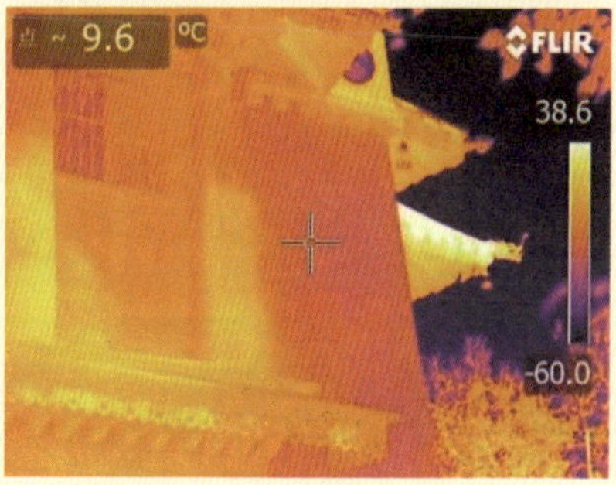

6.4 木结构应力波检测内部缺陷

基于文物建筑保护的原则，采用无损的应力波检测法对木结构构件内部缺陷进行现场检测。由于现场无法进行取样以鉴定树种，本项目通过查阅相关文献资料，参考其中关于木材种类及其强度值的内容。依据《西藏布达拉宫修缮工程报告》，并咨询古建专家及老木匠意见后确定：西藏古建筑宫殿内，梁和椽子一般采用西藏红杉和杨木；殿内柱子通常使用柏木、藏青杨、云冷杉；替木等常用桦木；装饰木雕均采用杨木；殿内地板常用核桃木和柏木。

本次病害勘察对象为各宫殿的木柱与木梁，其中木梁设定为杨木，采用 FAKOPP 应力波测试仪检测；木柱设定其材料为柏木，采用 FAKOPP 3D 树木成像评价系统检测。

1. 检测原理

应力波技术测定木材内部腐朽的基本原理是：应力波测试仪通过冲击产生声应

力，使被检测物体产生振动，然后测定应力波的传播时间，依据所测量的距离和传播时间，能够计算出应力波的传播速度。通过开展对比试验，便可以确定木材内部是否存在腐朽或损伤状况。当木材出现腐朽或遭受虫蛀时，垂直于木材纹理方向的应力波传播速度急速降低，只要传播速度低于健康木材的，就可判定木材存在腐朽或虫蛀现象。检测木材横向（径向或弦向）的应力波传播速度是探测木材腐朽的最佳途径。

（1）FAKOPP 应力波测试仪。采用匈牙利公司制造的 FAKOPP 应力波测试仪，如图 6-42 所示。测定时，先将应力波测试仪的两个探针插入被测木构件表面。在进行缺陷检测时，需将两个探针在木构件横截面上相对地插入构件表面。第一次敲击的传播时间读数无效，从第二次开始，连续敲击测定三次所得传播时间读数的平均值作为该次检测的测定结果。根据两个探针间距和应力波传播时间，计算该次检测的应力波传播速度。应力波测试仪检测原理如图 6-43 所示。

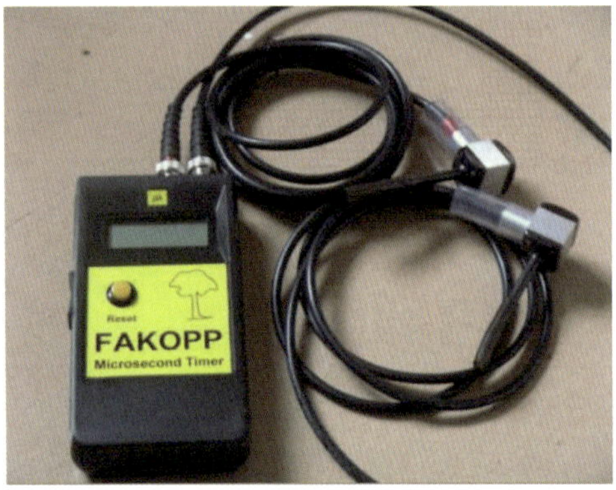

图 6-42　FAKOPP 应力波测试仪

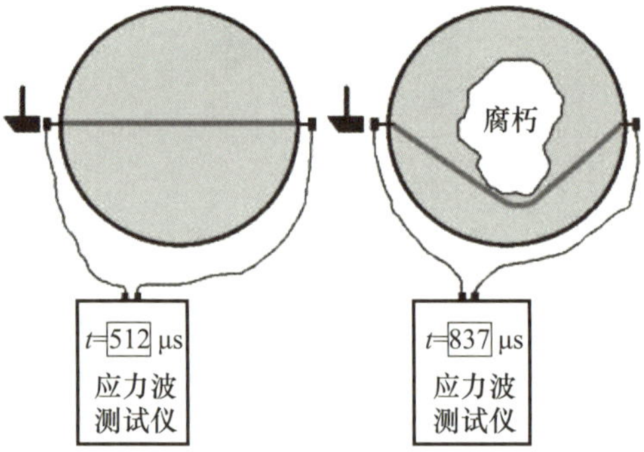

图 6-43　应力波测试仪检测原理

（2）FAKOPP 3D 树木成像评价系统。基于应力波木材检测技术的匈牙利 FAKOPP 3D 树木成像评价系统，是一套多通道的便携式木材应力波测定设备。该系统能够获取树木横切面内部的二维或三维图像，其核心技术在于应力波传递路径的分析和成像算法的运用。图 6-44 为 FAKOPP 3D 检测技术，图 6-45 为 FAKOPP 3D 现场工作照片。

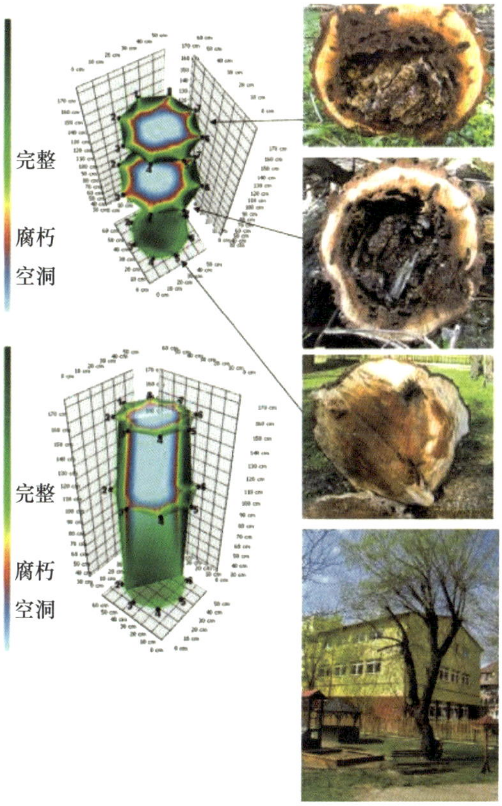

图 6–44 FAKOPP 3D 检测技术

图 6–45 FAKOPP 3D 现场工作照

2. 坚塞颇章宫检测结果

（1）梁检测结果。检测梁枋时，采用 FAKOPP 应力波测试仪（Microsecond Timer），以 50cm 距离为间隔，连续进行应力波检测，判断其内部是否存在缺陷（图 6-46）。判断木材是否存在缺陷的方法是，对比应力波速度与优质木材应力波速度（临界速度）的大小：若该检测位置应力波速度小于临界速度，则说明木构件在该位置内部有缺陷；并且速度差越大，意味着内部缺陷越严重。

依据《古建筑木构件内部腐朽与弹性模量应力波无损检测规程》（GB/T 28990—2012），杨木健康材的径向应力波传播速度平均值为 1041m/s。由于木梁存在裂缝，检测时避开开裂部位，检测点布置如图 6-46 所示，检测点距离梁底面和表面最小间距为 50mm。从检测结果分析，各检测部位的速度人于临界速度，这些部位内部不存在缺陷，木梁应力波检测结果如表 6-21 所示。

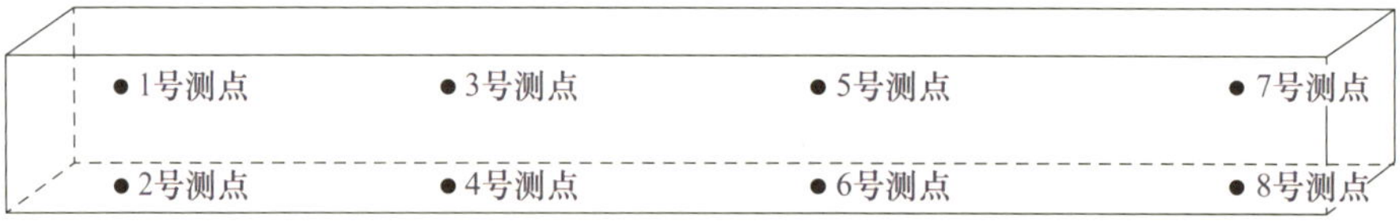

图 6-46　梁检测点布置示意图

表 6-21　木梁应力波检测结果

测点编号	检测位置	t(μs)	厚度 (cm)	速度 (m/s)	备注
1	L1	168	24	1428.57	
2		170	24	1411.76	
3		186	24	1290.32	
4		201	24	1194.03	
5		211	24	1137.44	
6		189	24	1269.84	
7		198	24	1212.12	
8		190	24	1263.16	
1	L2	168	24	1428.57	
2		183	24	1311.48	
3		186	24	1290.32	
4		179	24	1340.78	
5		208	24	1153.85	
6		198	24	1212.12	
7		195	24	1230.77	
8		187	24	1283.42	
1	L3	168	24	1428.57	
2		189	24	1269.84	
3		197	24	1218.27	
4		187	24	1283.42	
5		231	24	1038.96	
6		203	24	1182.27	
7		196	24	1224.49	
8		187	24	1283.42	

续表

测点编号	检测位置	t(μs)	厚度 (cm)	速度 (m/s)	备注
1	L4	171	24	1403.51	
2		170	24	1411.76	
3		199	24	1206.03	
4		167	24	1437.13	
5		204	24	1176.47	
6		189	24	1269.84	
7		191	24	1256.54	
8		195	24	1230.77	
1	L5	169	24	1420.12	
2		177	24	1355.93	
3		186	24	1290.32	
4		200	24	1200.00	
5		199	24	1206.03	
6		179	24	1340.78	
7		188	24	1276.60	
8		190	24	1263.16	
1	L6	178	24	1348.31	
2		169	24	1420.12	
3		187	24	1283.42	
4		187	24	1283.42	
5		198	24	1212.12	
6		177	24	1355.93	
7		198	24	1212.12	
8		188	24	1276.60	
1	L11	190	24	1263.16	
2		189	24	1269.84	
3		186	24	1290.32	
4		177	24	1355.93	

续表

测点编号	检测位置	t(μs)	厚度 (cm)	速度 (m/s)	备注
5	L11	178	24	1348.31	
6		186	24	1290.32	
7		211	24	1137.44	
8		213	24	1126.76	
1	L24	209	24	1148.33	
2		192	24	1250.00	
3		199	24	1206.03	
4		197	24	1218.27	
5		201	24	1194.03	
6		202	24	1188.12	
7		198	24	1212.12	
8		190	24	1263.16	

小结：经现场检查发现，木梁存在大量干缩裂缝。针对此情况，采用横向应力波技术对未开裂处的木梁进行内部缺陷检测。从检测结果分析来看，各检测部位的应力波传播速度大于临界速度，表明木梁内部不存在腐朽和空洞等缺陷。

（2）柱检测结果。依据《古建筑木构件内部腐朽与弹性模量应力波无损检测规程》（GB/T 28990—2012）古建筑木构件内部腐朽的应力波无损检测程序对木构件内部缺陷进行检测。

对木柱的检测采用 FAKOPP 3D 树木成像评价系统，每根木柱测 3 个截面，每个截面检测时设 6 个测点，根据测点应力波状态生成截面平面云图。柱检测测点布置及截面示意图如图 6-47 和图 6-48 所示。

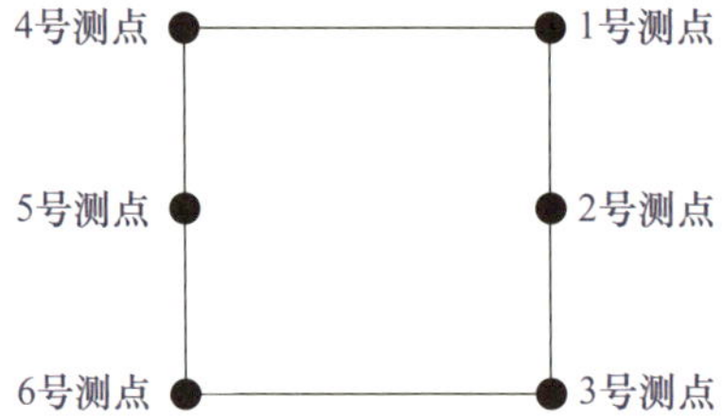

图 6–47　柱检测测点布置示意图

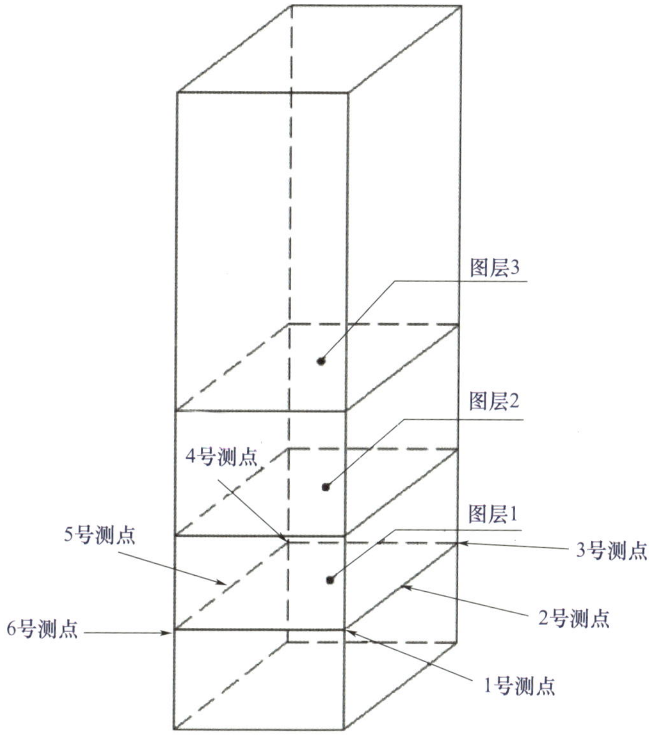

图 6-48 柱检测截面示意图

采用 FAKOPP 3D 树木成像评价系统检测木柱内部缺陷，坚塞颇章宫受检木柱编号如表 6-22 所示。经检测，木柱截面存在表面开裂现象，但木柱内部不存在腐朽和空洞等缺陷。

表 6-22 坚塞颇章宫受检木柱编号

序号	柱编号	序号	柱编号
1	Z8	8	Z21
2	Z9	9	Z27
3	Z10	10	Z28
4	Z15	11	Z33
5	Z17	12	Z34
6	Z18	13	Z47
7	Z19	14	Z50

坚塞颇章宫木柱应力检测结果如表 6-23 所示。

表 6-23　坚塞颇章宫木柱应力波检测结果

木结构应力波检测木柱 -Z6

图层名称	检测高度（m）
图层 #3	0.9
图层 #2	0.7
图层 #1	0.5

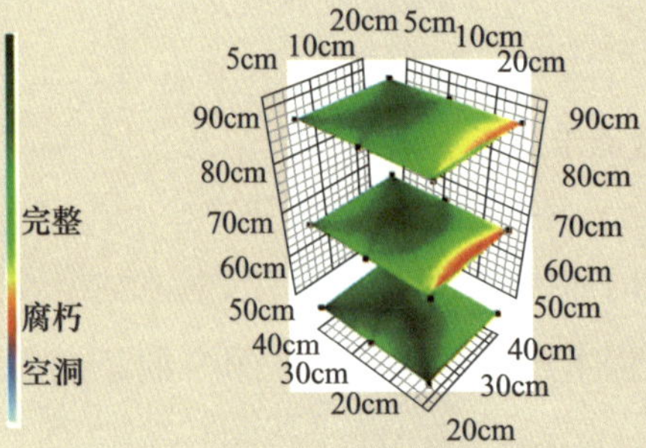

多层 - 速率

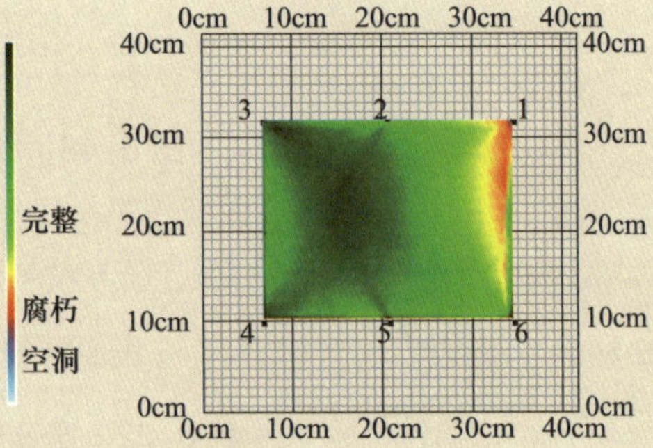

图层 #3- 平面云图

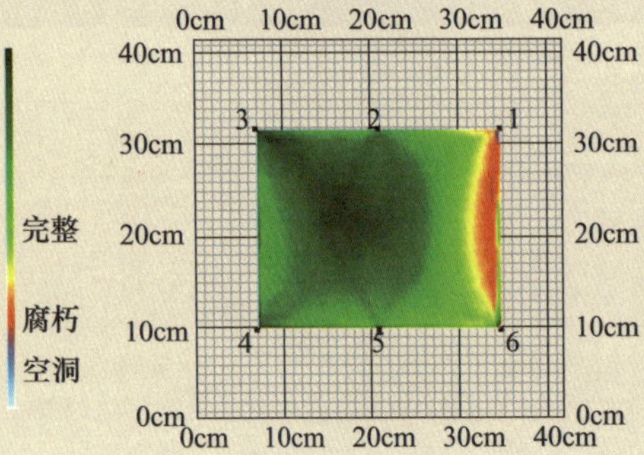

图层 #2- 平面云图

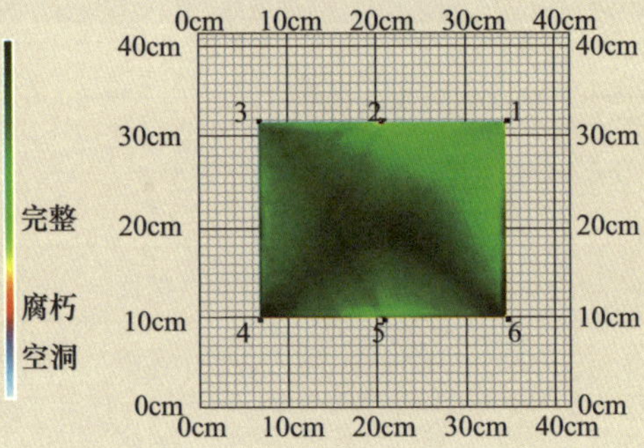

图层 #1- 平面云图

续表

木结构应力波检测木柱 -Z8

图层名称	检测高度（m）
图层 #3	0.8
图层 #2	0.6
图层 #1	0.5

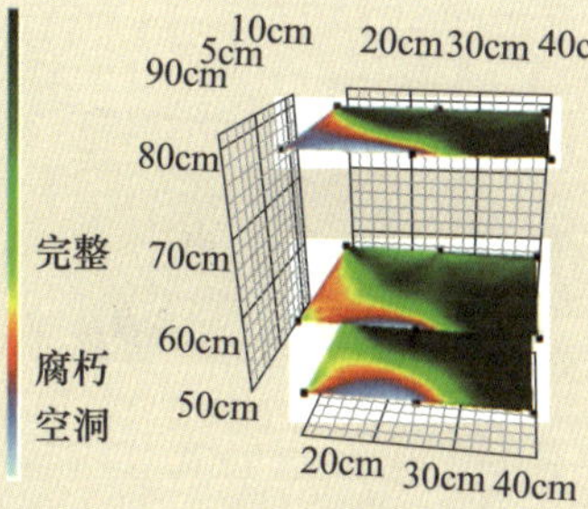

多层 - 速率

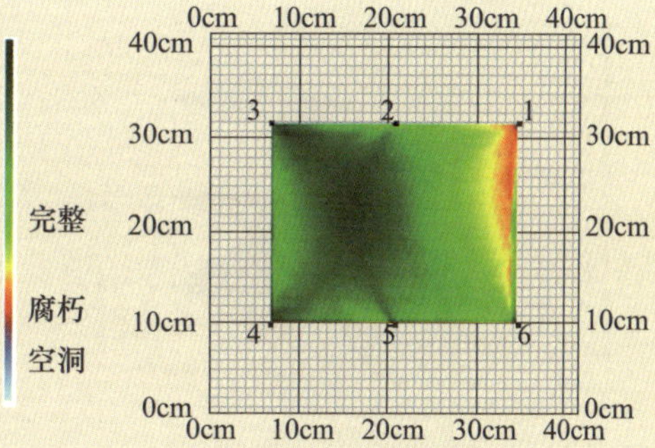

图层 #3- 平面云图

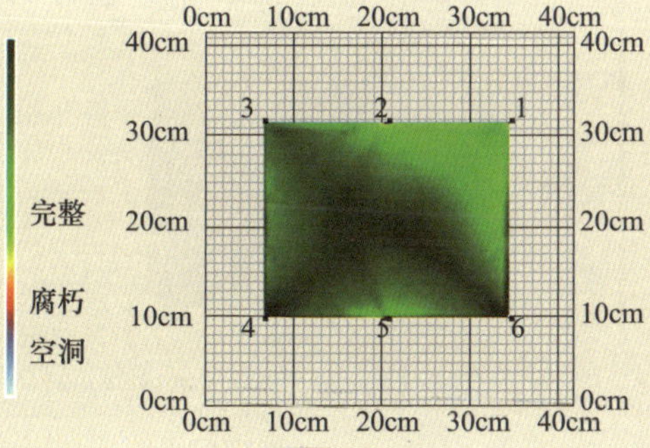

图层 #2- 平面云图

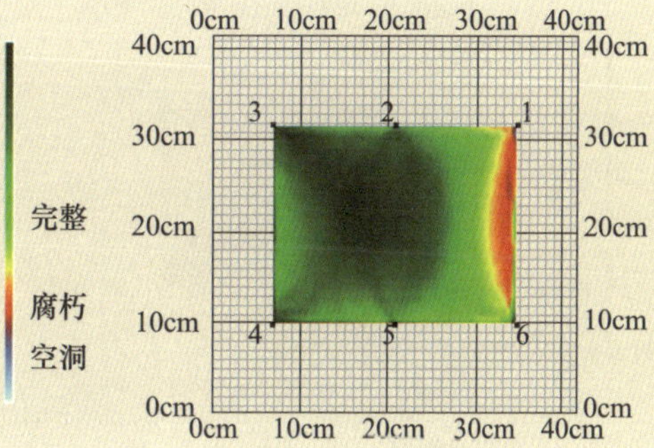

图层 #1- 平面云图

续表

<table>
<tr><td colspan="2"></td></tr>
<tr><td colspan="2">木结构应力波检测木柱 -Z10</td></tr>
<tr><td>图层名称</td><td>检测高度（m）</td></tr>
<tr><td>图层 #3</td><td>0.8</td></tr>
<tr><td>图层 #2</td><td>0.6</td></tr>
<tr><td>图层 #1</td><td>0.4</td></tr>
<tr><td>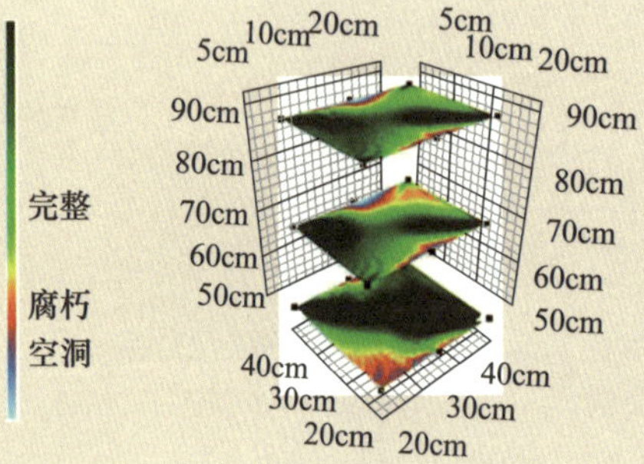
</td><td>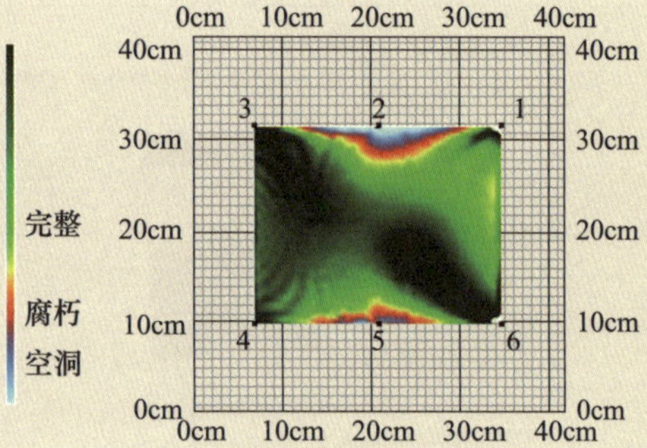
</td></tr>
<tr><td>多层 - 速率</td><td>图层 #3- 平面云图</td></tr>
<tr><td>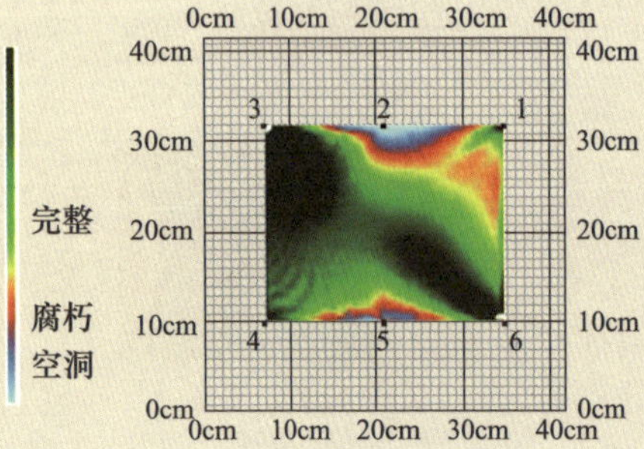
</td><td>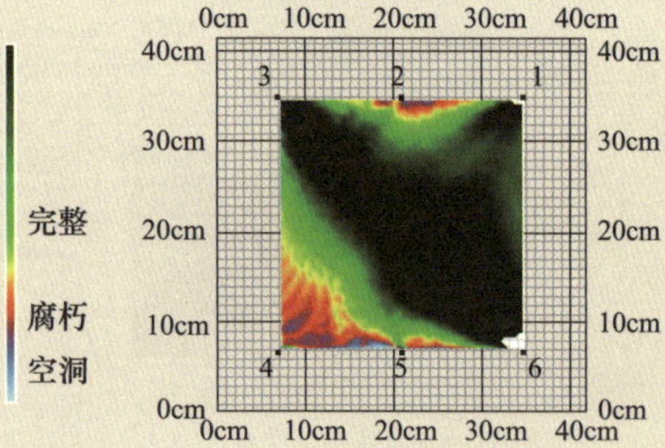
</td></tr>
<tr><td>图层 #2- 平面云图</td><td>图层 #1- 平面云图</td></tr>
</table>

3. 格桑颇章宫检测结果

（1）梁检测结果。检测梁枋时，采用 FAKOPP 应力波测试仪，每根梁选取 3 个截面进行应力波检测，以此判断其内部是否存在缺陷（图 6-49~ 图 6-51）。同一木构件的不同检测部位，应力波的传播速度越小，表明该部位的腐朽情况越严重。依据《古建筑木构件内部腐朽与弹性模量应力波无损检测规程》（GB/T 28990—2012），若该检测位置的应力波传播速度降低 23%，则意味着木材强度损失达到 50%；当应力波传播速度降低 35% 时，就表明木材已遭到严重损害。

鉴于木梁存在裂缝，在检测时需避开开裂部位。每根梁分别在梁的两端以及跨中选取 *A*、*B*、*C* 三个截面进行检测，每个截面检测三个方向，如图 6-49 所示。梁的材料设定为杨木，依据《古建筑木构件内部腐朽与弹性模量应力波无损检测规程》（GB/T 28990—2012），杨木健康材的径向应力波传播速度平均值为 1041m/s。

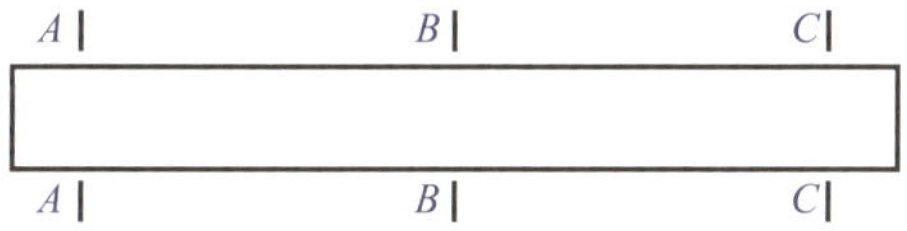

图 6-49　梁截面测点分布示意图

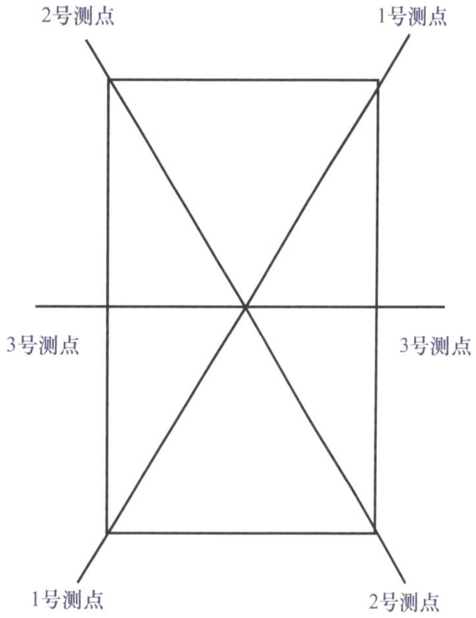

图 6-50　梁截面检测方向示意图

图 6-51　采用木材应力波测试仪进行现场检测

格桑颇章宫有 3 层，共进行了 9 根梁的检测，检测结果如表 6-24 所示。

表 6-24　格桑颇章宫木梁应力波检测结果

梁编号	检测截面	截面位置	检测路线	传播距离 (mm)	传播时间 (μs)			平均值 (μs)	传播速度 (m/s)
					1	2	3		
L1-13	*A*	梁南端	A-1	231	128	129	127	128.0	1804.7
			A-2	145	99	98	97	98.0	1479.6
			A-3	231	127	136	130	131.0	1763.4
	B	梁跨中	B-1	231	159	153	146	152.7	1513.1
			B-2	145	90	90	102	94.0	1542.6
			B-3	231	142	145	148	145.0	1593.1
	C	梁北端	C-1	231	122	120	121	121.0	1909.1
			C-2	145	154	152	151	152.3	951.9
			C-3	231	122	117	115	118.0	1957.6
L1-20	*A*	梁南端	A-1	231	147	146	141	144.7	1596.8
			A-2	145	100	97	98	98.3	1474.6
			A-3	231	138	140	142	140.0	1650.0
	B	梁跨中	B-1	231	144	147	157	149.3	1546.9
			B-2	145	109	110	116	111.7	1298.5
			B-3	231	139	132	132	134.3	1719.6
	C	梁北端	C-1	231	121	123	118	120.7	1914.4
			C-2	145	87	88	89	88.0	1647.7
			C-3	231	128	129	129	128.7	1795.3
L1-21	*A*	梁南端	A-1	241	141	142	144	142.3	1693.2
			A-2	155	87	88	87	87.3	1774.8
			A-3	241	136	138	136	136.7	1763.4
	B	梁跨中	B-1	241	136	139	138	137.7	1750.6
			B-2	155	96	96	96	96.0	1614.6
			B-3	241	132	133	132	132.3	1821.2
	C	梁北端	C-1	241	139	138	139	138.7	1738.0
			C-2	155	84	82	82	82.7	1875.0
			C-3	241	134	132	129	131.7	1830.4

续表

梁编号	检测截面	截面位置	检测路线	传播距离(mm)	传播时间(μs)			平均值(μs)	传播速度(m/s)
					1	2	3		
L2-6	*A*	梁东端	A-1	286	159	160	159	159.3	1795.0
			A-2	155	109	115	111	111.7	1388.1
			A-3	286	162	161	158	160.3	1783.8
	B	梁跨中	B-1	286	283	268	274	271.0	1055.4
			B-2	155	117	120	117	118.5	1308.0
			B-3	286	176	151	153	160.0	1787.5
	C	梁西端	C-1	286	159	169	154	160.7	1780.1
			C-2	155	93	99	98	96.7	1603.4
			C-3	286	166	171	166	167.7	1705.8
L2-7	*A*	梁东端	A-1	286	169	169	163	167.0	1712.6
			A-2	155	114	115	117	115.3	1343.9
			A-3	286	157	162	157	158.7	1802.5
	B	梁跨中	B-1	286	225	222	226	224.0	1276.8
			B-2	155	124	122	123	122.5	1265.3
			B-3	286	256	259	248	254.3	1124.5
	C	梁西端	C-1	286	194	193	190	192.3	1487.0
			C-2	155	116	111	118	115.0	1347.8
			C-3	286	168	170	173	170.3	1679.1
L2-5	*A*	梁东端	A-1	286	169	169	163	167.0	1712.6
			A-2	155	114	115	117	115.3	1343.9
			A-3	286	157	162	157	158.7	1802.5
	B	梁跨中	B-1	286	225	222	226	224.0	1276.8
			B-2	155	124	122	123	122.5	1265.3
			B-3	286	256	259	248	254.3	1124.5
	C	梁西端	C-1	286	194	193	190	192.3	1487.0
			C-2	155	116	111	118	115.0	1347.8
			C-3	286	168	170	173	170.3	1679.1

续表

梁编号	检测截面	截面位置	检测路线	传播距离 (mm)	传播时间 (μs)			平均值 (μs)	传播速度 (m/s)
					1	2	3		
L3-8	*A*	梁东端	A-1	236	150	144	141	145.0	1627.6
			A-2	140	109	109	110	109.3	1280.5
			A-3	236	144	141	157	147.3	1601.8
	B	梁跨中	B-1	236	132	142	135	138.5	1704.0
			B-2	140	96	96	94	95.0	1473.7
			B-3	236	144	148	153	148.3	1591.0
	C	梁西端	C-1	236	206	210	204	206.7	1141.9
			C-2	140	99	100	100	99.7	1404.7
			C-3	236	160	152	143	151.7	1556.0
L3-10	*A*	梁东端	A-1	236	145	140	145	143.3	1646.5
			A-2	140	94	93	96	94.3	1484.1
			A-3	236	138	139	144	140.3	1681.7
	B	梁跨中	B-1	236	152	142	142	142.0	1662.0
			B-2	140	93	92	87	89.5	1564.2
			B-3	236	147	144	144	145.0	1627.6
	C	梁西端	C-1	236	126	127	123	125.3	1883.0
			C-2	140	92	93	93	92.7	1510.8
			C-3	236	147	147	148	147.3	1601.8
L3-4	*A*	梁东端	A-1	236	145	144	148	145.7	1620.1
			A-2	140	85	85	86	85.3	1640.6
			A-3	236	142	141	142	141.7	1665.9
	B	梁跨中	B-1	236	136	136	138	137.0	1722.6
			B-2	140	94	93	99	96.0	1458.3
			B-3	236	144	153	145	147.3	1601.8
	C	梁西端	C-1	236	134	136	138	136.0	1735.3
			C-2	140	93	94	92	93.0	1505.4
			C-3	236	162	157	152	157.0	1503.2

根据检测结果，1 层 12 号梁的北端有一条测线的应力波传播速度小于 1041m/s，应力波速降低了 8.5%，然而，同一截面的另外两条测线波速正常，基于此，判断该梁内部存在裂缝。其余所测梁的应力波速均大于临界波速，这表明其内部不存在腐朽或空洞现象。

（2）柱检测结果。在检测前，首先使用橡胶锤对木柱进行敲击，选取经敲击后发出空鼓音，初步判断内部可能存在缺陷的木柱，采用 FAKOPP 3D 应力波检测技术进行检测。在格桑颇章共计对 13 根木柱进行检测。依据《古建筑结构安全性鉴定技术规范 第 1 部分：木结构》（DB11/T 1190.1—2015）的要求，每根木柱自上而下选取 3 个截面进行检测。所检测的木柱均为矩形柱，在每个截面分别布置 8 个传感器，截面传感器分布如图 6-52 所示。逐个敲击传感器，使软件获取各位置点之间应力波的传播时间，并根据距离换算为传播速度，经过成像系统处理后，生成构件内部缺陷图。根据检测结果对每根柱的内部残损情况进行分析，图 6-53 为 FAKOPP 3D 应力波现场检测。

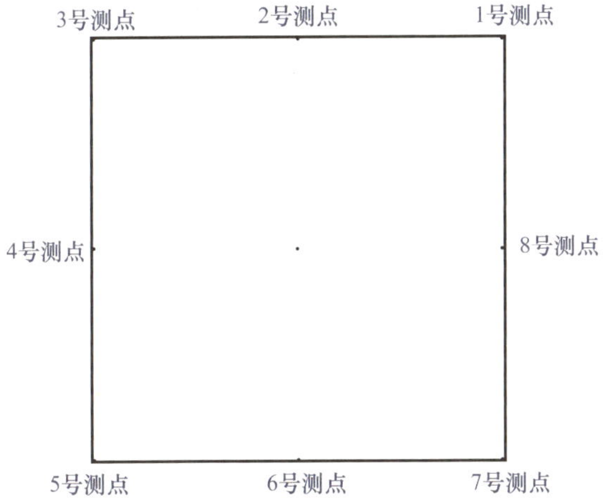

图 6-52　截面传感器分布图

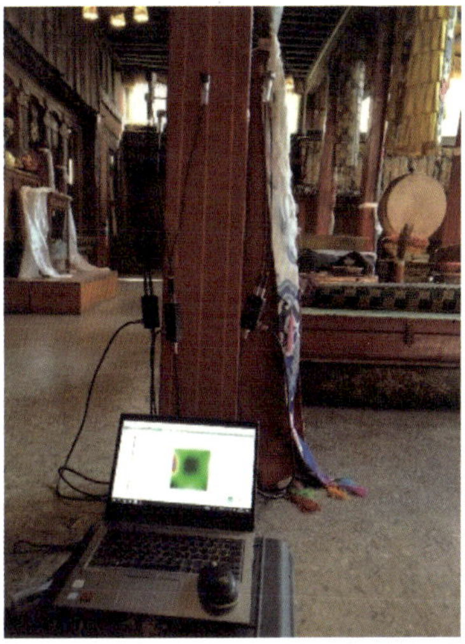

图 6-53　FAKOPP 3D 应力波现场检测

根据应力波检测结果显示，格桑颇章宫 Z1-39 柱的东侧和南侧表面存在局部开裂现象，但内部结构较为完整，且内部未发现腐朽或空洞问题。如图 6-54~ 图 6-57、表 6-25 所示。

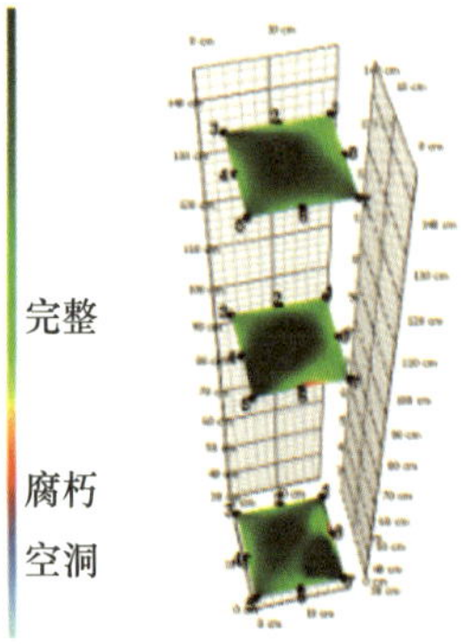

图 6-54　格桑颇章宫 Z1-39 柱多截面云图

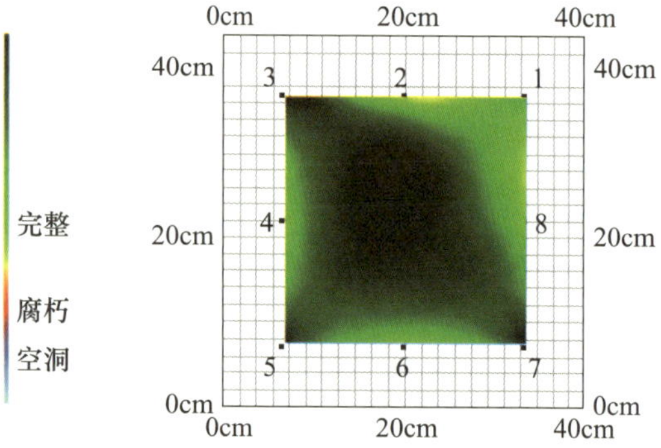

图 6-55　格桑颇章宫 Z1-39 柱截面 #3 平面云图

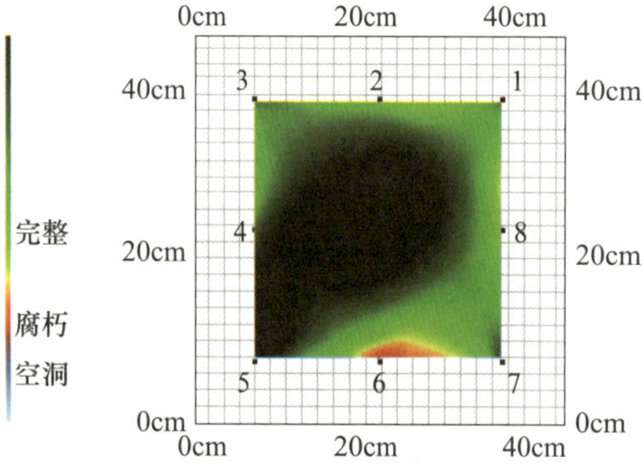

图 6-56　格桑颇章宫 Z1-39 柱截面 #2 平面云图

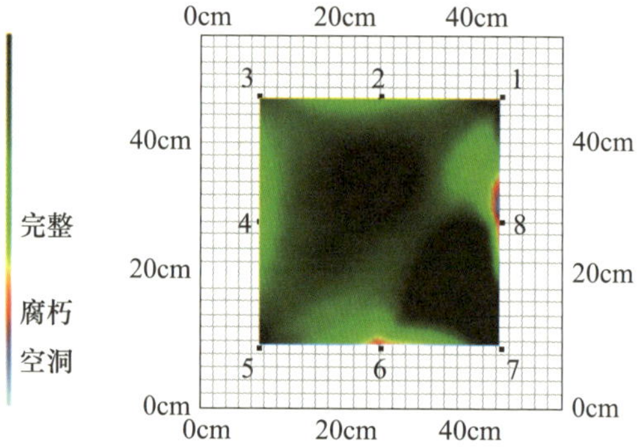

图 6-57　格桑颇章宫 Z1-39 柱截面 #1 平面云图

表 6-25　格桑颇章宫 Z1-39 柱截面信息

截面名称	检测高度（cm）	长（cm）	宽（cm）
截面 #3	140	15	15
截面 #2	100	16	16
截面 #1	30	19	19

根据应力波检测结果显示，格桑颇章宫 Z1-42 柱的表面存在局部开裂现象，但内部结构较为完整，且内部未发现腐朽或空洞问题。如图 6-58~ 图 6-61、表 6-26 所示。

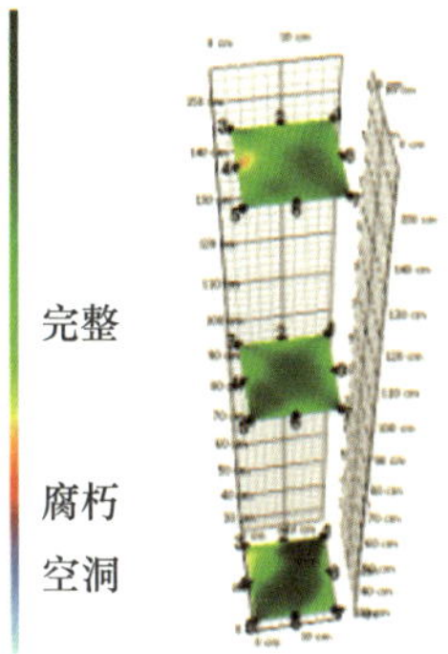

图 6-58 格桑颇章宫 Z1-42 柱多截面云图

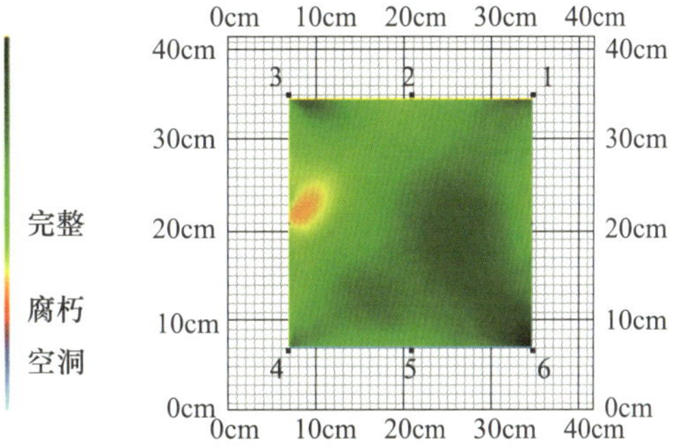

图 6-59 格桑颇章宫 Z1-42 柱截面 #3 平面云图

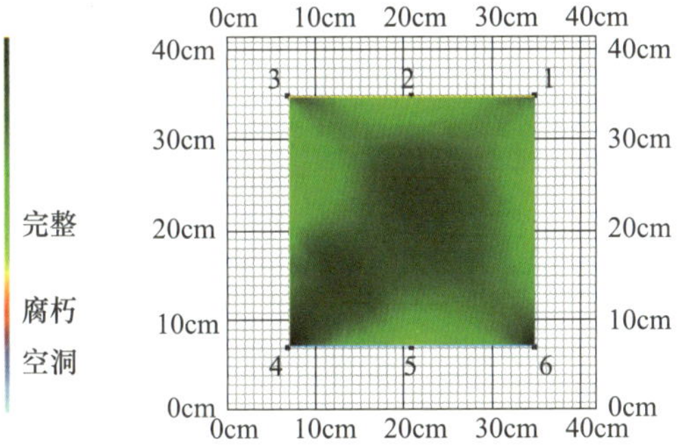

图 6-60 格桑颇章宫 Z1-42 柱截面 #2 平面云图

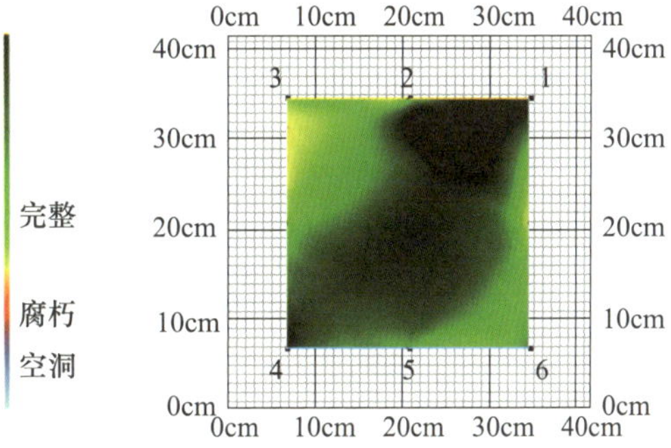

图 6-61 格桑颇章宫 Z1-42 柱截面 #1 平面云图

表 6-26 格桑颇章宫 Z1-42 柱截面信息

截面名称	检测高度（cm）	长（cm）	宽（cm）
截面 #3	150	15	15
截面 #2	100	16	16
截面 #1	30	19	19

根据应力波检测结果显示，格桑颇章宫 Z1-36 柱高 150cm 处的西南角和高 100cm 处的南侧存在小面积空洞问题，其余部分结构较为完整。如图 6-62~ 图 6-65、表 6-27 所示。

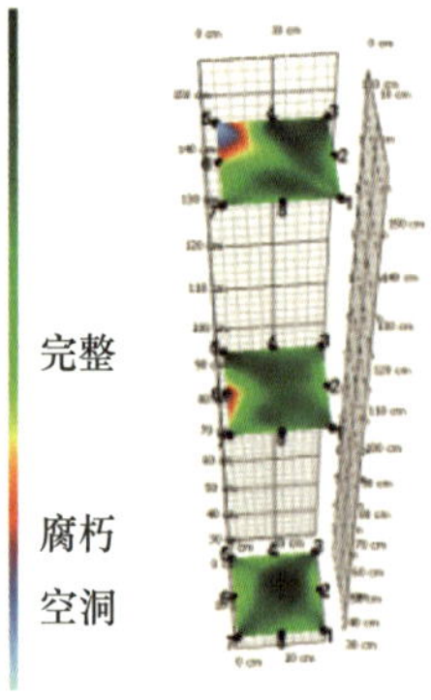

图 6-62　格桑颇章宫 Z1-36 柱多截面云图

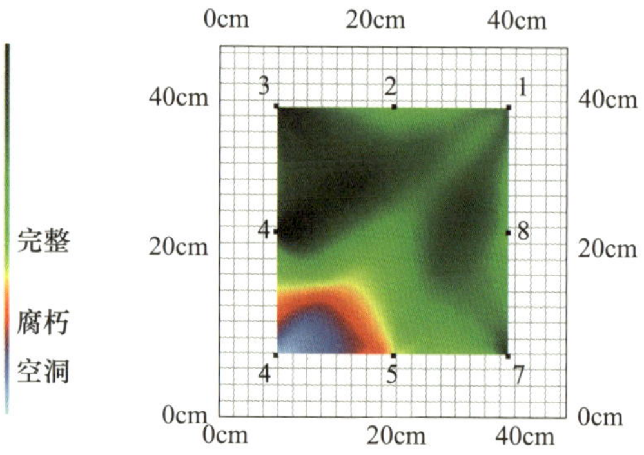

图 6-63　格桑颇章宫 Z1-36 柱截面 #3 平面云图

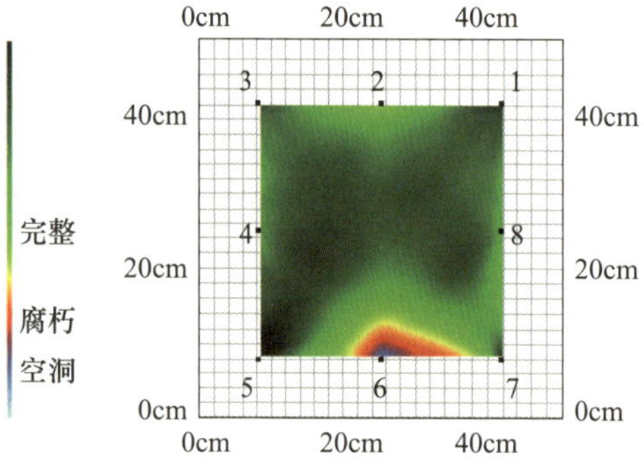

图 6-64　格桑颇章宫 Z1-36 柱截面 #2 平面云图

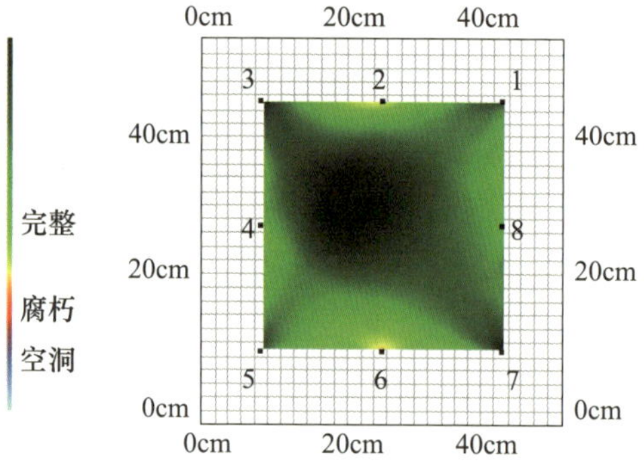

图 6-65　格桑颇章宫 Z1-36 柱截面 #1 平面云图

表 6-27　格桑颇章宫 Z1-36 柱截面信息

截面名称	检测高度（cm）	长（cm）	宽（cm）
截面 #3	150	16	16
截面 #2	100	17	17
截面 #1	30	19	19

根据应力波检测结果显示，格桑颇章宫 Z1-31 柱高 125cm 以下西侧表面存在局部开裂现象，其余部分结构较为完整，未发现腐朽或空洞问题。如图 6-66~ 图 6-70、表 6-28 所示。

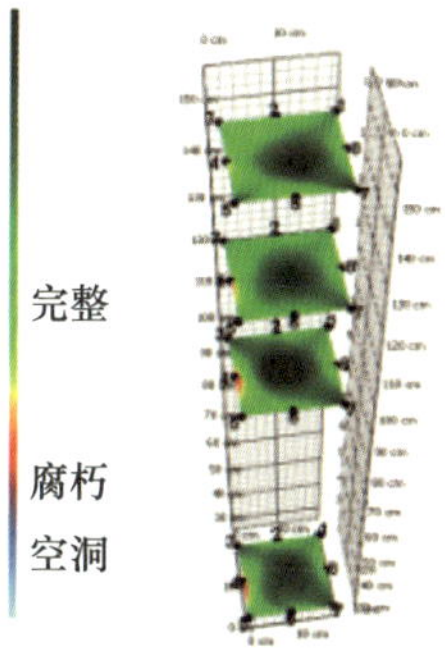

图 6-66 格桑颇章宫 Z1-31 柱多截面云图

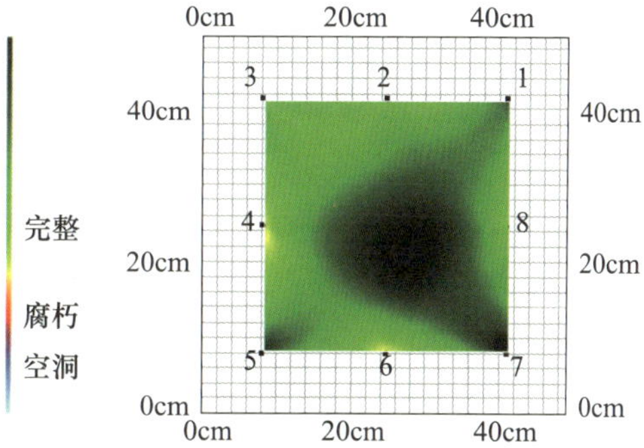

图 6-67 格桑颇章宫 Z1-31 柱截面 #4 平面云图

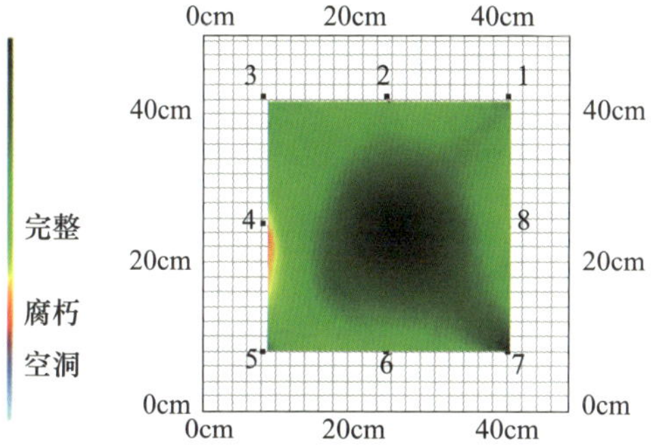

图 6-68 格桑颇章宫 Z1-31 柱截面 #3 平面云图

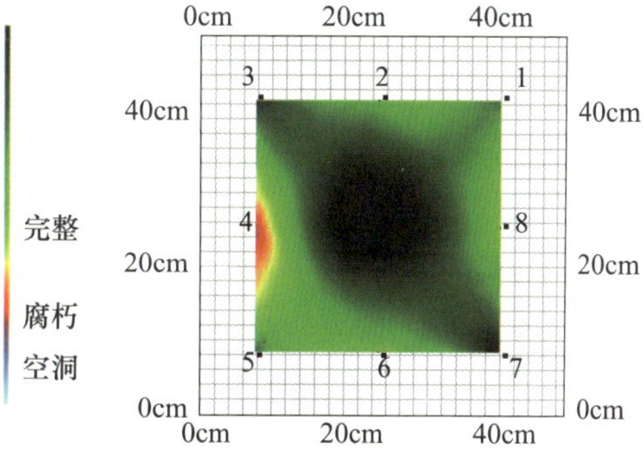

图 6-69 格桑颇章宫 Z1-31 柱截面 #2 平面云图

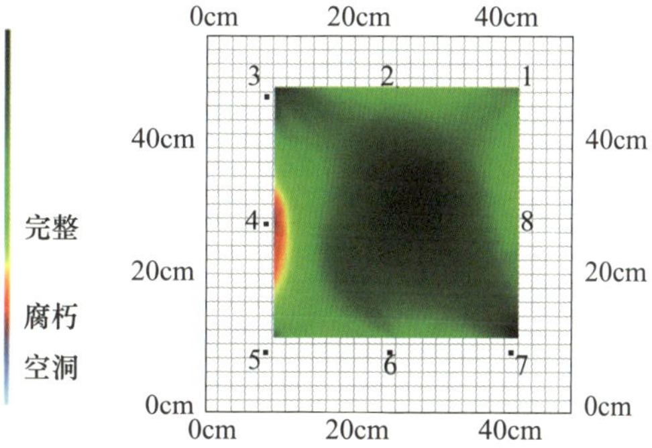

图 6-70 格桑颇章宫 Z1-31 柱截面 #1 平面云图

表 6-28 格桑颇章宫 Z1-31 柱截面信息

截面名称	检测高度（cm）	长（cm）	宽（cm）
截面 #4	150	16	16
截面 #3	125	17	17
截面 #2	100	18	18
截面 #1	25	19	19

根据应力波检测结果显示，格桑颇章宫 Z1-5 柱高 110cm 处西侧表面存在局部开裂现象，其余部分结构较为完整，未发现腐朽或空洞现象。如图 6-71~ 图 6-74、表 6-29 所示。

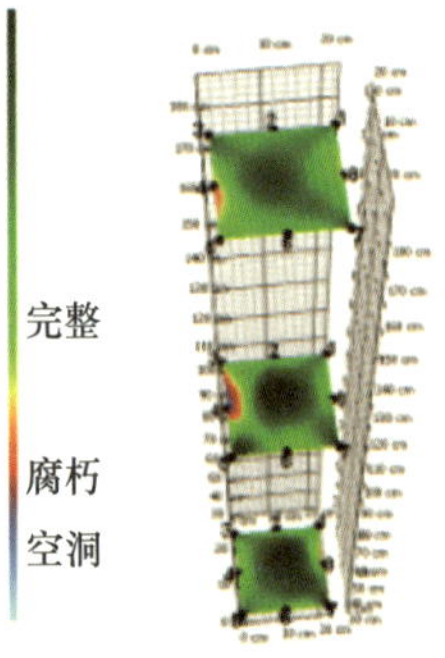

图 6-71　格桑颇章宫 Z1-5 柱多截面云图

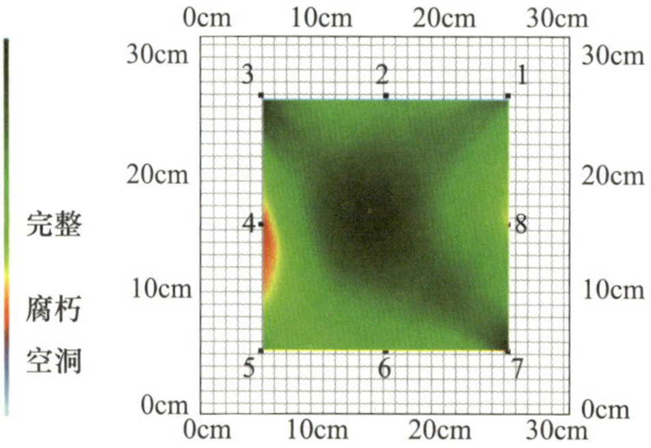

图 6-72　格桑颇章宫 Z1-5 柱截面 #3 平面云图

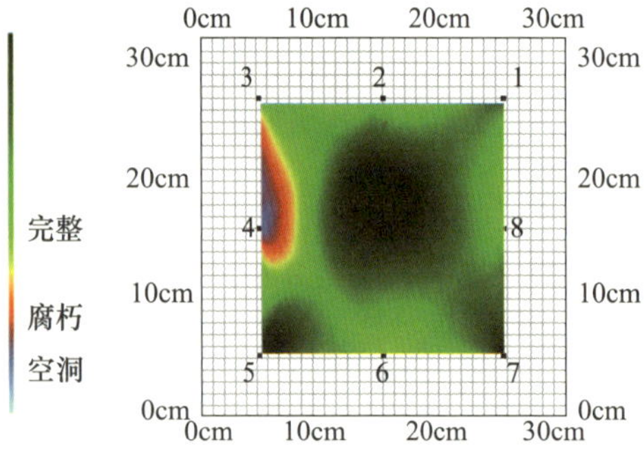

图 6-73　格桑颇章宫 Z1-5 柱截面 #2 平面云图

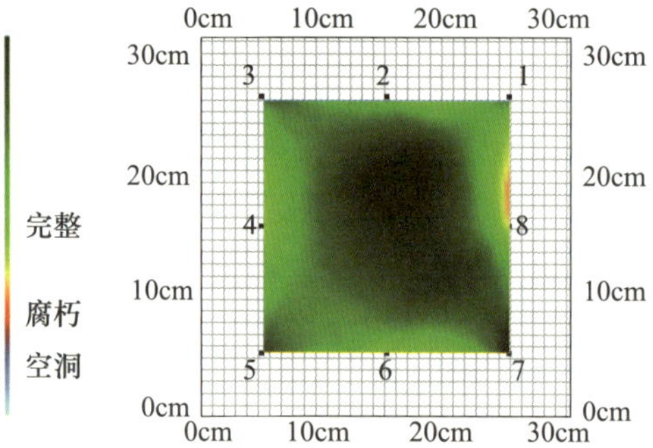

图 6-74　格桑颇章宫 Z1-5 柱截面 #1 平面云图

表 6-29　格桑颇章宫 Z1-5 柱截面信息

截面名称	检测高度（cm）	长（cm）	宽（cm）
截面 #3	180	21	21
截面 #2	110	21.8	21.8
截面 #1	30	22	22

根据应力波检测结果显示，格桑颇章宫 Z1-15 柱高 130~175cm 北侧、柱高 230cm 东侧表面均存在局部空洞问题，最大空洞面积约占截面面积的 1/4，其余部分结构较为完整。如图 6-75~ 图 6-79、表 6-30 所示。

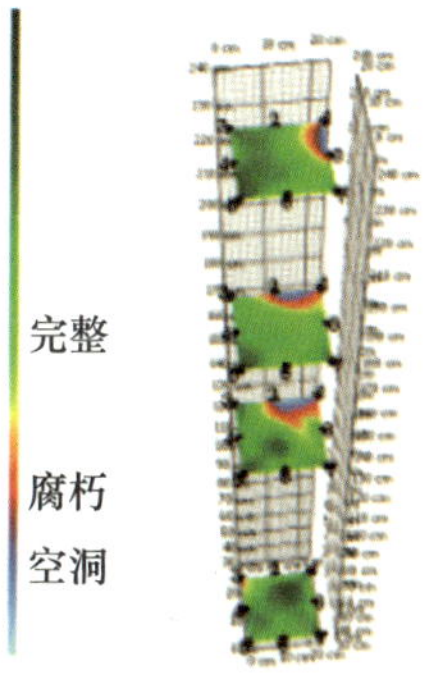

图 6-75 格桑颇章宫 Z1-15 柱多截面云图

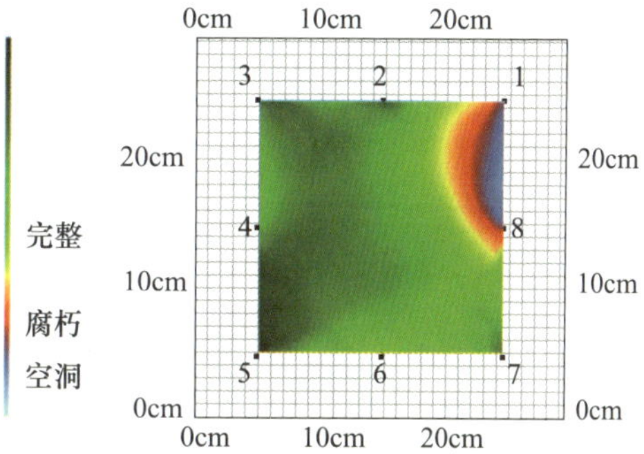

图 6-76 格桑颇章宫 Z1-15 柱截面 #4 平面云图

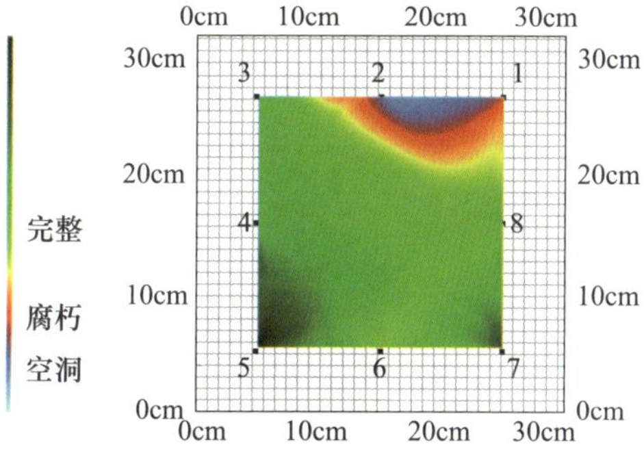

图 6-77 格桑颇章宫 Z1-15 柱截面 #3 平面云图

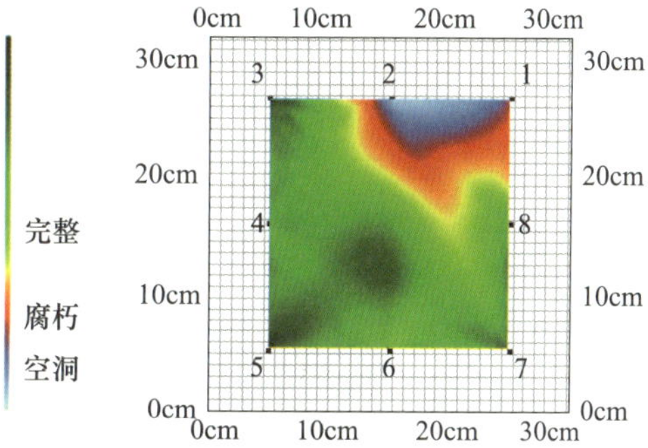

图 6-78 格桑颇章宫 Z1-15 柱截面 #2 平面云图

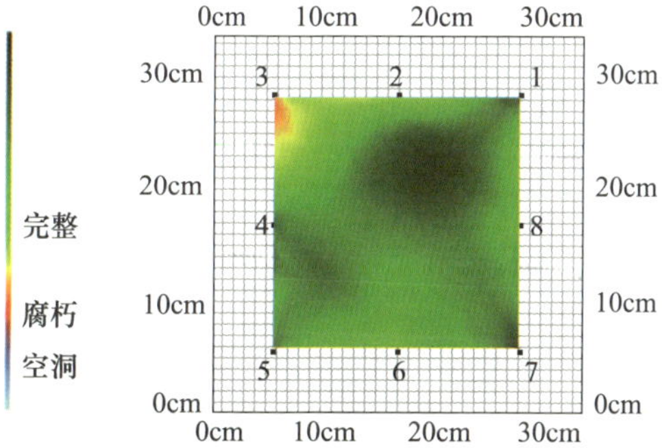

图 6-79 格桑颇章宫 Z1-15 柱截面 #1 平面云图

表 6-30 格桑颇章宫 Z1-15 柱截面信息

截面名称	检测高度（cm）	长（cm）	宽（cm）
截面 #4	230	20	20
截面 #3	175	22	22
截面 #2	130	22.6	22.6
截面 #1	30	23	23

根据应力波检测结果显示，格桑颇章宫 Z1-26 柱内部结构较为完整，未发现明显的腐朽或空洞问题。如图 6-80~ 图 6-83、表 6-31 所示。

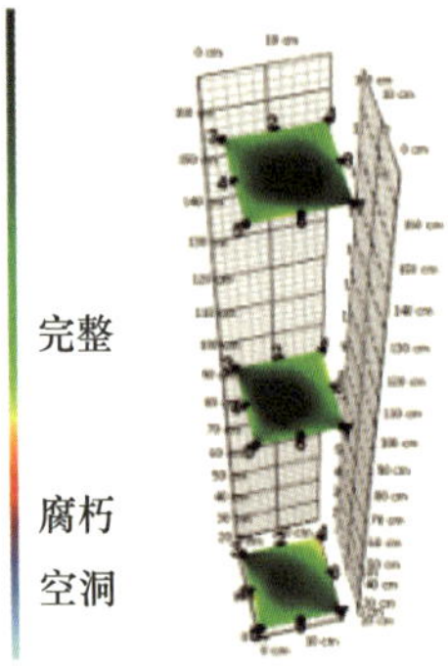

图 6-80　格桑颇章宫 Z1-26 柱多截面云图

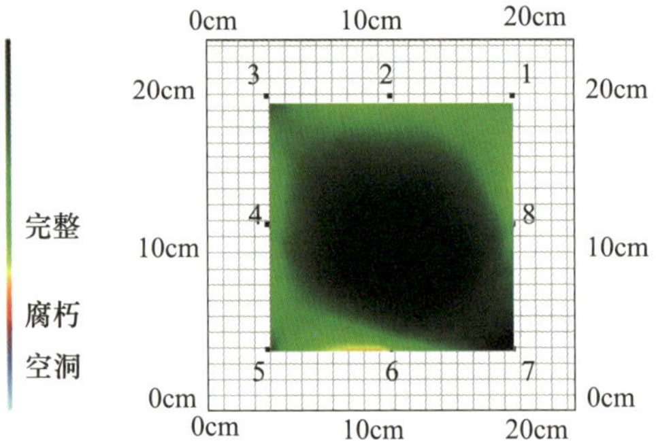

图 6-81　格桑颇章宫 Z1-26 柱截面 #3 平面云图

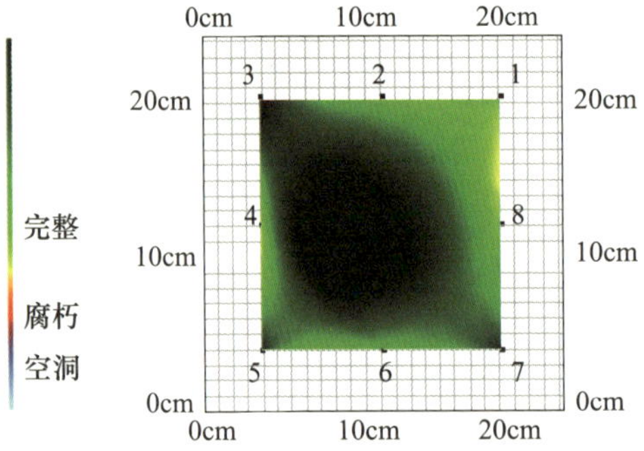

图 6-82　格桑颇章宫 Z1-26 柱截面 #2 平面云图

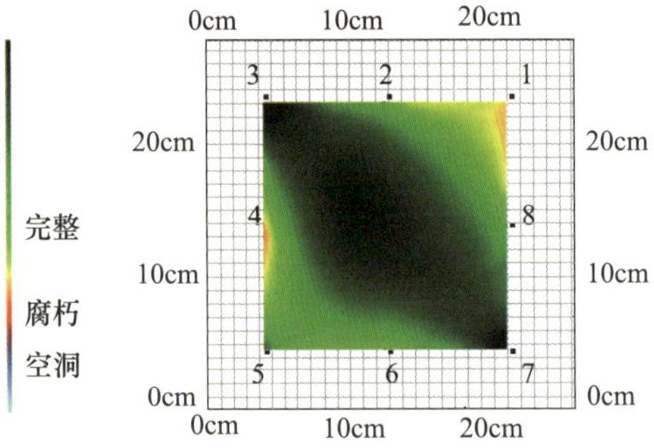

图 6-83　格桑颇章宫 Z1-26 柱截面 #1 平面云图

表 6-31　格桑颇章宫 Z1-26 柱截面信息

截面名称	检测高度（cm）	长（cm）	宽（cm）
截面 #3	160	16	16
截面 #2	100	16.6	16.6
截面 #1	20	19	19

根据应力波检测结果显示，格桑颇章宫 Z1-28 柱在柱高 40cm 处内部存在明显腐朽或空洞问题，面积约占截面面积的 1/3，其余高度柱内部较为完整。如图 6-84~ 图 6-87、表 6-32 所示。

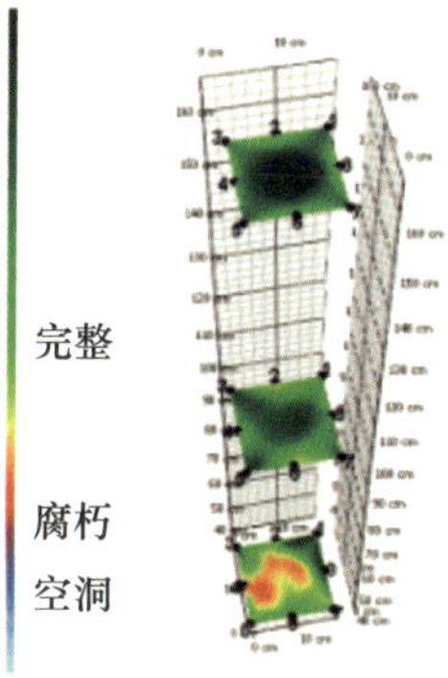

图 6-84 格桑颇章宫 Z1-28 柱多截面云图

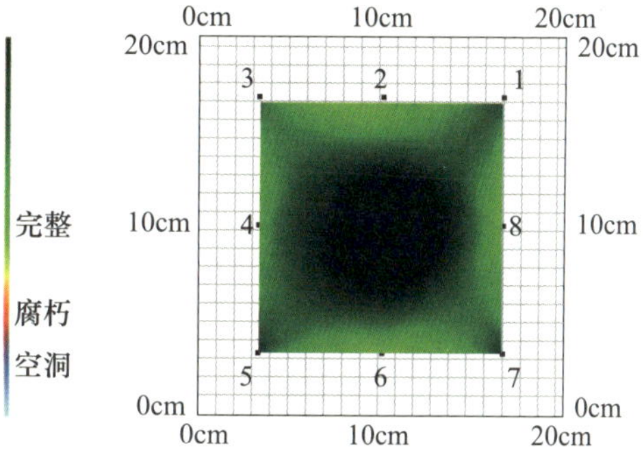

图 6-85 格桑颇章宫 Z1-28 柱截面 #3 平面云图

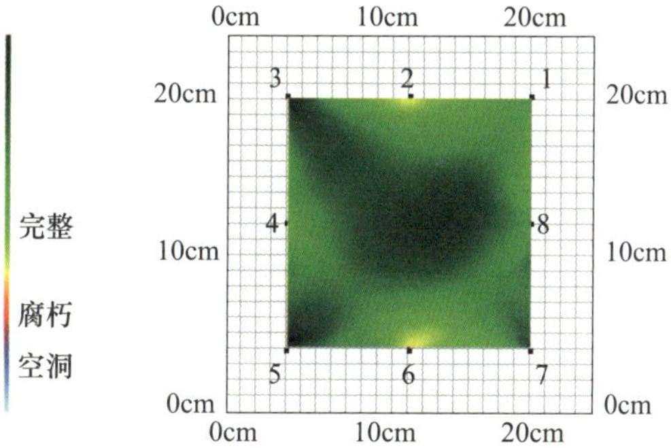

图 6-86 格桑颇章宫 Z1-28 柱截面 #2 平面云图

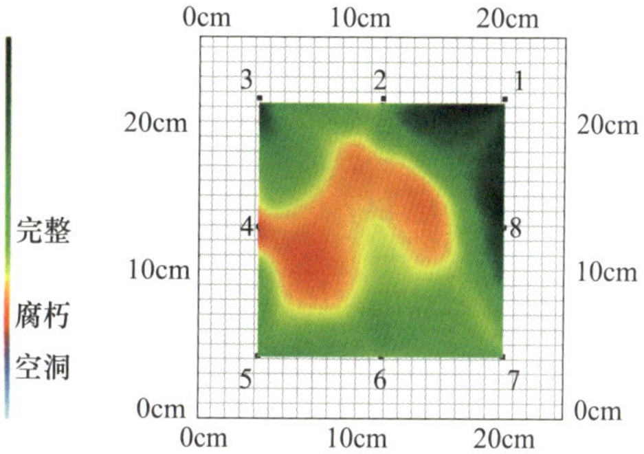

图 6-87 格桑颇章宫 Z1-28 柱截面 #1 平面云图

表 6-32 格桑颇章宫 Z1-28 柱截面信息

截面名称	检测高度（cm）	长（cm）	宽（cm）
截面 #3	160	14	14
截面 #2	100	16.4	16.4
截面 #1	40	17.5	17.5

根据应力波检测结果显示，格桑颇章宫 Z1-30 柱在柱高 20cm 处东北侧内部存在明显腐朽或空洞问题，面积约占截面面积的 1/5，其余高度柱内部较为完整。如图 6-88~图 6-91、表 6-33 所示。

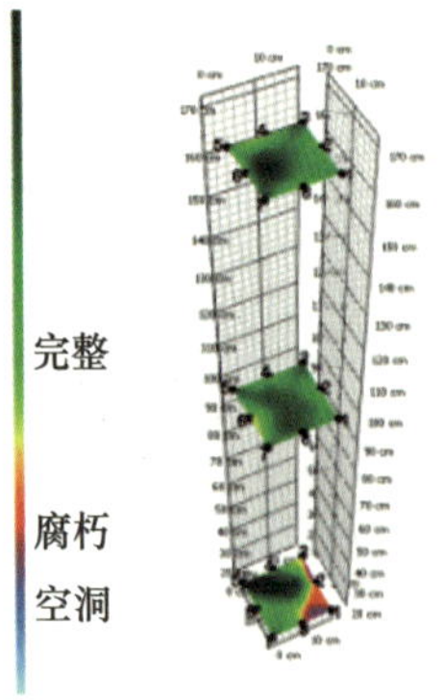

图 6-88　格桑颇章宫 Z1-30 柱多截面云图

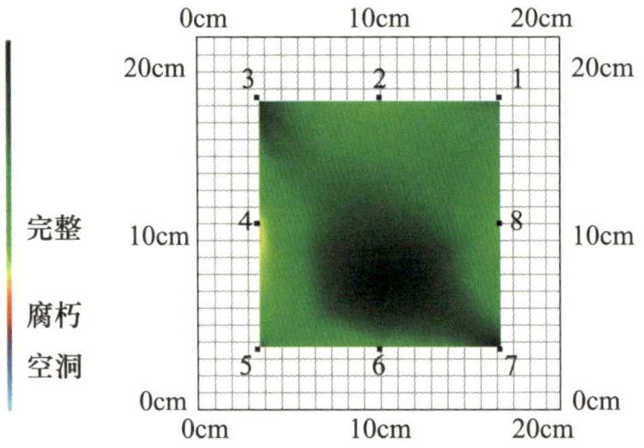

图 6-89　格桑颇章宫 Z1-30 柱截面 #3 平面云图

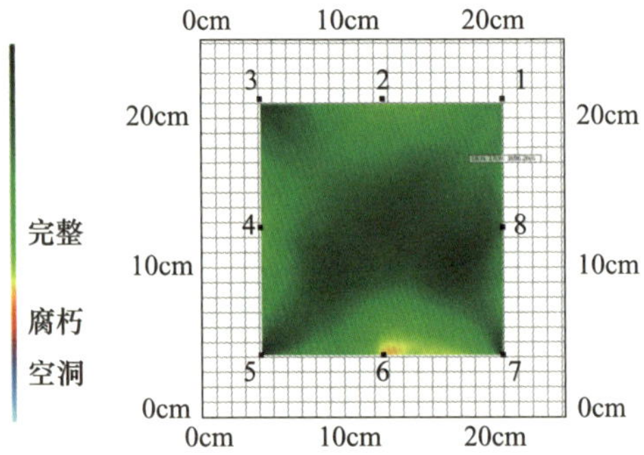

图 6-90　格桑颇章宫 Z1-30 柱截面 #2 平面云图

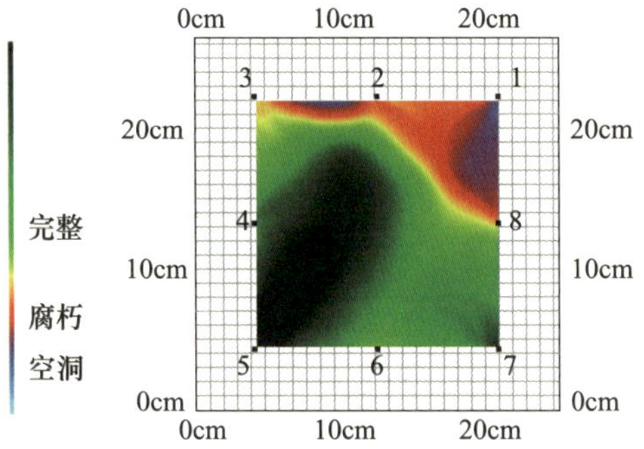

图 6-91　格桑颇章宫 Z1-30 柱截面 #1 平面云图

表 6-33　格桑颇章宫 Z1-30 柱截面信息

截面名称	检测高度（cm）	长（cm）	宽（cm）
截面 #3	165	15	15
截面 #2	100	17.2	17.2
截面 #1	20	18	18

根据应力波检测结果显示，格桑颇章宫 Z2-1 柱在北侧和西侧表面存在裂缝现象，柱内部较为完整，未发现腐朽或空洞问题。如图 6-92~ 图 6-95、表 6-34 所示。

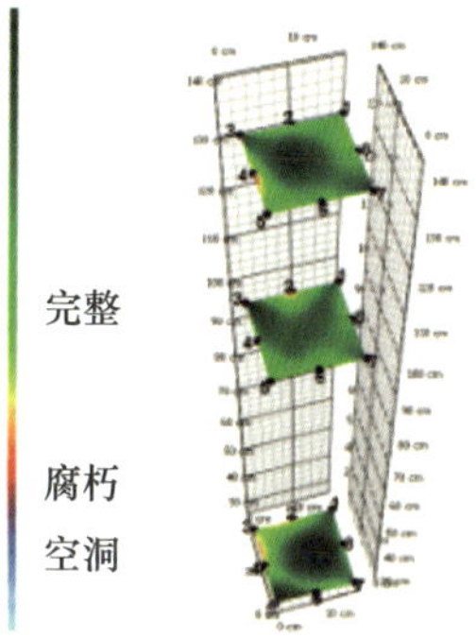

图 6–92　格桑颇章宫 Z2–1 柱多截面云图

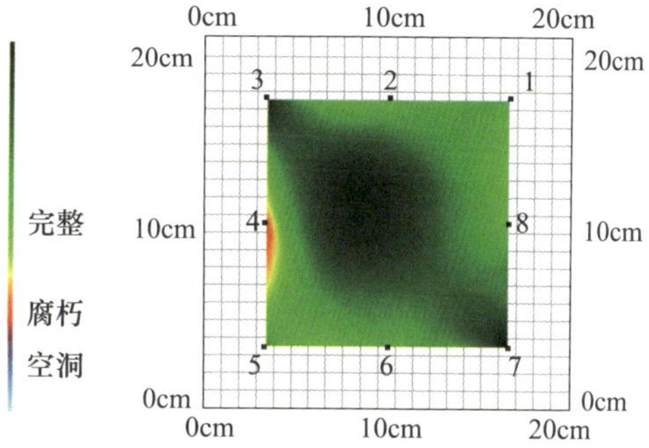

图 6–93　格桑颇章宫 Z2–1 柱截面 #3 平面云图

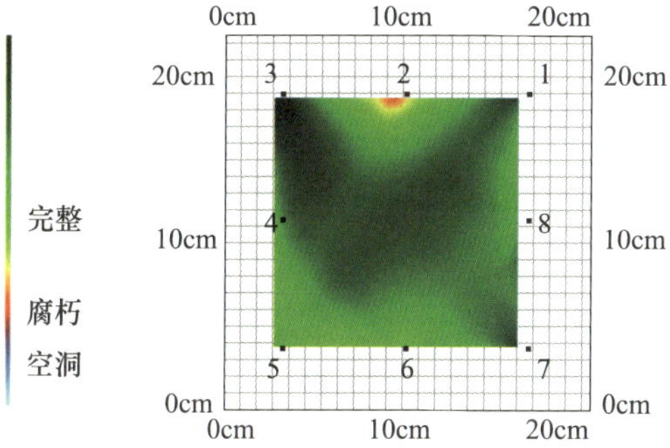

图 6–94　格桑颇章宫 Z2–1 柱截面 #2 平面云图

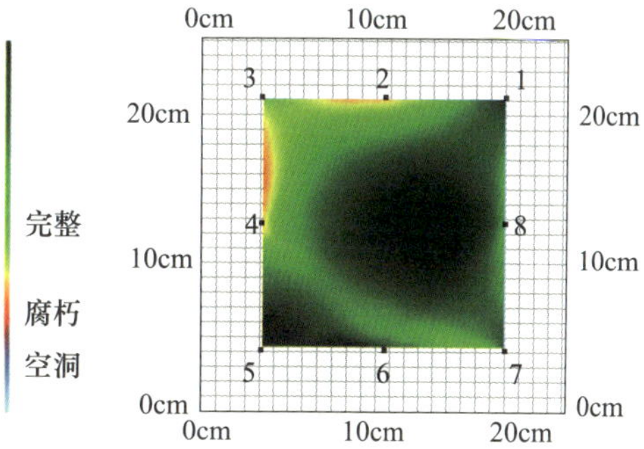

图 6–95　格桑颇章宫 Z2–1 柱截面 #1 平面云图

表 6–34　格桑颇章宫 Z2–1 柱截面信息

截面名称	检测高度（cm）	长（cm）	宽（cm）
截面 #3	135	14.4	14.4
截面 #2	100	15.4	15.4
截面 #1	25	17.2	17.2

根据应力波检测结果显示，格桑颇章宫 Z2-3 柱在柱高 120cm、20cm 处内部存在腐朽现象，最大腐朽面积约占截面面积的 1/5，其余位置柱内部较为完整。如图 6-96~图 6-99、表 6-35 所示。

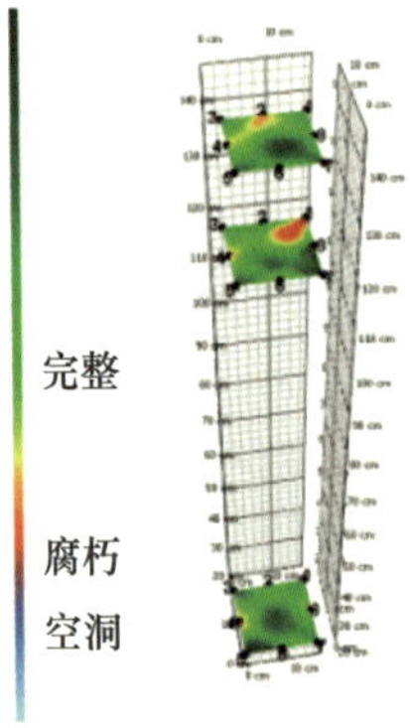

图 6-96　格桑颇章宫 Z2-3 柱多截面云图

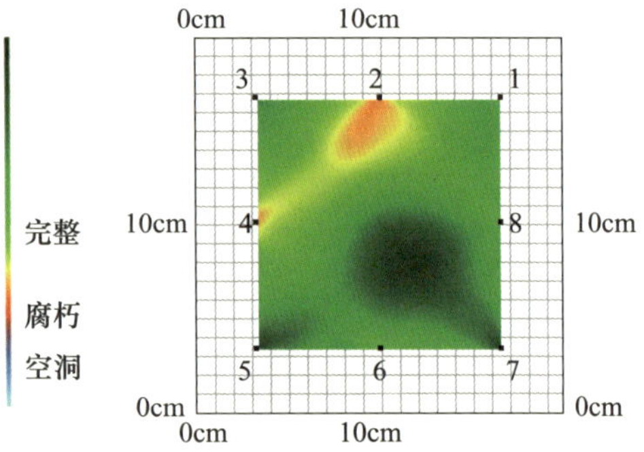

图 6-97　格桑颇章宫 Z2-3 柱截面 #3 平面云图

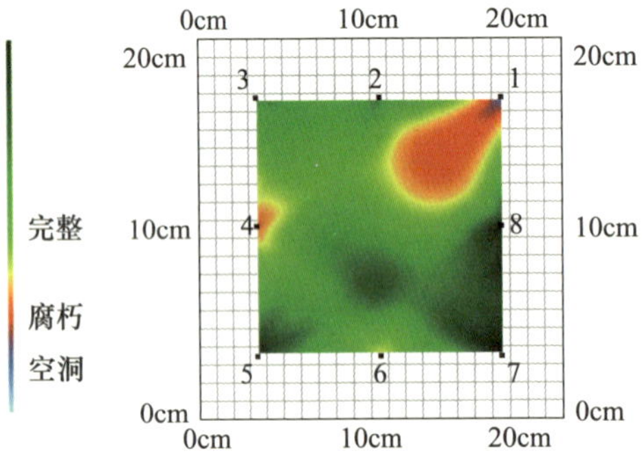

图 6-98　格桑颇章宫 Z2-3 柱截面 #2 平面云图

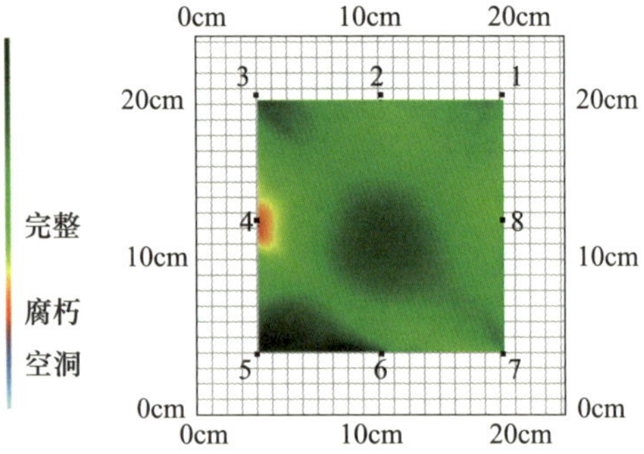

图 6-99　格桑颇章宫 Z2-3 柱截面 #1 平面云图

表 6-35　格桑颇章宫 Z2-3 柱截面信息

截面名称	检测高度（cm）	长（cm）	宽（cm）
截面 #3	140	13.6	13.6
截面 #2	120	14.4	14.4
截面 #1	20	16.6	16.6

根据应力波检测结果显示，格桑颇章宫 Z3-5 柱内部结构较为完整，未发现腐朽或空洞问题。如图 6-100~ 图 6-103、表 6-36 所示。

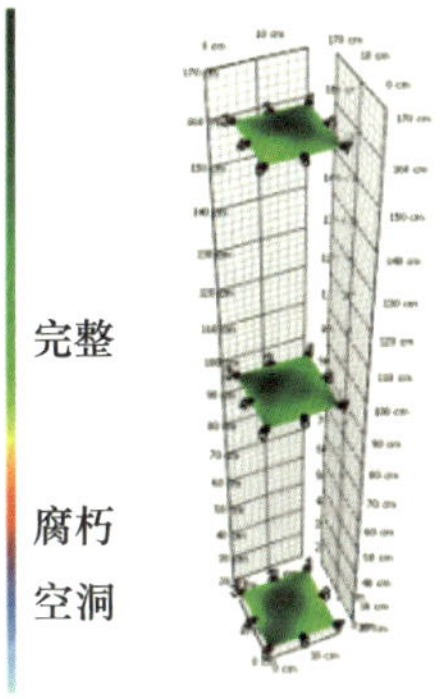

图 6-100 格桑颇章宫 Z3-5 柱多截面云图

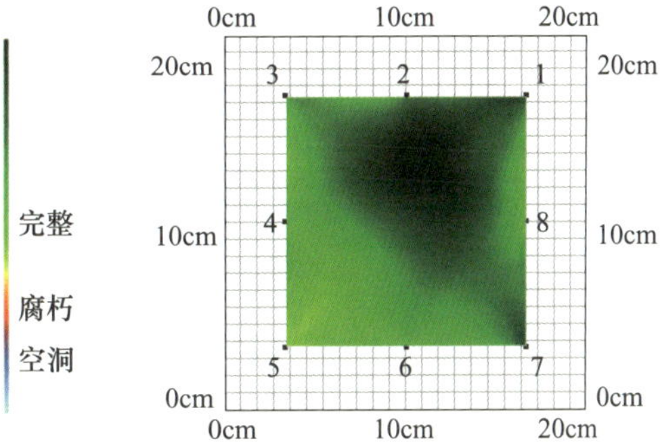

图 6-101 格桑颇章宫 Z3-5 柱截面 #3 平面云图

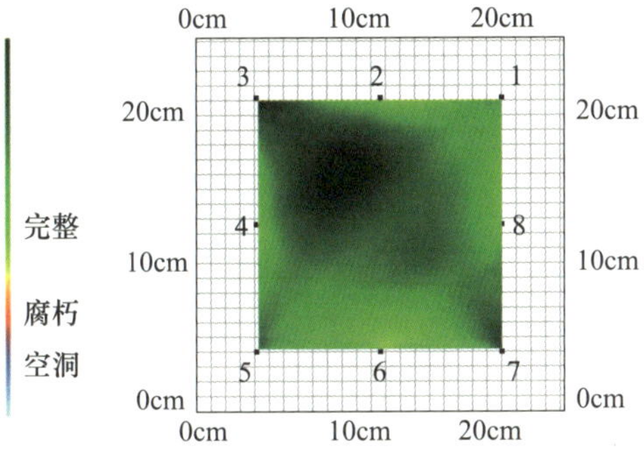

图 6-102 格桑颇章宫 Z3-5 柱截面 #2 平面云图

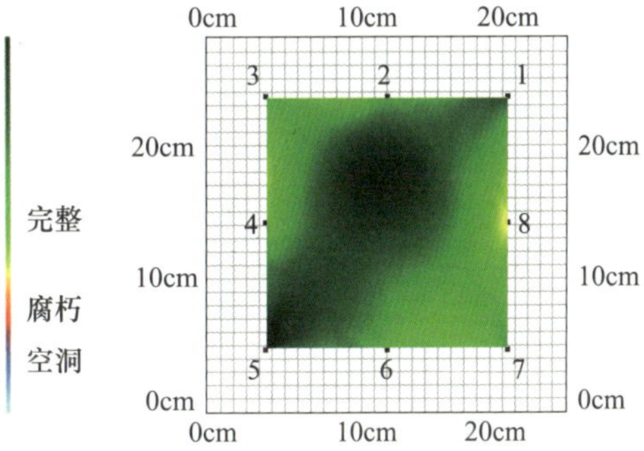

图 6-103 格桑颇章宫 Z3-5 柱截面 #1 平面云图

表 6-36 格桑颇章宫 Z3-5 柱截面信息

截面名称	检测高度（cm）	长（cm）	宽（cm）
截面 #3	160	15	15
截面 #2	100	17.2	17.2
截面 #1	20	19.2	19.2

根据应力波检测结果显示，格桑颇章宫 Z3-3 柱在柱高 20cm 处内部存在轻微腐朽现象，其余位置内部结构较为完整。如图 6-104～图 6-107、表 6-37 所示。

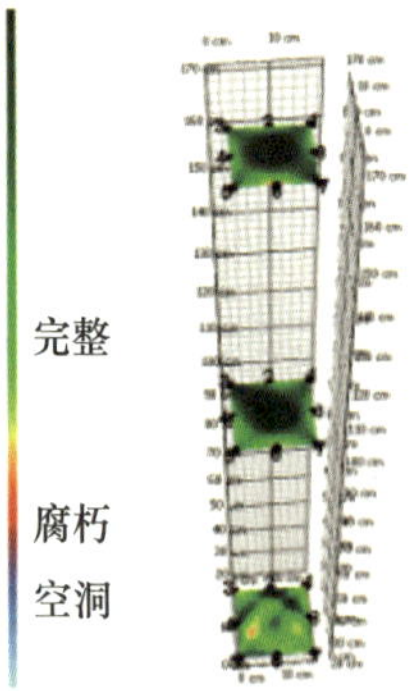

图 6-104　格桑颇章宫 Z3-3 柱多截面云图

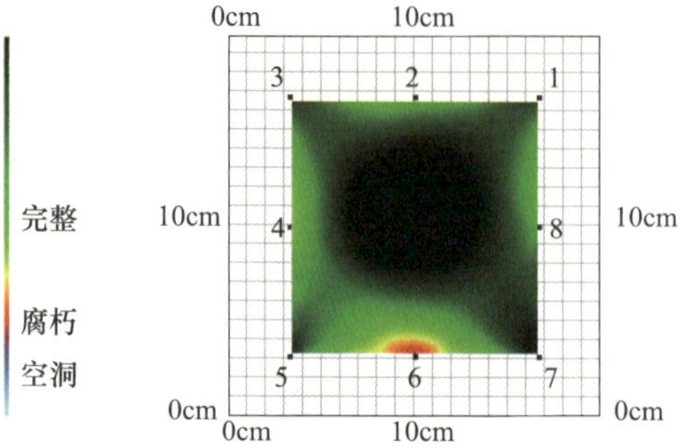

图 6-105　格桑颇章宫 Z3-3 柱截面 #3 平面云图

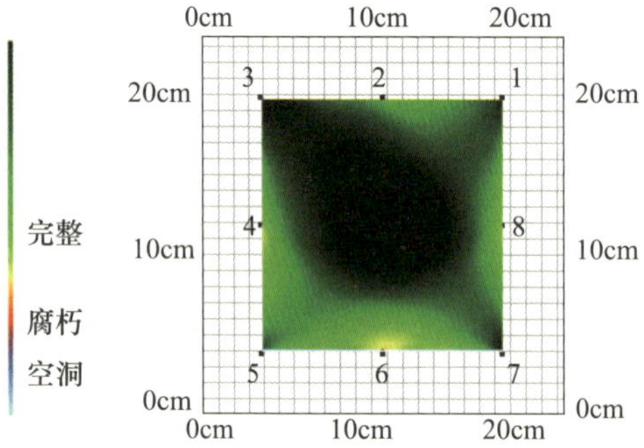

图 6-106　格桑颇章宫 Z3-3 柱截面 #2 平面云图

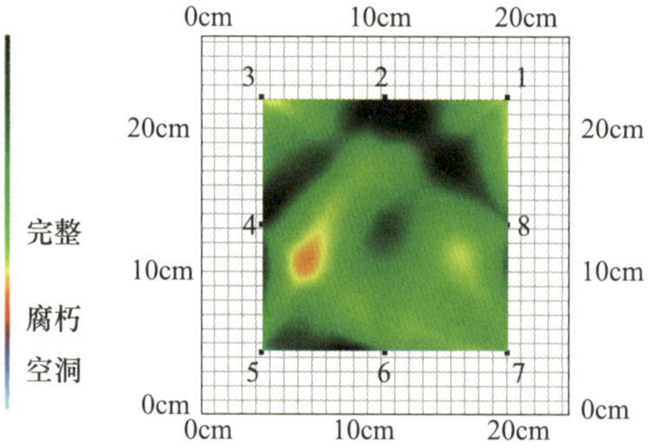

图 6-107　格桑颇章宫 Z3-3 柱截面 #1 平面云图

表 6-37　格桑颇章宫 Z3-3 柱截面信息

截面名称	检测高度（cm）	长（cm）	宽（cm）
截面 #3	164	13.6	13.6
截面 #2	100	16	16
截面 #1	20	18	18

4. 格桑德吉颇章宫检测结果

（1）梁检测结果。梁截面测点分布、检测方向及现场照片如图 6-108~ 图 6-110 所示。

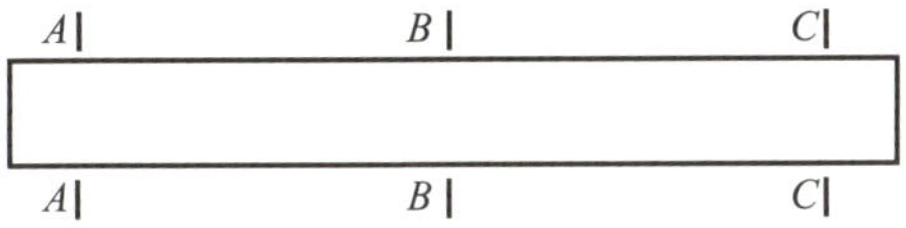

图 6-108　梁截面测点分布示意图

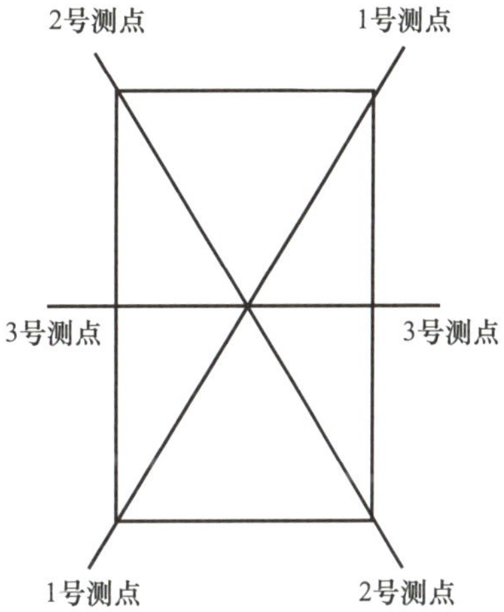

图 6-109　梁截面检测方向示意图

图 6-110　木材应力波测试仪现场检测

格桑德吉颇章宫有 2 层，共进行了 4 根梁的检测，检测结果如表 6-38 所示。

表 6-38　格桑德吉颇章宫木梁应力波检测结果

梁编号	检测截面	截面位置	检测路线	传播距离 (mm)	传播时间 (μs)			平均值 (μs)	传播速度 (m/s)
					1	2	3		
二层 2-4/B 梁	*A*	梁东端	A-1	440	529	499	504	510.7	861.6
			A-2	260	151	156	159	155.3	1673.8
			A-3	440	572	584	588	581.3	756.9
	B	梁跨中	B-1	440	451	469	474	464.7	946.9
			B-2	260	172	174	171	172.3	1508.7
			B-3	440	522	521	524	522.3	842.4

续表

梁编号	检测截面	截面位置	检测路线	传播距离 (mm)	传播时间 (μs)			平均值 (μs)	传播速度 (m/s)
					1	2	3		
二层 2-4/B 梁	*C*	梁西端	C-1	440	501	489	480	490.0	898.0
			C-2	260	161	163	160	161.3	1611.6
			C-3	440	478	490	510	492.7	893.1
二层 6/B-C 梁	*A*	梁南端	A-1	330	188	190	187	188.3	1752.2
			A-2	220	151	156	151	152.7	1441.0
			A-3	330	190	199	198	195.7	1686.5
	B	梁跨中	B-1	330	192	192	189	191.0	1727.7
			B-2	220	148	146	145	146.3	1503.4
			B-3	330	214	207	208	209.7	1573.9
	C	梁北端	C-1	330	200	201	199	200.0	1650.0
			C-2	220	151	147	145	147.7	1489.8
			C-3	330	199	209	205	204.3	1615.0
一层 3-4/C 梁	*A*	梁西端	A-1	364	211	212	223	215.3	1690.4
			A-2	220	127	130	135	130.7	1683.7
			A-3	364	225	223	230	226.0	1610.6
	B	梁跨中	B-1	364	254	250	253	252.3	1442.5
			B-2	220	134	130	134	132.7	1658.3
			B-3	364	559	552	565	558.7	651.6
	C	梁东端	C-1	364	358	358	356	357.3	1018.7
			C-2	220	140	150	144	144.7	1520.7
			C-3	364	346	345	350	347.0	1049.0
一层 3-4/B 梁	*A*	梁南端	A-1	340	308	304	302	304.7	1116.0
			A-2	230	166	164	165	165.0	1393.9
			A-3	340	213	208	210	210.3	1616.5

续表

梁编号	检测截面	截面位置	检测路线	传播距离 (mm)	传播时间 (μs)			平均值 (μs)	传播速度 (m/s)
					1	2	3		
一层 3-4/B 梁	*B*	梁跨中	B-1	340	200	205	196	200.3	1697.2
			B-2	230	134	133	133	133.3	1725.0
			B-3	340	218	217	218	217.7	1562.0
	C	梁北端	C-1	340	229	225	224	226.0	1504.4
			C-2	230	129	128	127	128.0	1796.9
			C-3	340	207	201	206	204.7	1661.2

根据检测结果，一层 3-4/C 梁及二层 2-4/B 梁的多条测线中，应力波传播速度小于 1041m/s。其中，二层 2-4/B 梁应力波速降幅最大可达 27%，一层 3-4/C 梁的应力波速降幅最大则为 37%。经现场检查，这两条梁的所测位置均存在裂缝，因此波速降低与梁开裂存在关联。而其余所测梁的应力波速均大于临界波速，这表明梁的内部没有腐朽或空洞现象。

（2）柱检测结果。根据检测结果对每根柱的内部残损情况进行分析，图 6-111 为截面传感器分布，图 6-112 为 FAKOPP 3D 应力波现场检测。

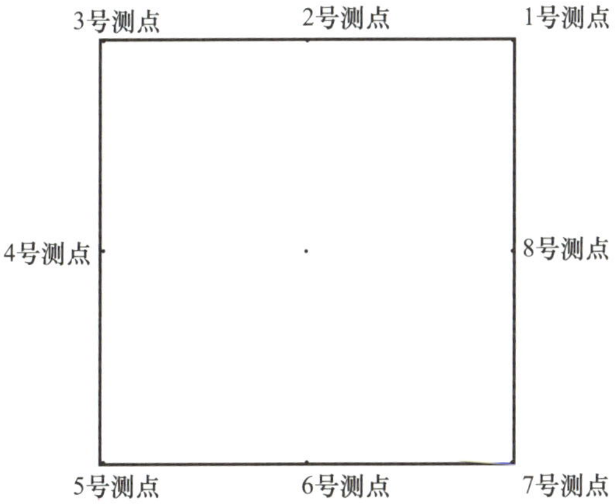

图 6-111　截面传感器分布图

图 6-112　FAKOPP 3D 应力波现场检测

根据应力波检测结果显示，格桑德吉颇章宫一层 2/B 柱在柱高 25cm 处北侧表面、柱高 170cm 处东侧表面存在小面积腐朽或空洞现象，其余位置内部结构较为完整。如图 6-113~ 图 6-116、表 6-39 所示。

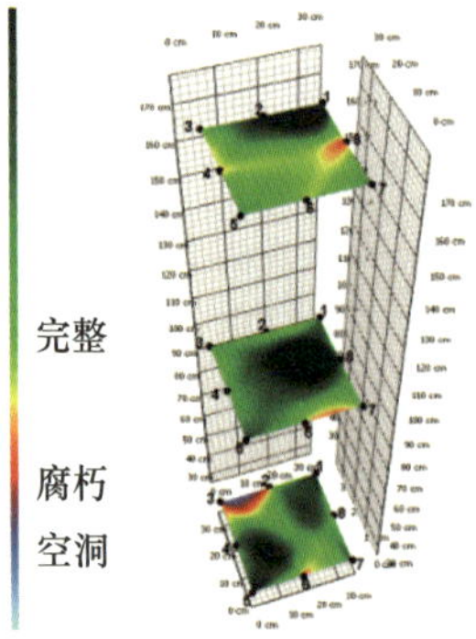

图 6-113　格桑德吉颇章宫一层 2/B 柱多截面云图

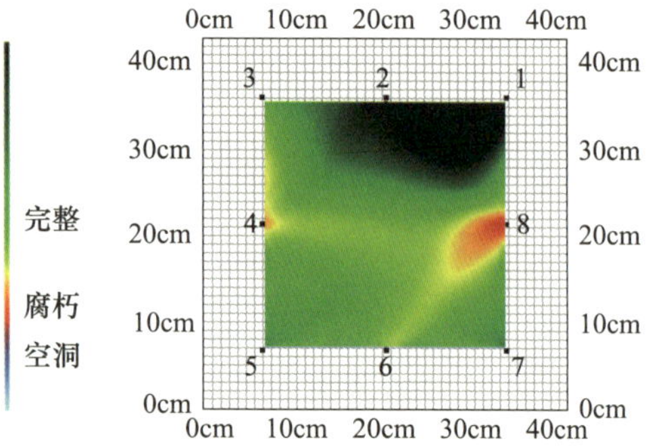

图 6-114　格桑德吉颇章宫一层 2/B 柱截面 #3 平面云图

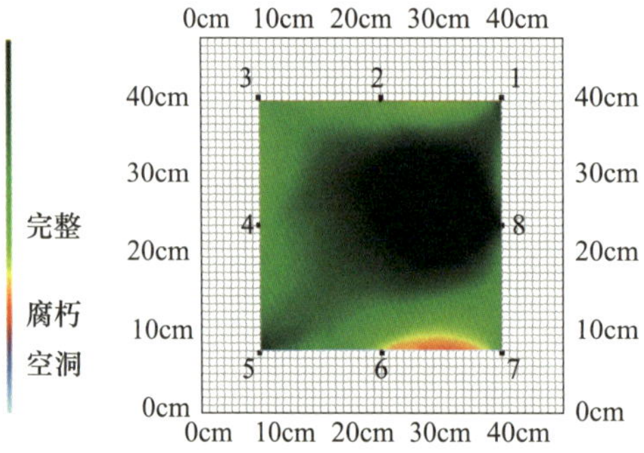

图 6-115　格桑德吉颇章宫一层 2/B 柱截面 #2 平面云图

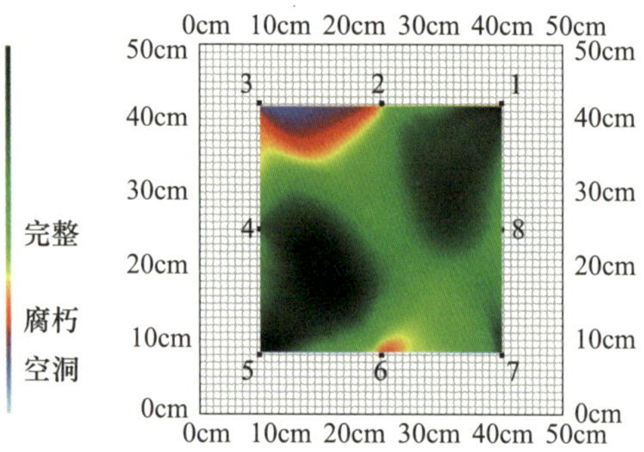

图 6-116　格桑德吉颇章宫一层 2/B 柱截面 #1 平面云图

表 6-39　格桑德吉颇章宫一层 2/B 柱截面信息

截面名称	检测高度（cm）	长（cm）	宽（cm）
截面 #3	170	29	29
截面 #2	100	32.5	32.5
截面 #1	25	34	34

根据应力波检测结果显示，格桑德吉颇章宫一层 3/C 柱内部结构较为完整，未发现腐朽或空洞问题。如图 6-117~ 图 6-120、表 6-40 所示。

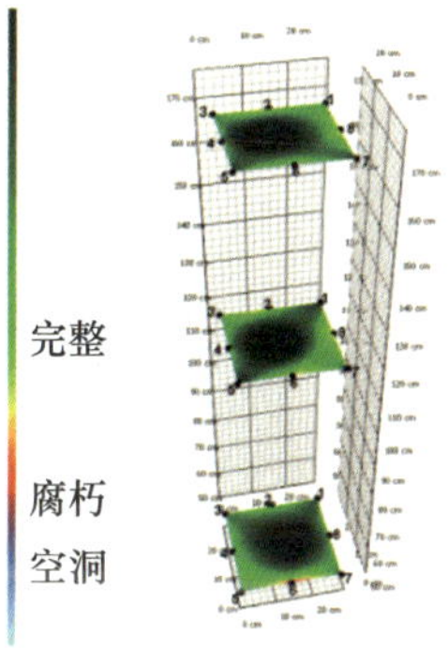

图 6-117 格桑德吉颇章宫一层 3/C 柱多截面云图

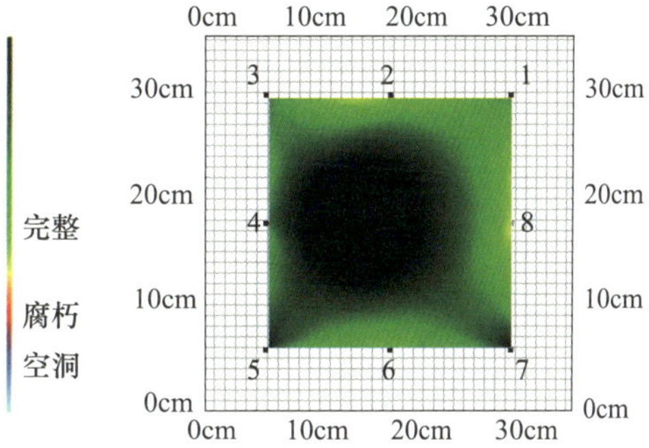

图 6-118 格桑德吉颇章宫一层 3/C 柱截面 #3 平面云图

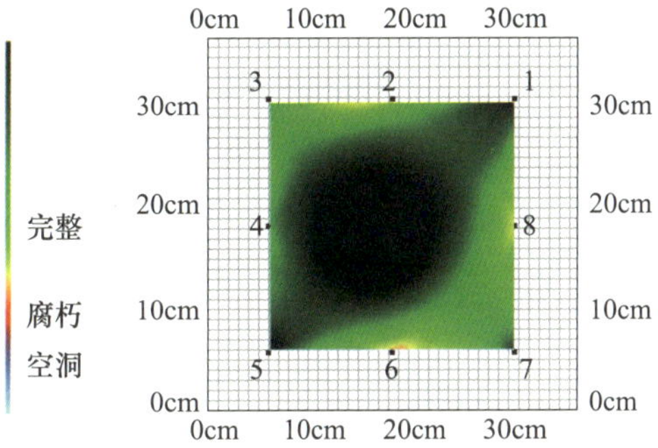

图 6-119 格桑德吉颇章宫一层 3/C 柱截面 #2 平面云图

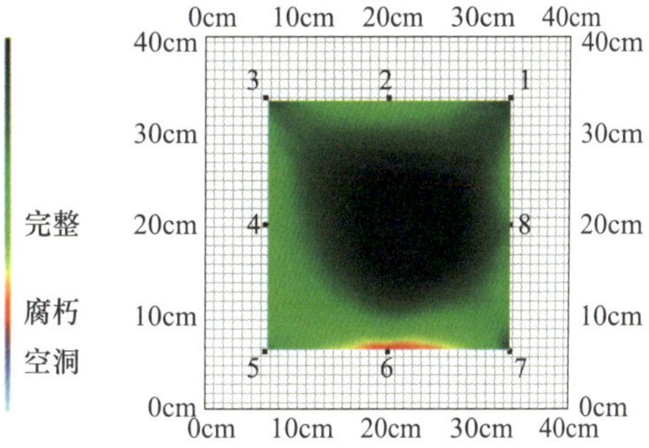

图 6-120 格桑德吉颇章宫一层 3/C 柱截面 #1 平面云图

表 6-40 格桑德吉颇章宫一层 3/C 柱截面信息

截面名称	检测高度（cm）	长（cm）	宽（cm）
截面 #3	170	24	24
截面 #2	120	25	25
截面 #1	50	27.5	27.5

根据应力波检测结果显示，格桑德吉颇章宫一层 3/B 柱南侧表面存在开裂现象，内部结构较为完整，未发现腐朽或空洞问题。如图 6-121～图 6-124、表 6-41 所示。

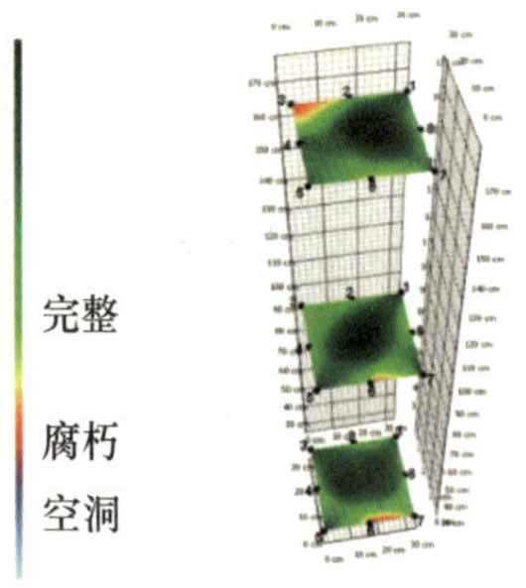

图 6-121　格桑德吉颇章宫一层 3/B 柱多截面云图

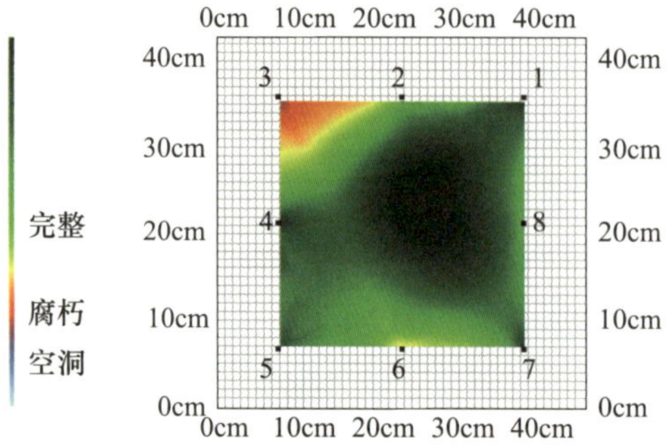

图 6-122　格桑德吉颇章宫一层 3/B 柱截面 #3 平面云图

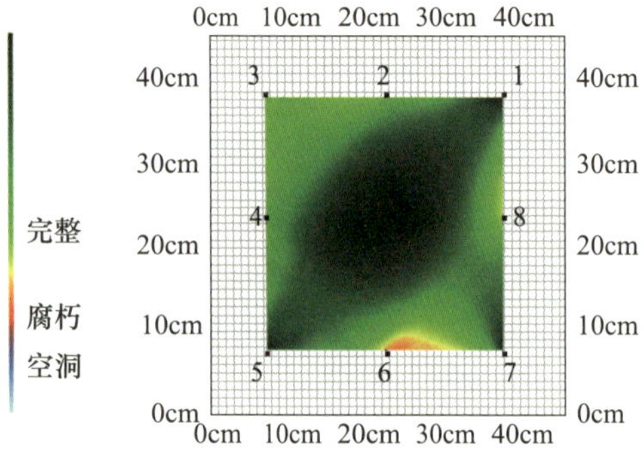

图 6-123　格桑德吉颇章宫一层 3/B 柱截面 #2 平面云图

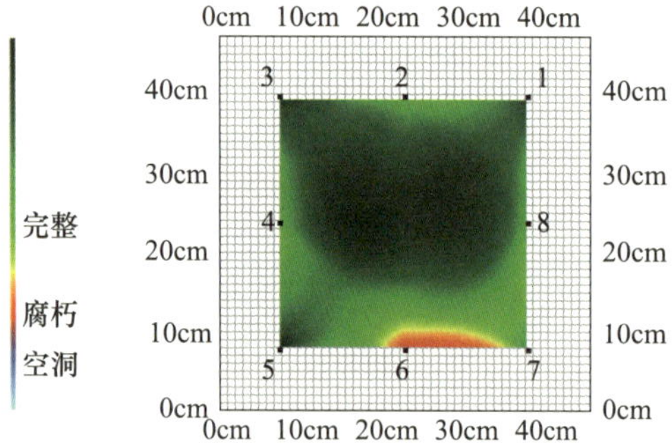

图 6-124　格桑德吉颇章宫一层 3/B 柱截面 #1 平面云图

表 6-41　格桑德吉颇章宫一层 3/B 柱截面信息

截面名称	检测高度（cm）	长（cm）	宽（cm）
截面 #3	170	24	24
截面 #2	120	25	25
截面 #1	50	27.5	27.5

7

CHAPTER SEVEN

结构动力特性

测试技术

7.1 检验目的

振动检测是指通过脉冲作用采集振动数据的仪器设备对建筑物在振动作用下的响应进行检测。对于文物建筑来说，测振是评估其结构健康的重要手段。文物建筑由于历史悠久，存在材料老化、结构复杂等问题，且常受到环境或人为因素引发的振动影响，所以开展测振检测具有重要意义。

在结构顶层顶部的东北和西南角部布设测点，以此确定坚塞颇章宫、格桑德吉颇章宫、格桑颇章宫周围交通运输及其他振源所引起的结构振动，是否符合《古建筑防工业振动技术规范》(GB/T 50452—2008)中的容许值要求。

7.1.1 评估建筑结构的安全性

结构损伤评估：文物建筑因长期暴露于自然环境，可能已出现裂缝、材料劣化等隐患。通过测振分析振动响应，能够判断建筑结构是否存在损伤或潜在破坏点。

应力集中检测：振动作用会使文物建筑的某些部分出现应力集中现象，特别是在墙体、拱顶等结构脆弱区域。测振有助于发现这些应力集中点，并评估其对建筑整体安全性的影响。

7.1.2 判断外部环境振动的影响

交通与施工振动评估：文物建筑周边的交通活动（如地铁运行、汽车行驶）以及施工作业（如打桩、挖掘）等都会产生振动，这些振动可能会对建筑结构造成长期影响。通过开展测振检测，能够判断这些外部振动源是否对文物建筑构成威胁。

自然灾害影响评估：诸如地震这类自然振动，会对文物建筑造成强烈冲击。借助测振手段，可以评估建筑物在面对自然灾害时的承载能力，进而为防护与加固措施提供依据。

7.1.3 为修缮和加固工程提供依据

程提供科学依据。修缮工程中的加固措施可以根据测振数据进行调整，以确保修缮效果的有效性。

修缮前后的对比检测：在修缮工程前后进行测振检测，可以评估修缮措施对建筑物振动特性的影响，确保建筑物在加固后的安全性得到改善。

7.1.4 非破坏性检测的优势

避免对文物建筑的二次损伤：文物建筑的脆弱性使得传统的破坏性检测方法不适合。测振作为一种非破坏性检测手段，可以在不对建筑结构造成额外破坏的情况下，获得其振动特性和结构状态的数据。

7.2 振动检测中的关键数据

在文物建筑的振动检测中，墙体的水平向振动速度是一个至关重要的指标，它反映了建筑物在外部横向振动力作用下的响应。以下是关于水平向振动速度的检测要点。

7.2.1 振动速度的定义

振动速度：是指墙体在受到振动作用时，单位时间内的位移变化速率。与位移和加速度相比，振动速度能够直接反映出振动强度。

水平向振动速度：重点监测的是墙体在水平方向的振动速度，这是文物建筑在受到横向振动（如地震、风力或车辆振动）时的主要动态响应指标。

水平向振动速度是分析建筑物受力情况的关键数据之一，通过对它的监测与分析，能够帮助判断建筑物是否存在潜在的结构不稳或变形风险。

7.2.2 测振方法

使用加速度传感器或速度传感器：常用的测振仪器为加速度传感器，它可以测量墙体的加速度，通过对所测数据进行积分运算，即可得到振动速度。此外也可直接使用振动速度传感器进行检测工作。

多点布置：为了精确检测墙体各个部分的振动情况，通常会在墙体的不同高度和位置布置多个传感器，以此获取全面的振动数据。

数据分析：依据不同点的振动速度数据，可以分析墙体的振动模式，找出振动幅度较大或受力较集中的区域，并结合建筑模型进行风险评估。

7.2.3 检测依据及评定标准

1. 检测依据

（1）《古建筑防工业振动技术规范》（GB/T 50452—2008）

（2）《工程隔振设计标准》（GB 50463—2019）

（3）《建筑振动工程手册》

2. 评定标准

《古建筑防工业振动技术规范》（GB/T 50452—2008）第 3.2.1 条及第 3.2.2 条分别对古建筑石结构及古建筑木结构的水平向容许振动速度做了相应规定，详细规定见表 7-1 及表 7-2。

表 7–1 古建筑石结构的容许振动速度 [*v*]（mm/s）

保护级别	控制点位置	控制点方向	石砌体 V_p(m/s)		
			＜2300	2300~2900	＞2900
全国重点文物保护单位	承重结构最高处	水平	0.20	0.20~0.25	0.25
省级文物保护单位	承重结构最高处	水平	0.36	0.36~0.45	0.45
市、县级文物保护单位	承重结构最高处	水平	0.60	0.60~0.75	0.75

注：当 V_p 介于 2300~2900m/s 之间时，[*v*] 采用插入法取值。

表 7–2 古建筑木结构的容许振动速度 [*v*]（mm/s）

保护级别	控制点位置	控制点方向	顺木纹 V_p(m/s)		
			＜4600	4600~5600	＞5600
全国重点文物保护单位	顶层柱顶	水平	0.18	0.18~0.22	0.22
省级文物保护单位	顶层柱顶	水平	0.25	0.25~0.30	0.30
市、县级文物保护单位	顶层柱顶	水平	0.29	0.29~0.35	0.35

注：当 V_p 介于 4600~5600m/s 之间时，[*v*] 采用插入法取值。

7.2.4　测试准备

1. 检测仪器

在数据采集过程中，采用 3062C 型分布式采集仪和 941B 型超低频拾振器。

（1）3062C 型分布式采集仪

3062C 型分布式采集仪（图 7-1）具有以太网口和无线 WI-FI 接口，可自由选择有线或无线方式进行网络连接。该采集仪内置嵌入式计算机系统，具有 16GB 的存储容量以及大容量电池，在无外供电的情况下，能够脱机独立自动工作，非常适合本项目。

3062C 型分布式采集仪适用于分布式、多测点、远距离或无线传输的振动、噪声、冲击、应变、压力、电压等各种物理量信号的采集工作。它与 DASP 软件连接后，能够构建出一百余项先进技术的高性能数据采集和信号处理系统。在本项目中，该采集仪可与 941B 型超低频拾振器协同工作，共同完成数据采集与分析任务。

图 7-1　3062C 型分布式采集仪

（2）941B 型超低频拾振器

941B 型超低频拾振器（图 7-2）是一款用于超低频或低频振动测量的多功能仪器，它主要应用于地面和结构物的脉动测量，一般结构物的工业振动测量、高柔结构物的超低频大幅度测量以及微弱振动测量等领域。该拾振器采用了无源闭环伺服技术，以此获得良好的超低频特性。该拾振器设有加速度、小速度、中速度和大速度四个档位。其配套的放大器具有放大、积分、高陡度滤波以及阻抗变换的功能。用户可依据需要，选取拾振器上微型拨动开关及放大器上参数选择开关对应的档位，获取测点的加速度、速度或位移参量，同时还能选择不同的频带和滤波陡度。此仪器具有体积小、质量轻、使用方便、分辨率高、动态范围大及一机多用等特点。它可直接与各种记录器及数据采集系统配接。941B 型超低频拾振器主要技术指标如表 7-3 所示。

图 7–2　941B 型超低频拾振器

表 7–3　941B 型超低频拾振器主要技术指标

档位	代表物理量	灵敏度	加速度 / 速度量程	位移最大量程（mm）	通频带（Hz）	分辨率(m/s)
1	加速度	0.3V/（m/s^2）	0~20m/s^2	—	0.25~80	5×10^{-6}
2	小速度	23V/（m/s）	0~0.125m/s	20	1~100	4×10^{-8}
3	中速度	2.4V/（m/s）	0~0.3m/s	200	0.25~100	4×10^{-7}
4	大速度	0.8V/（m/s）	0~0.6m/s	500	0.17~100	1.6×10^{-6}

2. 测点布置

在坚塞颇章宫的测试过程中，首先确定测点位置并做好标记。本次振动检测共布置 4 个测点，分别为测点 1 至测点 4。其中，在石砌墙体顶部布置测点 1 和测点 2，在木柱顶部布置测点 3 和测点 4，测点平面布置如图 7-3 所示。

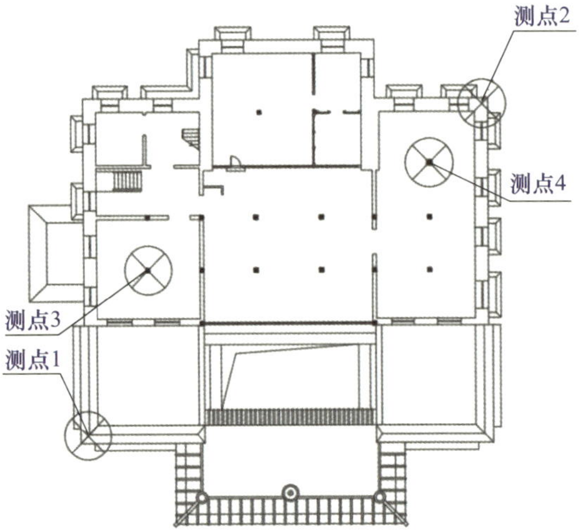

图 7–3　坚塞颇章宫测点平面布置图

格桑颇章宫振动测点布置在以下 16 个位置：二楼正殿内侧、二楼室外正中、二楼室外西南角、二楼室外东南角、二楼室外楼顶、二楼室外楼顶西南、二楼室外楼顶正中、二楼正殿东北、二楼正殿西北、二楼正殿正中、三楼正殿室内、三楼楼顶西南、三楼楼顶东南、三楼楼顶东北、三楼楼顶西北、三楼楼顶天台。具体测点布置情况如图 7-4~ 图 7-19 所示。

图 7–4　格桑颇章二楼正殿内侧

图 7–5　格桑颇章二楼室外正中

图 7–6　格桑颇章二楼室外西南角

图 7–7　格桑颇章二楼室外东南角

图 7–8　格桑颇章二楼室外楼顶

图 7–9　格桑颇章二楼室外楼顶西南

图 7-10　格桑颇章二楼室外楼顶正中

图 7-11　格桑颇章二楼正殿东北

图 7-12　格桑颇章二楼正殿西北

图 7-13　格桑颇章二楼正殿正中

图 7-14　格桑颇章三楼正殿室内

图 7-15　格桑颇章三楼楼顶西南

图 7-16 格桑颇章三楼楼顶东南

图 7-17 格桑颇章三楼楼顶东北

图 7-18 格桑颇章三楼楼顶西北

图 7-19 格桑颇章三楼楼顶天台

格桑德吉颇章宫振动测点布置在以下 6 个位置：二楼正殿正中、屋面东北角、屋面东南角、屋面西北角、屋面西南角、屋面正中。具体测点布置情况，如图 7-20~ 图 7-25 所示。

图 7-20 格桑德吉颇章宫二楼正殿正中

图 7-21 格桑德吉颇章宫屋面东北角

图 7-22　格桑德吉颇章宫屋面东南角

图 7-23　格桑德吉颇章宫屋面西北角

图 7-24　格桑德吉颇章宫屋面西南角

图 7-25　格桑德吉颇章宫屋面正中

3. 参数设置

检测参数设置：经过预检测，决定采用 941B 型超低频拾振器进行测量。拾振器档位选择第二档，其灵敏度约为 23V/（m/s），通频带范围设定为 1~100Hz。采样率设置为 64Hz，数据长度为 30K。检测过程如图 7-26~ 图 7-29 所示。

图 7-26　检测点位置选取

图 7-27　941B 型超低频拾振器安装

图 7–28　检测系统连接

图 7–29　数据采集分析

7.2.5　检测结果

1. 坚塞颇章宫

在对石砌墙体进行检测时，主要是得到墙体角部的水平向振动加速度，以此判断坚塞颇章宫周边交通及其他未知振源对石砌墙体的影响程度，以及是否符合古建筑结构的容许振动标准。同时，还需测定墙体结构的自振频率和阻尼比。在检测过程中，由于建筑物刚度较大，且现场未出现大风或其他较大激励，因此未获得振型信息。

振动检测采用 DASP V10 软件对数据进行后处理，从而得到测点的振动速度、振动加速度及动力特性数据，检测结果如表 7-4 所示。

表 7–4　坚塞颇章宫石砌墙体水平向振动速度检测结果

测点	水平向振动速度	允许振动速度 (mm/s)
1	0.094	0.20
2	0.062	0.20

小结：通过对坚塞颇章宫石砌墙体顶部两个测点的振动数据进行计算分析，得出石结构顶部水平向最大振动速度为 0.094mm/s，该数值远低于《古建筑防工业振动技术规范》(GB/T 50452—2008) 中所规定的容许振动速度。这表明，坚塞颇章宫结构周边交通运输及其他未知振源所产生振动，不会对其结构安全造成有害影响。

2. 格桑颇章宫

对格桑颇章宫的振动测试数据进行分析，得到各个测点的水平向振动速度峰值，垂向振动加速度级以及自振频率，具体分析结果如表 7-5 所示。

表 7-5　格桑颇章宫振动测试分析结果

位置	测点方向	振动速度峰值（mm/s）	振动加速度级（dB）	自振频率（Hz）
二楼正殿内侧	东西	0.02	—	4.25
	南北	0.04	—	3.5
	垂直	—	56.69	8.75
二楼室外正中	东西	0.04	—	4.25
	南北	0.05	—	3.5
	垂直	—	64.9	19.25
二楼室外西南角	东西	0.06	—	7.75
	南北	0.05	—	6.75
	垂直	—	58.38	11
二楼室外东南角	东西	0.05	—	7.75
	南北	0.05	—	6.75
	垂直	—	59.65	12.75
二楼室外楼顶	东西	0.07	—	4.25
	南北	0.14	—	3.5
	垂直	—	63.4	11.75
二楼室外楼顶西南	东西	0.1	—	4.25
	南北	0.11	—	3.5
	垂直	—	70	15.5
二楼室外楼顶正中	东西	0.03	—	7.75
	南北	0.03	—	5.75
	垂直	—	64.08	13.25
二楼正殿东北	东西	0.08	—	4.25
	南北	0.11	—	3.5
	垂直	—	69.9	17
二楼正殿西北	东西	0.09	—	4.25
	南北	0.14	—	3.5
	垂直	—	69.9	15.5

续表

位置	测点方向	振动速度峰值（mm/s）	振动加速度级（dB）	自振频率（Hz）
二楼正殿正中	东西	0.08	—	4.25
	南北	0.2	—	3.5
	垂直	—	67.22	11.5
三楼正殿室内	东西	0.05	—	4.25
	南北	0.07	—	3.5
	垂直	—	66.92	8.75
三楼楼顶西南	东西	0.08	—	4.25
	南北	0.09	—	3.5
	垂直	—	61.1	17.25
三楼楼顶东南	东西	0.07	—	4.25
	南北	0.08	—	3.5
	垂直	—	56.24	17.75
三楼楼顶东北	东西	0.09	—	4.25
	南北	0.18	—	3.5
	垂直	—	62.21	16.5
三楼楼顶西北	东西	0.06	—	4.25
	南北	0.08	—	3.5
	垂直	—	59.61	15.25
三楼楼顶天台	东西	0.28	—	4.25
	南北	0.36	—	3.5
	垂直	—	67.36	8.75

小结：格桑颇章宫 16 个位置共 48 个测点的水平向最大振动速度，远小于《建筑工程容许振动标准》（GB 50868—2013）中所规定的，对于具有保护价值的建筑顶层楼面处容许振动速度峰值 2.5mm/s 这一限值；加速度级在 56~70dB 之间，均小于《机械工业环境保护设计规范》（GB 50894—2013）中关于城市地区交通干线道路两侧建筑铅直向振级容许值为 72dB 这一限值。由此推算得出，因交通运输、众多游客参观等产生的振

动，不会对格桑颇章宫的结构安全、附近环境及人体舒适性造成不利影响。

3. 格桑德吉颇章宫

对格桑德吉颇章宫的振动测试数据进行分析，得到各个测点的水平向振动速度峰值，垂向振动加速度级以及自振频率，具体分析结果如表 7-6 所示。

表 7–6　格桑德吉颇章宫振动测试分析结果

位置	测点方向	振动速度峰值（mm/s）	振动加速度级（dB）	自振频率（Hz）
二楼正殿正中	东西	0.04	—	4.75
	南北	0.05	—	4.25
	垂直	—	64.65	10.75
三楼西南角	东西	0.05	—	4.75
	南北	0.07	—	4.25
	垂直	—	56.88	12
三楼东南角	东西	0.05	—	4.75
	南北	0.04	—	4.25
	垂直	—	51.68	13
三楼东北角	东西	0.08	—	4.75
	南北	0.07	—	4.25
	垂直	—	59.69	6.25
三楼西北角	东西	0.08	—	4.75
	南北	0.1	—	4.25
	垂直	—	61.02	6.25
三楼楼顶正中	东西	0.07	—	4.75
	南北	0.06	—	4.25
	垂直	—	63.88	8

小结：格桑德吉颇章宫 6 个位置共 18 个测点的水平向最大振动速度，远小于

《建筑工程容许振动标准》(GB 50868—2013)中所规定的，对于具有保护价值的建筑顶层楼面处容许振动速度峰值 2.5mm/s 这一限值；加速度级在 51~65dB 之间，均小于《机械工业环境保护设计规范》(GB 50894—2013)中关于城市地区交通干线道路两侧建筑铅直向振级容许值为 72dB 这一限值。由此推算得出，因交通运输、众多游客参观等产生的振动，不会对格桑德吉颇章宫结构安全、附近环境及人体舒适性造成不利影响。

8

CHAPTER EIGHT

世界遗产地文物建筑安全鉴定

——建筑结构验算分析

8.1 文物建筑验算分析的特点

在对古建筑进行验算分析时，需充分考虑其独特的历史背景与结构特性。因此，在验算分析时，必须对文物建筑的材料特性、连接节点以及工艺技法有准确的认识，如此才能在进行有限元分析时做到更加准确。此外，在验算分析过程时，还可将结果与前文所述的振动检测数据进行比对和印证。

8.1.1 材料特性的复杂性

1. 木材的非均质性

古建筑中的木结构，由于木材具有天然的非均质性和各向异性，在进行验算时，需充分考虑木材在纵向、横向和径向的不同力学性质。木材的强度和弹性模量会因树种、生长环境以及使用时间等因素而有所差异。

2. 砖石的老化和劣化

古建筑的砖石结构由于年代久远，会出现老化、风化以及裂缝等现象。这些劣化问题会对砖石材料的力学性能产生影响。所以在验算分析时，需着重考虑材料的实际状态，而不能仅依据其原始性能进行计算。

8.1.2 结构类型与构造的独特性

1. 木结构的传统连接方式

古建筑的木结构通常采用榫卯结构、木钉或铁件等传统连接方式，这些连接方式在刚度和强度方面，与现代标准化的连接方式（如焊接、螺栓连接）存在显著差异，所以在分析过程中，对这些传统连接方式进行特殊处理。

2. 砖石的砌筑工艺差异

古建筑中的砖石结构常运用传统的砌筑工艺，可能存在不规则的砌体以及非标准的砖石尺寸。这就要求在进行验算时，必须对砌体的力学性能进行特殊分析，而不能完全按照现代规范中的标准砌体性能来考量。

8.1.3 荷载分析的特殊性

1. 荷载分布的复杂性

文物建筑中的木结构，因木材本身具有弯曲、剪切和扭转等力学特性，致使其荷载分布更为复杂，且可能存在传统设计中特有的荷载分布情况。因此，在验算时必须进行细致入微的荷载分布分析。

2. 荷载组合的系数选取

文物建筑因其保护等级的差异，重要性系数各不相同，而且其荷载情况会由于历史上的不同用途而发生变化。在进行验算时，需要考虑这些荷载组合的特殊性。

8.1.4 边界条件与支座的复杂性

1. 节点连接条件选择的特殊要求

古建筑中的木结构支座条件往往复杂多样，包含传统的木支座以及构件之间的自然接触形式。在进行验算分析时，这些支座条件需要进行详细的模拟和假设，这与现代建筑中标准化的支座处理方式截然不同。

2. 支座条件的不确定性

古建筑的木结构和部分砖石结构，由于其建造工艺与现代建筑差异显著，在验算过程中，边界条件也不一定符合现代设计规范的要求。因此，在验算分析时，边界条件的特殊性需格外予以考虑。

8.1.5 分析方法的复杂性

1. 有限元模型的复杂性

古建筑在进行有限元分析时，需考虑木材的非均质性、砖石的传统砌筑工艺等复杂因素，模型的建立和假设较为复杂，远超现代建筑的标准化处理模式。

2. 加固保护措施的验算

在分析古建筑时，必须着重考虑建筑的保护措施，如加固和修复方案，确保在保留原有风貌的同时提高安全性。这不同于现代建筑中标准化的维护措施，需针对古建筑的特殊性进行个性化分析。

3. 历史影响的评估

文物建筑的验算分析可能还涉及历史遗留问题，如过去的施工质量和历史上的使用情况，这些因素可能对当前的结构行为产生重要影响。

4. 规范和标准的特殊要求

文物建筑的验算需参照特定的古建筑保护规范和标准，同时要紧密结合建筑本身的历史价值和保护要求。因此，文物建筑的验算标准往往需要结合其特殊的历史背景和结构特性，进行个性化的评估与调整，而非采用统一的现代建筑验算方法。

古建筑的验算分析具有独特的特点，涵盖材料特性的复杂性、结构类型和构造的独特性、荷载分析的特殊性、边界条件与支座的复杂性、分析方法的多样性、维护和保护的特性，以及规范和标准的历史性要求。这些特点决定了古建筑的分析与现代建筑存在显著差异，需要在分析过程中采用更加细致和有针对性的处理方法，以确保分析的准确性和可靠性。

在对罗布林卡文物建筑进行结构分析和验算时，综合分析了建筑物的现状，将验算分为整体结构静力计算和节点静力计算两个阶段。整体结构静力计算是对整体结构进行静力分析，研究梁、柱和承重墙体的安全裕度；节点静力计算是针对现场检验中存在较大竖向倾斜变形的构件所在节点，考察此类节点的各组件的安全裕度。通过整体结构验算和对构件节点的详细分析，可以更加全面准确地判定文物建筑的安全性。

在进行验算建模中，需结合现场检查和检测结果，运用有限元软件建立整体结构模型进行计算，以此来分析梁、柱以及承重墙体的安全裕度。模型中梁和柱均采用梁单元；墙采用板单元；楼板和屋面的密布木檩等刚度转化为板，采用板单元。板单元可以考虑面内和面外刚度。

8.2 建筑材料基本力学性能

8.2.1 木材

1. 材料性能概述

木材属于各向异性材料，这是因为其主要成分纤维素呈管束状细胞单向分布，导致材料在顺纹 X、径向 Y 及弦向 Z 三个方向的物理力学性质差异显著（X、Y、Z 分别代表局部坐标系中的 L、R、T 方向），属于正交各向异性材料。

由于木材材质的特点，在进行有限元分析时，不同方向需采用不同的破坏准则。木材在较低负荷下处于弹性阶段，而在高负荷下部分进入塑性阶段，同时还存在蠕变和松弛行为。不过，在加载时间较短的情况下，可以不考虑木材的蠕变和松弛效应。当仅对木构件进行弹性计算时，可在相应软件中依次输入以下参数来表示木材的正交向项异性特征：E_X、E_Y、E_Z、PR_{XY}、PR_{XZ}、PR_{YZ}、G_{XY}、G_{XZ}、G_{YZ}。

《木结构设计手册》中规定当缺乏试验数据时，木材的横纹弹性模量与木材顺纹弹性模量的比值可近似取为 E_T/E_L=0.05，E_R/E_L=0.1，木材的剪变模量与顺纹弹性模量的比值可近似取为 G_{LR}/E_L=0.075、G_{RT}/E_T=0.018、G_{LT}/E_L=0.06。对于顺纹弹性模量，可在木材的抗弯弹性模量基础上增加 10% 作为 E_L 的数值。

由于古木与新木材的材料性能存在差异，本节计算中选用古木的相关力学参数进行计算。

2. 计算材料参数及调整原则

《布达拉宫、罗布林卡、萨迦寺保护维修工程中木材选用及防腐防虫问题研究》中指出，西藏的古建筑宫殿内的梁和檩子一般采用西藏红杉和杨木；殿内柱子通常使用柏木、藏青杨、云冷杉。在计算中，木梁和木柱均采用藏青杨古木的力学参数。此次木结构基本力学性能的计算，主要依据《藏式古建筑木构架梁柱节点力学机理研究》中关于藏青杨古木的相关力学参数。实际构件的材料参数，还应按照以下原则进行参数调整。

（1）实际构件可能会受到初始缺陷、老化腐朽等因素的影响，从而导致其实际构件的强度低于材性试验强度。依据参考文献《藏式古建筑木构架梁柱节点力学机理研究》，在结构分析时，需将材性试验结果乘以折减系数，以此作为古建筑木构件的实际强度。

（2）鉴于该建筑具有重大的历史和学术价值，按照《古建筑木结构维护与加固技术标准》（GB/T 50165—2020）的规定，其强度和弹性模量乘以结构重要性系数 0.9。

（3）依据《古建筑木结构维护与加固技术标准》（GB/T 50165—2020），对于外观已严重风化的构件，其强度和弹性模量还应乘以考虑荷载长期作用和材料风化影响的调整系数，本工程中该系数取值为 0.9。

（4）依据《古建筑木结构维护与加固技术标准》（GB/T 50165—2020），木构架承载力的抗震调整系数取值为 0.8。

根据上述参数调整原则，计算分析中藏青杨古木的材料参数如表 8-1 所示。

表 8–1 藏青杨古木的材料参数

弹性模量 E_X（MPa）	5735	泊松比 PR_{XY}	0.2	剪切模量 X_Y（MPa）	430
弹性模量 E_Y（MPa）	573	泊松比 PR_{XZ}	0.47	剪切模量 X_Z（MPa）	344
弹性模量 E_Z（MPa）	287	泊松比 PR_{YZ}	0.43	剪切模量 Y_Z（MPa）	103
顺纹抗压强度（MPa）	15.3（19.1）	抗弯强度（MPa）	25.1（31.3）	气干密度	0.42g/cm^3
顺纹抗拉强度（MPa）	25.1（31.4）	—	—	—	—

注：括号中的值为抗震计算时采用的强度值。

8.2.2 石材

罗布林卡的收分墙体是结构的承重墙体，其外壁具有收分，而内壁则无收分。收分墙体所用石材为花岗石，砌筑胶结材料采用黄泥。考虑到文物建筑本体的保护，本次鉴定未对墙体进行取芯操作，其强度参照罗布林卡前期项目的相关试验数据，将石材的抗压强度确定为99MPa。依据《砌体结构设计规范》(GB 50003—2011)，砌体对应的抗压强度为1.91MPa，弯曲抗拉强度为0.07MPa，抗剪强度为0.11MPa，砌体弹性模量为2250MPa，剪变模量按照弹性模量的0.4倍取值。

在考虑抗震验算时，依据《建筑抗震鉴定标准》(GB 50023—2009)，砌体的抗震抗剪强度设计值，应按下式确定：

$$f_{vE}=\zeta_N f_v$$

式中，ζ_N 为砌体抗震抗剪强度的正应力影响系数；f_v 为非抗震设计的砌体抗剪强度设计值，为0.11MPa。

墙体的截面抗震承载力验算公式为：

$$V \leqslant f_{vE}A/\gamma_{Ra}$$

式中，γ_{Ra} 为抗震鉴定的承载力调整系数。

根据《建筑抗震设计标准》(GB/T 50011—2010)，格桑德吉颇章宫的墙体 γ_{Ra} 应取1.0。

8.3 结构验算方法

8.3.1 验算中参数的调整

(1)由于该建筑具有重大的历史和学术价值，需将其强度和弹性模量乘以结构重要性系数0.9。

(2)针对外观已严重风化的构件，其强度和弹性模量还应乘以考虑荷载长期作用以及材料风化影响的调整系数。本工程偏安全的取0.9。

(3)参照《古建筑木结构维护与加固技术标准》(GB/T 50165—2020)，木构架承载力的抗震调整系数取0.8。

8.3.2 构件计算尺寸的选取

（1）整体建模计算：收分柱身按变截面构件进行建模。例如，首层柱截面为 300mm×300mm 线性变化为 250mm×250mm，在建模中按照变截面构件处理。收分墙体是结构的承重墙体，其外壁收分而内壁不收分。在建模时，某一段墙体厚度按该段墙体在该层的平均厚度取值。

（2）楼面、屋面密布木檩按照等刚度转化为单向板：在整体建模计算中，考虑到密布的木檩对楼面、屋面的刚度存在影响，需将其按照等弯曲刚度（EI/L）进行转化。其中弹性模量 E、计算长度 L 取相同数值，所以按照等截面惯性矩进行转化即可，公式如下：

$$N_1 \frac{1}{12} bh^3 = N_2 \frac{1}{12} BH^3$$

式中，N_1 为密布的木檩的根数，依据实际取值；N_2 为转化后的板的数量，取 1；b、h 分别为密布的木檩的宽度和高度，分别为 120mm、120mm；B、H 分别为转化后的板的宽度和高度。

在建模中，楼板和屋面建立单向板单元即可。楼板密布木檩等刚度转化图示如图 8-1 所示。

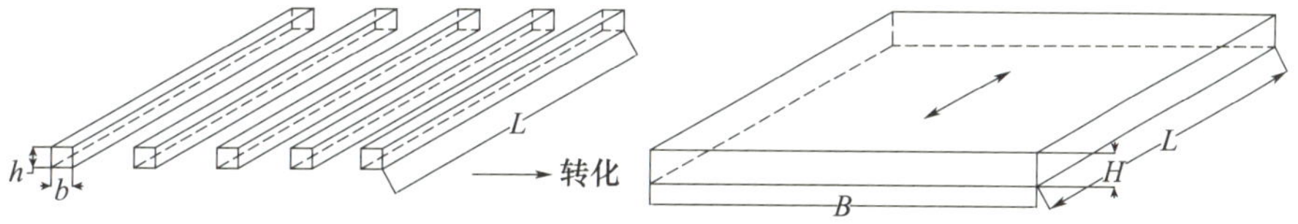

图 8–1 楼板密布木檩等刚度转化图示

8.3.3 构件变形

根据现场检测结果，如柱的倾斜均超过了变形限值，在进行整体建模时考虑了这些构件的变形影响。对于内部存在空洞的木柱，首先按照完整截面进行建模计算，然后根据计算结果和空洞面积对实际的应力大小进行手工核算。

8.3.4 验算荷载的选取

1. 荷载种类

（1）恒载：包括结构构件自重、装修面层自重等。

（2）活荷载：包括屋面活荷载、楼面活荷载等。

（3）风荷载：依据《古建筑木结构维护与加固技术标准》（GB/T 50165—2020），文物建筑基本风压的重现期为 100 年，且基本风压乘以 1.2 的系数。

（4）雪荷载：依据《古建筑木结构维护与加固技术标准》（GB/T 50165—2020），基本雪压的重现期为 100 年，且基本雪压乘以 1.2 的系数。

（5）地震作用：应用反应谱法对结构的地震响应进行计算。建筑所处地区抗震烈度为 8 度（0.20g），设计地震分组为第三组，场地类别为Ⅱ类。参照《古建筑木结构维护与加固技术标准》（GB/T 50165—2020），在截面抗震验算中，结构总水平地震作用的标准值为：

$$F_{EK}=0.72\alpha_1 G_{eg}$$

式中，α_1 为水平地震影响系数；G_{eg} 为结构等效重力荷载，对于多层房屋取 $0.85G_E$。反应谱曲线如图 8-2 所示。

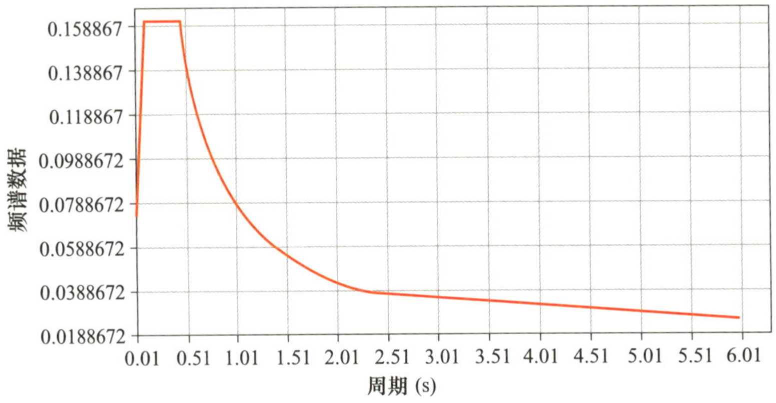

图 8-2 反应谱曲线

2. 荷载组合

（1）荷载基本组合

$$S=\sum_{j=1}^{m}\gamma_{Gj}S_{Gjk}+\gamma_{Q1}\gamma_{L1}S_{Q1k}+\sum_{i=2}^{n}\gamma_{Qi}\gamma_{Li}\psi_{Ci}S_{Qik}$$

式中，γ_{Gj} 为第 j 个永久荷载的分项系数；γ_{Qi} 为第 i 个可变荷载的分项系数，其中 γ_{Q1} 为主导可变荷载 Q_1 的分项系数；γ_{Li} 为第 i 个可变荷载考虑设计使用年限的调整系数，其中 γ_{L1} 为主导可变荷载 Q_1 考虑设计使用年限的调整系数；S_{Gjk} 为按第 j 个永久荷载标准值 G_jk 计算的荷载效应值；S_{Qik} 为按第 i 个可变荷载标准 Q_ik 计算的荷载效应值，其中为诸可变荷载效应中起控制作用者；ψ_{Ci} 为第 i 个可变荷载标准值 Q_i 的组合值系数；m 为参与组合的永久荷载数；n 为参与组合的可变荷载数。

（2）考虑地震作用组合

$$S=\gamma_G S_{GE}+\gamma_{Eh} S_{Ehk}+\gamma_{Ev} S_{Evk}$$

式中，γ_G 为重力荷载分项系数；γ_{Eh}、γ_{Ev} 分别为水平和竖向地震作用分项系数；S_{GE} 为重力荷载代表值；S_{Ehk} 为水平地震作用的标准值；S_{Evk} 为竖向地震作用的标准值。

本次计算未考虑竖向地震的作用，分项系数分别取值为：γ_G=1.2，γ_{Eh}=1.3。

8.4 结构整体验算分析结果

8.4.1 上部结构整体验算

采用有限元软件建立整体结构模型进行计算，分析梁、柱以及承重墙体的安全裕度。在计算模型中，梁和柱均采用梁单元；墙采用板单元；楼板和屋面的密布木檩等刚度转化为单向板，采用板单元。板单元可以考虑面内和面外刚度。

1. 收分柱身和收分墙体的建模

收分柱身按照变截面梁单元进行建模。例如，当柱截面底部截面尺寸为 300mm×300mm、顶部截面尺寸为 250mm×250mm 时，建模中按照变截面梁单元建模。收分墙体是结构的承重墙体，按照板单元建模。板单元可模拟面外和面内刚度。在建模时，某一段墙体厚度按照该段墙体在该层的平均厚度取值。

2. 边界条件

由于木柱直接放置于柱础之上，且柱础浅埋于阿嘎土中，故将柱底设置为铰接。因为墙体基础埋置于土层以下，所以将墙体底部边界设置为刚接。边跨的木梁直接插入墙体中，按铰接进行处理。梁柱节点按半刚接考虑，依据《藏式古建木构梁柱连接力学性能试验研究及有限元分析》和《藏式古建筑木构架梁柱节点力学机理研究》的研究结果，节点弯曲刚度取 M_y=331kN · m/rad，竖向拉压刚度取 K_z=1.11×10^5kN/m。坚塞颇章宫整体结构三维计算模型如图 8-3 所示。

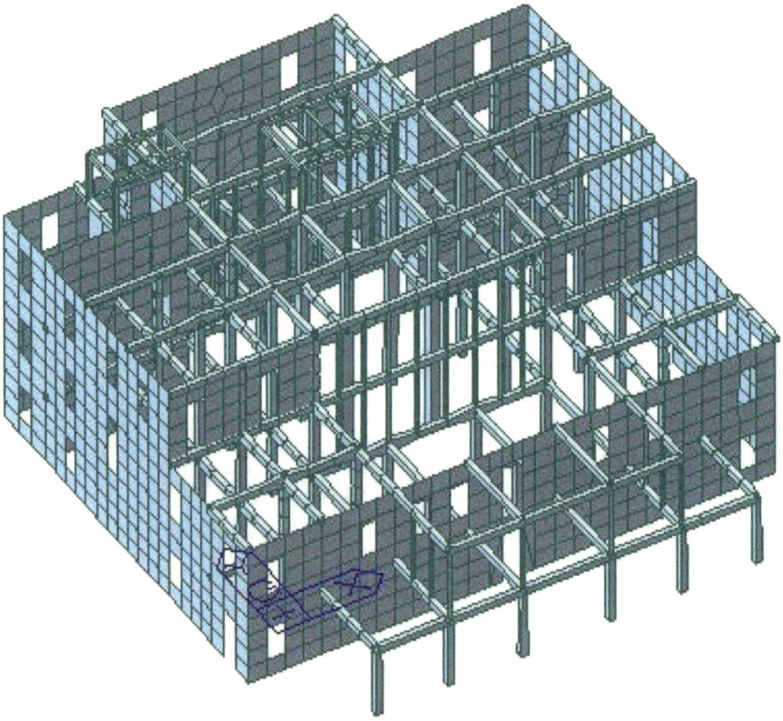

图 8-3　坚塞颇章宫整体结构三维计算模型

8.4.2　有限元验算结果的分析

在有限元验算分析中，“分析结果”的详细描述至关重要。这一部分需将计算得到的结果系统化，并结合文物建筑的具体状况进行解释。在对结果的分析中，首先要对验算结果的准确性加以判断，建议从以下几方面给出验算分析的结论。

1. 内力分析

（1）弯矩分析

弯矩分布：展示构件（如梁、柱）的弯矩分布图，分析木梁、木柱等构件在荷载作用下的弯矩变化。

关键部位的弯矩值：列出木结构梁、柱的最大弯矩值，判断这些数值是否符合木材的承载能力，特别是在支座附近或跨中的弯矩峰值。

弯矩变化规律：结合结构的受力特点，分析弯矩分布的变化趋势，判断建筑物中是否存在危险弯矩区域。

（2）剪力分析

剪力分布图：展示建筑关键构件（如梁、柱）的剪力分布图，分析墙体、柱等受剪构件的剪力变化。

剪力局部分析：特别关注木结构中的节点、支座附近的剪力值，判断这些位置是否存在剪切破坏的风险。

最大剪力点分析：列出建筑关键部位的最大剪力点，结合材料强度分析，判断是否有局部剪切破坏的风险。

（3）轴力分析

轴力分布：展示结构中主要竖向承重构件（如木柱、砖石墙体）的轴力分布情况，分析这些构件在自重和外荷载作用下的受力状态。

轴力的安全性分析：计算并列出关键部位的最大轴力值，结合材料的强度及构件的高度，判断是否存在强度不足或失稳的风险。

轴力弯矩组合分析：如果存在轴力与弯矩组合的情况，分析组合内力对结构安全性的影响。

2. 变形分析

（1）整体变形

整体位移和挠度：展示结构在荷载作用下的总体变形情况，尤其是建筑关键部位的位移值。详细阐释最大位移点的位置以及挠度超过规定限值区域的具体情况，明确这些区域对结构性能的影响。

形态描述：描述变形后的结构形态，判断是否存在危险变形，如过大的挠度、倾斜或局部凸起。

各层楼板的挠度：对木楼盖等水平构件进行挠度分析，判断挠度是否在规范允许范围内。

（2）局部变形

局部变形分析：重点分析古建筑的关键节点或结构薄弱部位的局部变形，如木结构的节点、榫卯连接处，以及砖石墙体的应力集中区域。

连接处变形：对木结构中的榫卯、铁件连接等关键部位的相对位移和转角进行分析，判断是否存在过大变形导致的松动或脱离风险。

3. 自振特性分析

（1）自振频率

自振频率计算结果：列出建筑物的自振频率，特别是砖石结构和木结构的主频率值，判断这些频率是否在安全范围内，是否与地震、风等动态荷载的频率产生共振风险。

频率比较：也可以将计算结果与实测结果进行比较，判断在验算过程中构件刚度，节点刚度的选取是否合适等。

（2）振型分析

振型图：展示建筑的主要振型图，分析不同振型下的变形模式和应力分布。

关键振型：重点分析建筑的前几阶振型，判断这些振型是否是建筑结构的主振型，是否存在过大的扭转或者局部振动等。

4. 应力分布

（1）整体应力分布

通过对上述内力、变形、振型等计算结果进行分析总结后，确认整个验算符合文物建筑的整体受力特点后，可以通过整体应力云图的分布，展示结构整体的应力分布。

应力云图：展示建筑在荷载作用下的整体应力分布图，包括主应力、剪应力的分布情况。

最大应力部位：找出应力最大区域，如梁的中部、支撑柱的底部等，并进行详细分析，判断这些区域是否存在应力超限的风险。

（2）应力集中

局部应力集中：在建筑的特定区域，如砖石墙体的拐角、木结构的节点等，可能会出现应力集中。解释这些应力集中现象的原因，并判断是否需要加固或采取措施缓解应力集中。

应力极值点：列出验算结果中应力的最大值和最小值，分析这些数值是否超限，并结合建筑使用年限判断是否存在过应力破坏的风险。

5. 安全性评估

（1）结构安全性评估

整体安全性：对整个建筑物的安全性做出评价，判断建筑物在当前荷载组合下是否安全可靠，是否需要采取加固或其他防护措施。

局部构件安全性：对在分析过程中发现应力、变形、内力较大的部位，做出局部安全性评估，判断这些部位是否存在结构破坏或安全隐患。

（2）结构稳定性分析

稳定性检查：对建筑的整体稳定性和局部构件的稳定性进行分析，判断是否存在失稳的可能性，尤其是砖石墙体、木柱等竖向构件的失稳风险。

6. 分析总结

分析结果部分应通过对变形、内力、应力、振动特性等方面的详细描述，系统地展示建筑物在各类荷载作用下的性能表现，并结合建筑的实际情况给出结论和建议。这部分不仅是对计算结果的展示，更需要将其与建筑的实际安全性和使用性能结合，做出有针对性的分析和评估。

8.5 罗布林卡坚塞颇章宫验算结果示例

8.5.1 静力验算分析结果

静力作用下的坚塞颇章宫计算结果如图 8-4~ 图 8-13 所示。

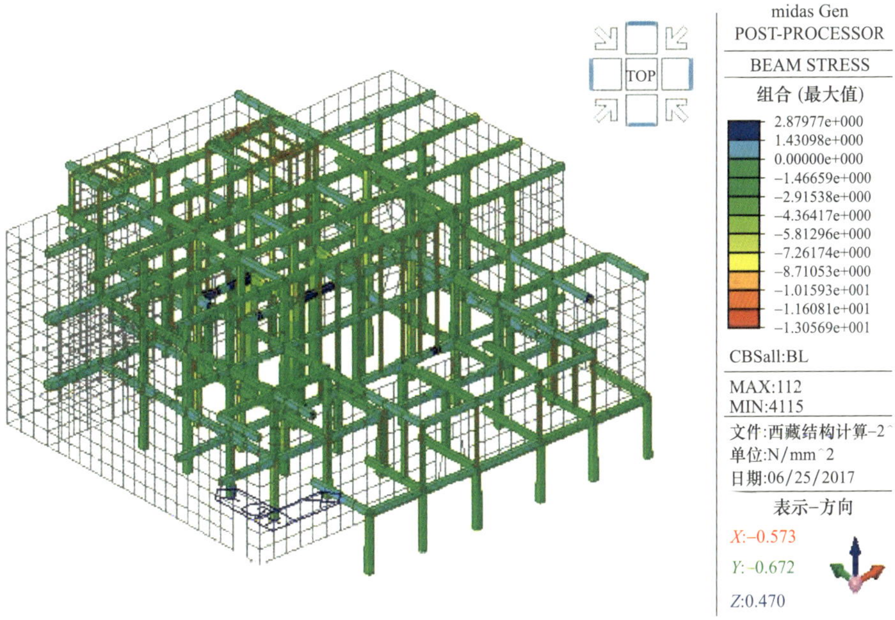

图 8-4　坚塞颇章宫木构件组合应力图

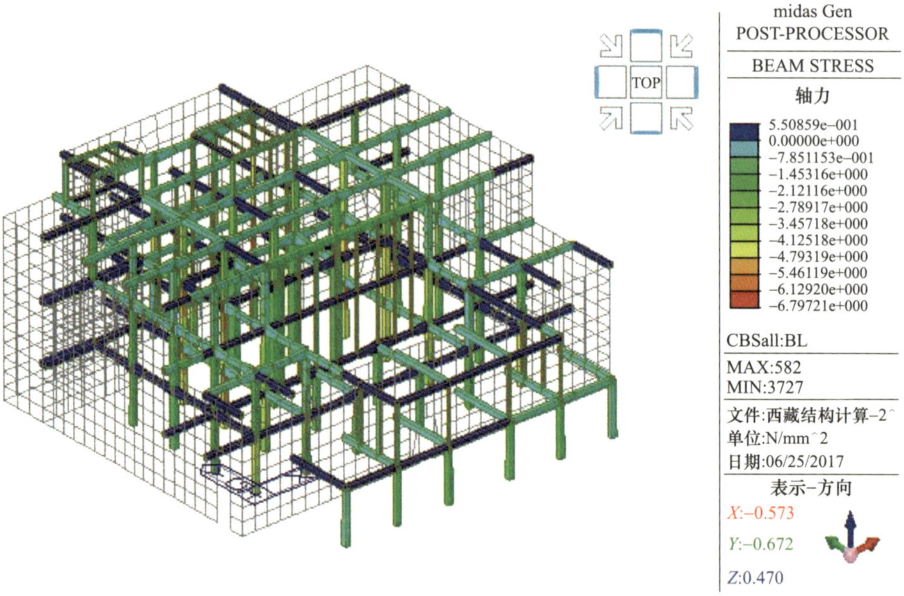

图 8–5　坚塞颇章宫木构件轴向应力

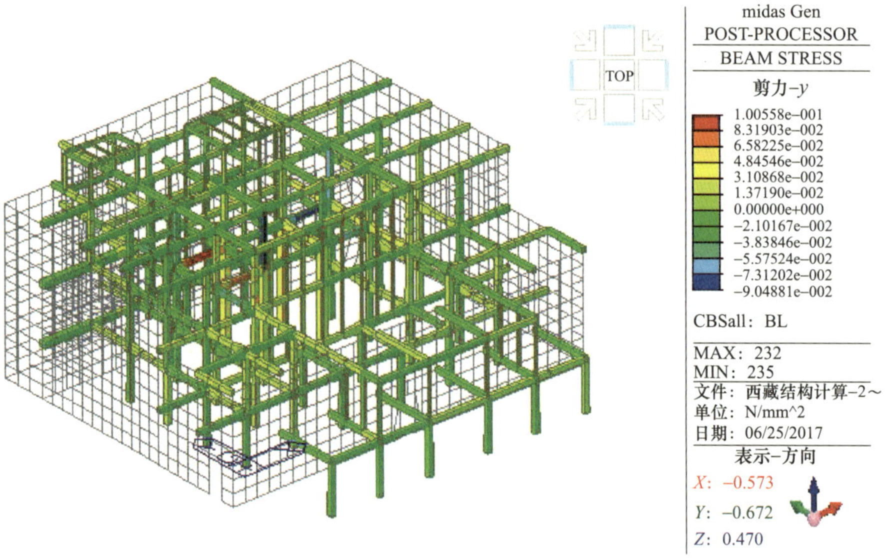

图 8–6　坚塞颇章宫木构件剪力 *Y* 方向剪力

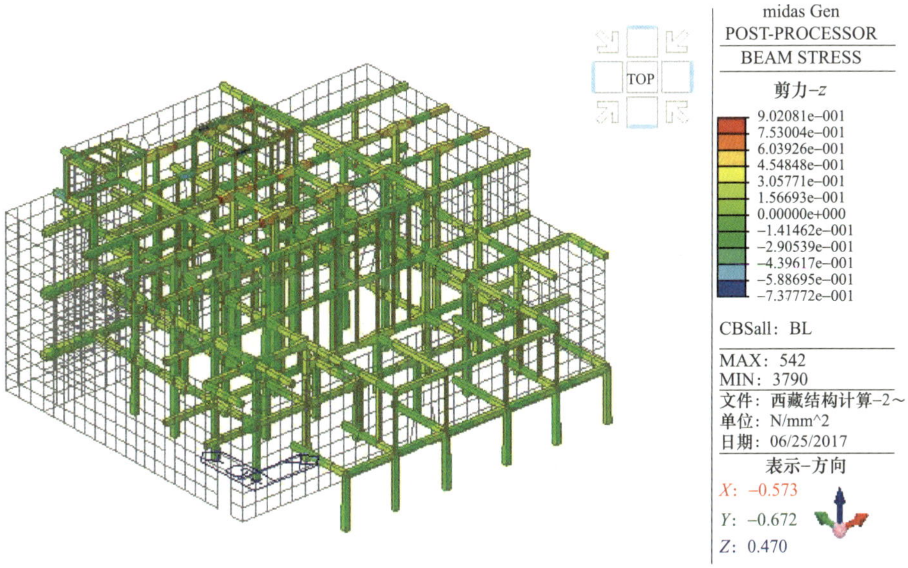

图 8-7 坚塞颇章宫木构件剪力 Z 方向剪力

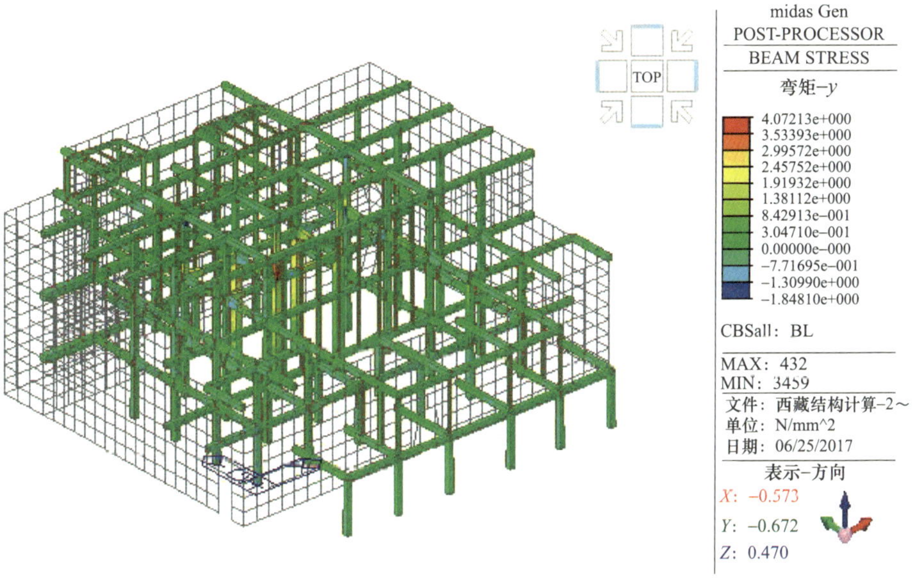

图 8-8 坚塞颇章宫木构件沿 Y 方向变化的弯曲应力

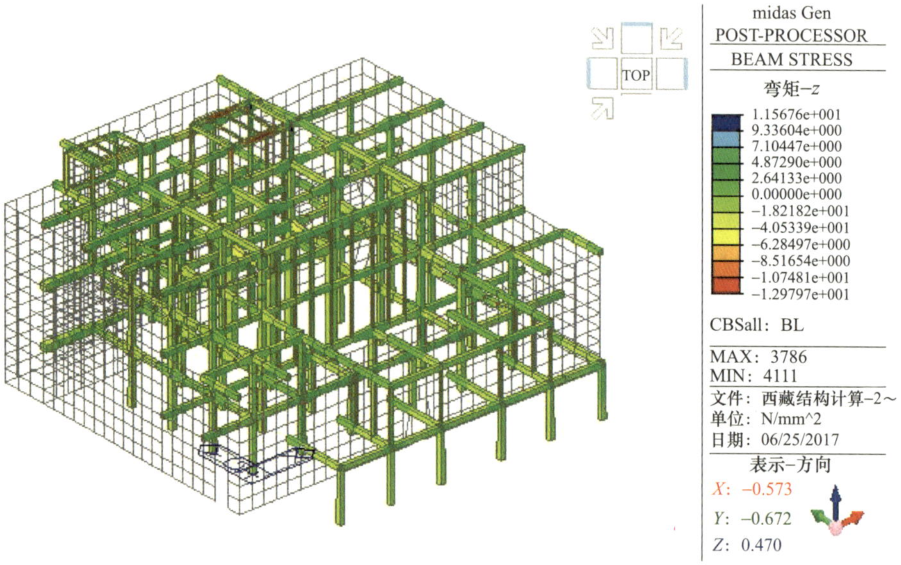

图 8-9 坚塞颇章宫木构件沿 Z 方向变化的弯曲应力

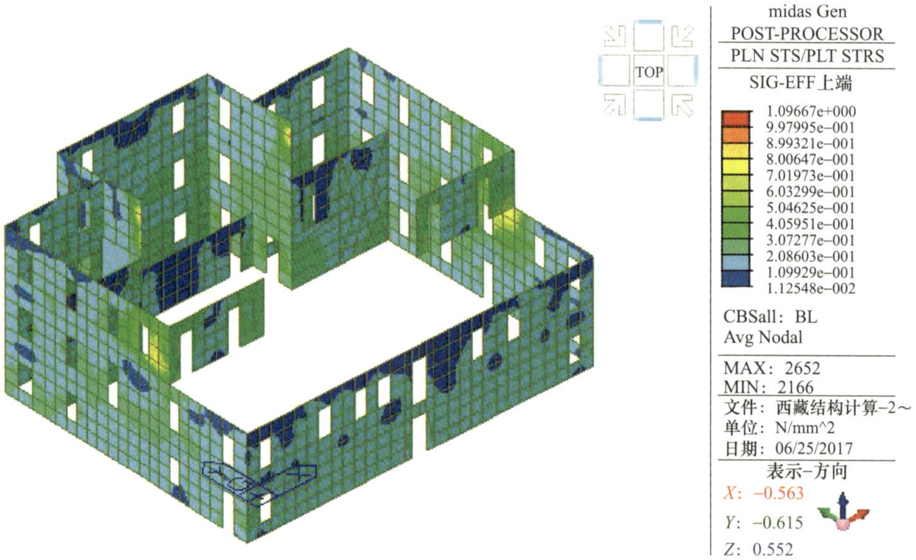

图 8-10 坚塞颇章宫墙体有效应力 SIGEFF

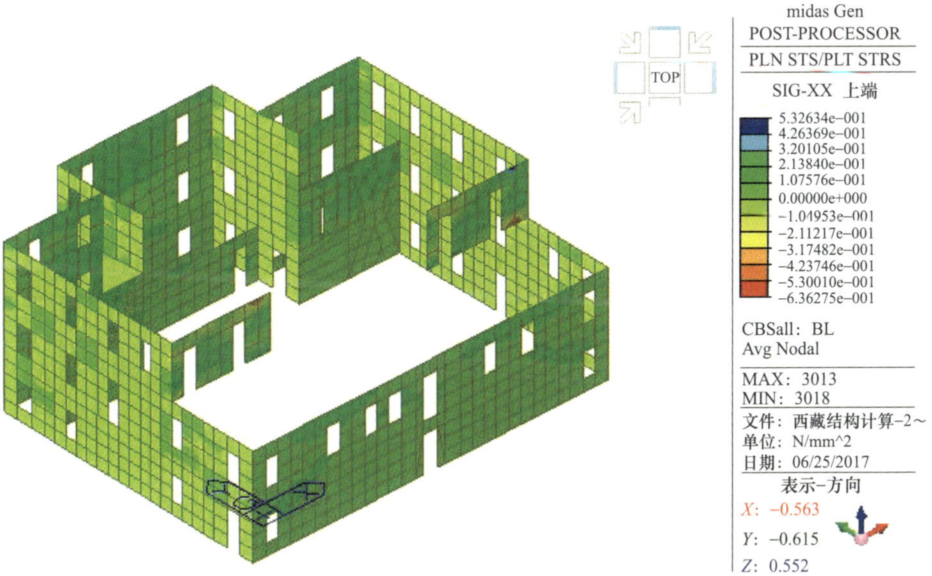

图 8-11 坚塞颇章宫墙体 *X* 轴方向的轴向应力

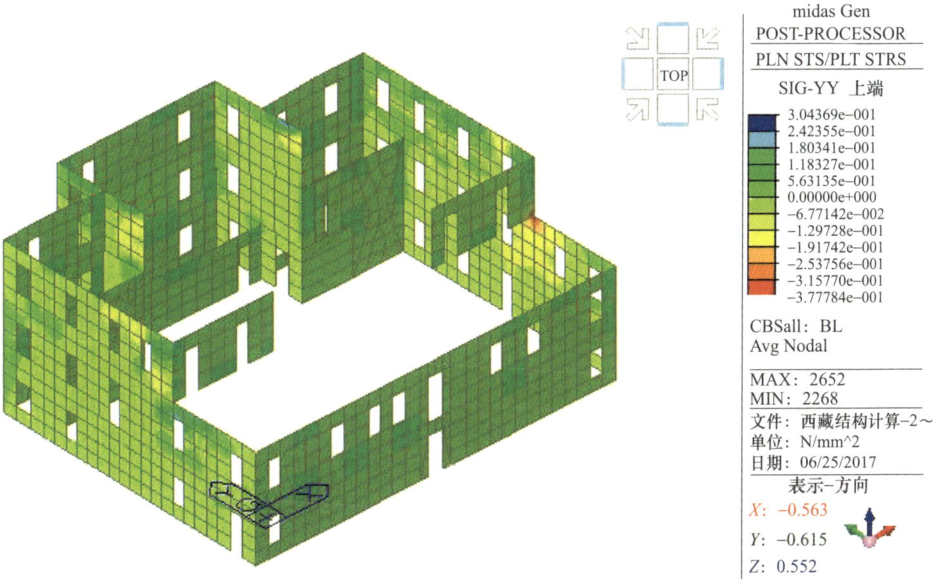

图 8-12 坚塞颇章宫墙体 *Y* 轴方向的轴向应力

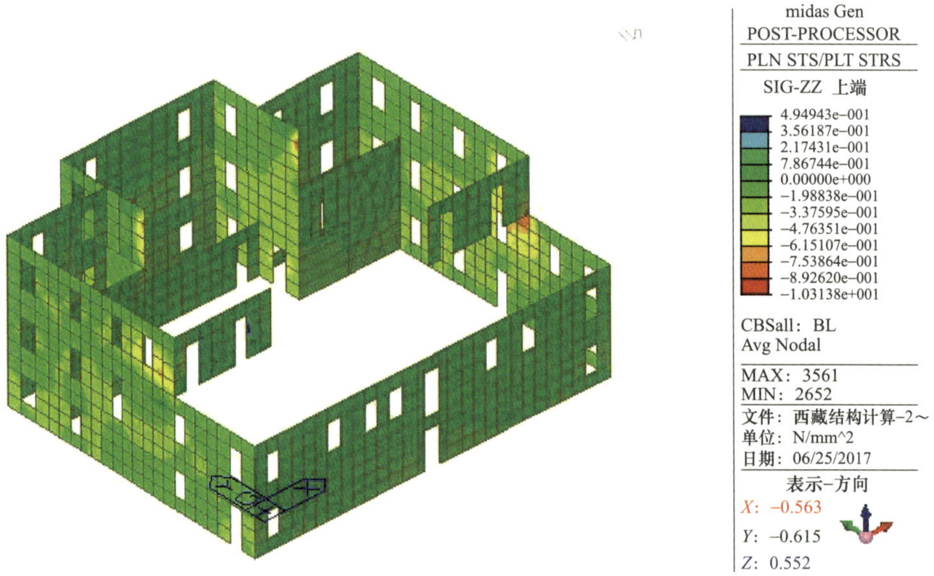

图 8-13　坚塞颇章宫墙体 *Z* 轴方向的轴向应力

通过对柱、梁、墙体的内力、应力、变形等方面进行分析验算，结果表明结构整体满足安全要求。

同时，经现场检验发现，木柱 Z26、Z27、Z33 和 Z34 出现较大竖向倾斜情况，为确保结构安全，并为后续长期监测提供依据，选取竖向倾斜程度最大的 Z34 木柱进行破坏计算，寻求该柱的竖向倾斜达到何种程度时，构件会达到顺纹抗压强度。经计算，当木柱 Z34 的南北方向的竖向倾斜达到 105mm 时，该构件达到顺纹抗压强度 12.2MPa。

8.5.2　地震作用计算分析结果

地震作用下的坚塞颇章宫 *X*、*Y* 方向位移计算结果分别如图 8-14、图 8-15 所示。

考虑材料缺陷、变形后，对坚塞颇章宫整体结构进行抗震验算，具体结果如下。

木柱：经抗震验算，首层共 34 根柱，其中 4 根柱（Z7、Z19、Z23、Z30）抗震承载力不满足要求，占比 12%，最小安全裕度值 0.7；二层共 18 根柱，其中 4 根柱（Z30、Z38、Z47、Z48）抗震承载力不满足要求，占比 28%，最小安全裕度值 0.8；三层共 18 根柱，其中 11 根柱（Z55、Z58、Z59、Z63、Z64、Z65、Z66、Z67、Z68、Z69、Z70）抗震承载力不满足要求，占比 61%，最小安全裕度值 0.5。

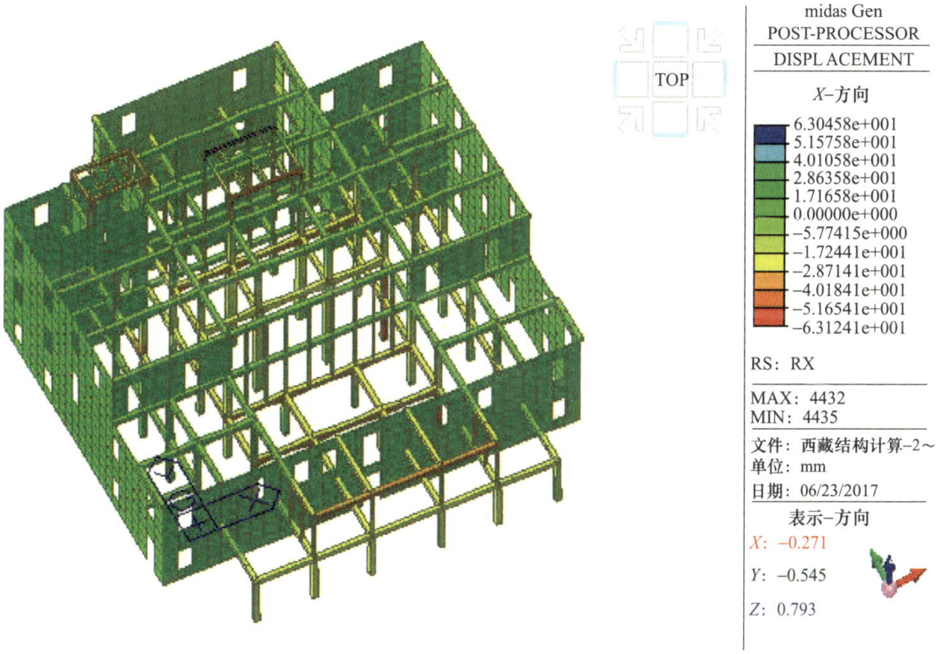

图 8-14　*X* 方向地震作用下位移

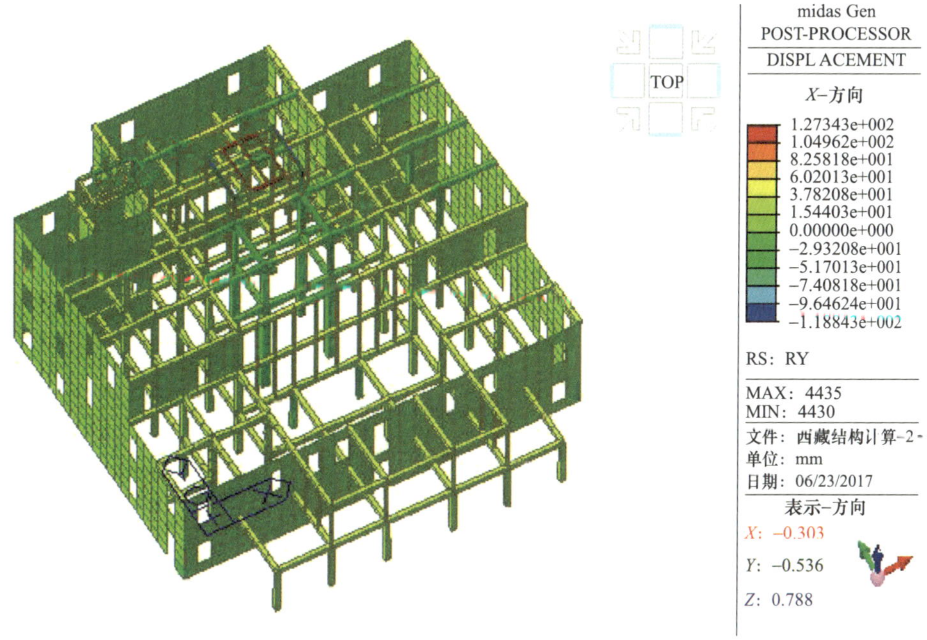

图 8-15　*Y* 方向地震作用下位移

木梁：经抗震验算，首至三层木梁抗震承载力满足要求，最小安全裕度 2.2。

承重墙：经抗震验算，首层一共 5 片承重墙体，其中 3 片不满足抗震要求，竖向承载力最小安全裕度 0.6，抗剪承载力最小安全裕度 0.3；二层一共 5 片承重墙体，其中 2 片不满足抗震要求，竖向承载力最小安全裕度 0.7，抗剪承载力最小安全裕度 0.19；三层一共 5 片承重墙体，其中 3 片不满足抗震要求，竖向承载力最小安全裕度 1.6，抗剪承载力最小安全裕度 0.17。

位移：结构层间位移角最大为 1/63，小于木构架的位移角限值 1/50，满足要求。

结构周期：整体计算中前六阶模态对应的周期如表 8-2 所示。

表 8–2 结构周期

模态号	频率		周期
	(rad/sec)	(cycle/sec)	
1	15.1421	2.4099	0.4149
2	26.4468	4.2091	0.2376
3	29.6562	4.7199	0.2119
4	34.3014	5.4592	0.1832
5	34.6365	5.5126	0.1814
6	41.5192	6.608	0.1513

8.6 木结构节点的有限元分析验算

8.6.1 连接节点有限元分析方法

在现场检验与检测过程中，发现有四根柱子存在较大的竖向倾斜变形情况。经整体计算分析，确定这四根柱子所在位置为坚塞颇章宫结构中的最不利点。在进行整体验算时，已充分考虑了这四根柱子的倾斜情况对结构安全产生的影响。然而，就连接节点部分而言，通过整体模型无法呈现倾斜对节点安全的影响。所以，在本项目中，尝试针对节点建立有限元模型，以分析倾斜构件所在节点各组件的安全裕度。

在使用有限元对木结构节点进行建模时，主要考虑了以下几个关键点。

1. 材料特性

（1）木材的各向异性

木材属于各向异性材料，其力学性质在不同方向上存在差异（纵向、径向、弦向的强度和弹性模量不同）。在建模过程中，需要准确定义木材的各向异性材料属性，包括弹性模量、剪切模量和泊松比。

（2）材料的非线性行为

木材在受力时的非线性行为（如塑性变形、蠕变等）对节点分析有较大影响。在 ANSYS 软件中，需设置合适的材料模型，以此模拟木材在不同应力状态下的力学响应。

2. 节点的连接方式

对于传统榫卯节点，必须模拟榫头和卯眼之间的接触、摩擦以及相对滑移等非线性效应。ANSYS 软件提供了多种接触模型（如接触单元），可用于模拟节点间的相互作用。在模拟过程中，需合理设置接触刚度、摩擦系数，同时考虑接触面之间的约束情况以及可能存在的间隙。

3. 网格划分

（1）网格细化

在应力集中区域进行网格细化，确保计算精度。网格的划分应与节点的几何特征相适应，避免出现网络过粗或过细的情况。使用非均匀网格划分策略，在关键区域进行局部细化，而在其他区域则保持适当的网格密度，从而实现计算效率与精度之间的平衡。

（2）单元类型

使用适当的单元类型进行建模，如三维实体单元模拟木材部分，接触单元模拟连接部位的接触行为。

8.6.2 节点模型

1. 节点构成

在节点计算环节，采用通用有限元分析软件 ANSYS，针对木柱 Z26、Z27、Z33 和 Z34 所在节点，按照最不利情况进行计算，精细化分析节点各组件的安全裕度。通高木柱 Z33 倾斜变形情况如图 8-16 所示。

图 8-16 通高木柱 Z33 存在竖向倾斜变形

梁柱节点由柱、栌斗、垫木、弓木、梁及暗销组成。以竖直方向作为基准，柱、暗销呈顺纹放置，而梁、栌斗、垫木和弓木皆为横纹放置。各组件相互叠压，每个构件之间依靠界面摩擦以及暗销来传递界面荷载。

在节点模拟中，各组件均采用 Solid185 实体单元进行模拟。Solid185 单元用于构建三维固体结构，该单元通过 8 个节点来定义，每个节点有 3 个沿着 X、Y、Z 方向平移的自由度，单元具有超弹性、应力钢化、蠕变、大变形和大应变的能力，并且还能采用混合模式模拟几乎不可压缩弹塑材料和完全不可压缩超弹性材料。该单元可用于定义正交各向异性材料，且正交各向异性材料方向与单元坐标方向相对应。

2. 界面摩擦

各构件垂直叠压，存在接触摩擦传力情况，因此采用面面接触单元进行模拟。木材与木材之间存在的接触摩擦作用，采用接触单元 TARGE170 和 CONTA174 进行模拟。界面静力摩擦系数为 0.5。当两个分离的表面互相碰触并共切时，便处于接触状态。在一般的物理意义中，接触状态的表面具有以下特点：不互相渗透；能够互相传递法向压力；切向摩擦力通常不传递法向拉力。接触问题分为两种基本类型：刚体 – 柔体的接触和柔体 – 柔体的接触。在刚体 – 柔体的接触问题中接触面的一个或多个被当作刚体（与它接触的变形体相较而言有大得多的刚度）。通常，当一种软材料和一种硬材料接触时，可以假定为刚体 – 柔体的接触。柔体 – 柔体的接触是一种更普遍的类型，在这种情况下，两个接触体均为变形体，且具有相似的刚度。由于木构件相互接触处，具有相似的刚度，因此采用柔体 – 柔体的接触类型。

3. 暗销

暗销是建筑中用于定位的构件，可以防止矩形框架的变形，又可以加强水平构件的连接力，减少剪应力。暗销为长方体小木块，横截面为 60mm × 40mm；与栌斗连接处的暗销为正方形小木块，横截面为 50mm × 50mm。暗销高度为 100mm。梁上的檩子和阿嘎土，将其等效为均布荷载考虑。

4. 构件变形

节点计算针对存在较大竖向倾斜变形的构件 Z26、Z27、Z33 和 Z34 所在节点，在建模过程中，充分考虑此变形影响，并按照现场检测结果最不利情况施加。

5. 模型及边界条件

由于木柱直接放置于柱础之上，柱底设置为铰接。梁的自由端在实际情况中是连接于另一节点，模型中在梁端施加竖向铰接边界条件。模型中所施加的荷载及作用效应均来源于整体计算结果。梁柱节点计算模型如图 8-17 所示。

图 8-17 梁柱节点计算模型

6. 节点破坏准则

针对木构件的破坏准则主要分为两类：应变准则和应力准则。应变准则认为，对于受弯构件而言，当同一截面塑性阶段的最大压应变达到或超过其拉应变时，构件即发生破坏。应力准则认为，木材顺纹抗压有较好的塑性，而顺纹抗拉呈现脆性破坏特征。因此对于受压构件的破坏，应以其顺纹压应力达到受压屈服极限为界；对于受弯构件，由于在受压边缘纤维屈服后，构件仍具备承受荷载的能力，故其破坏应以受拉区边缘纤维应力达到屈服极限为界。由于应变准则假定木材顺纹受拉和受压均具有较强的塑性变形能力，这与实际情况不符，故本节采用应力准则判定节点的破坏界限。

根据上述应力准则，组成节点的各组件有着不同的破坏准则。若组件处于顺纹承压状态，其破坏准则为达到顺纹受压屈服应力；若组件处于横纹承压状态，其破坏准则为达到横纹受压屈服应力。这两种破坏形式都有明显的塑性变形特征，表现为表面出现皱褶，实际上在达到屈服之后还能继续承载并维持正常工作。若组件处于受弯状态，其表现为受压区边缘失稳起皱，随着荷载不断增大，最终受拉区边缘木纤维被拉断，达到极限状态，所以其破坏准则为受拉区的屈服，具有脆性破坏性质。

综上，节点的破坏是以组件的破坏作为依据，即以组件达到相应受力状态下的应力极限为标准。

8.6.3 荷载基本组合计算分析结果

荷载作用下弓木、垫木和栌斗应力图如图 8-18~ 图 8-22 所示。

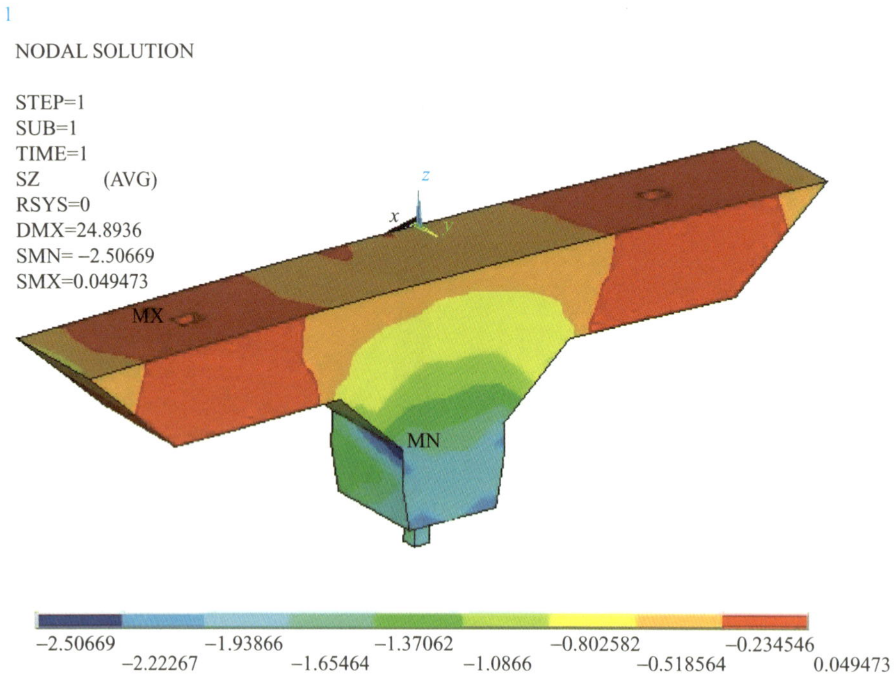

图 8–18 弓木、垫木和栌斗的 SZ 应力图

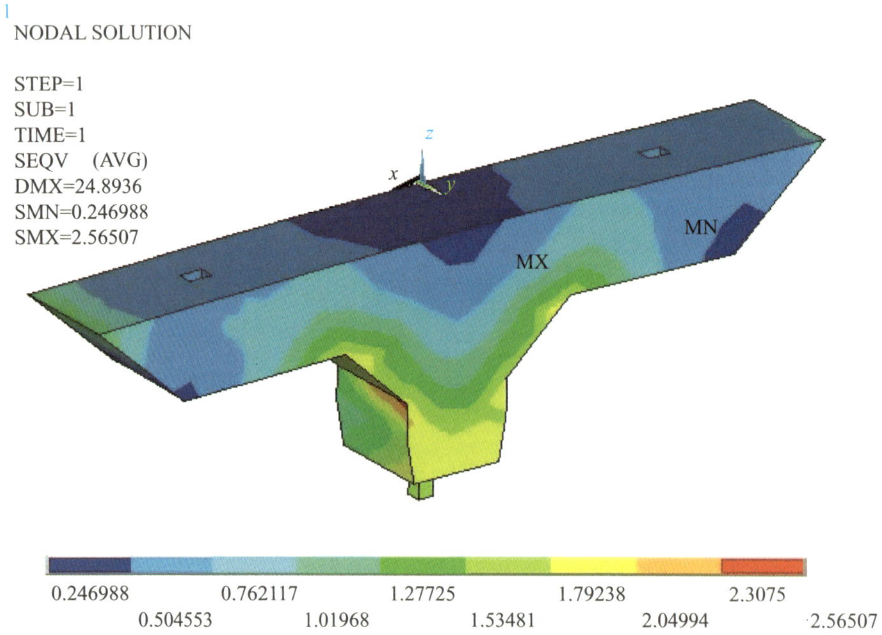

图 8–19 弓木、垫木和栌斗的 SEQV 应力图

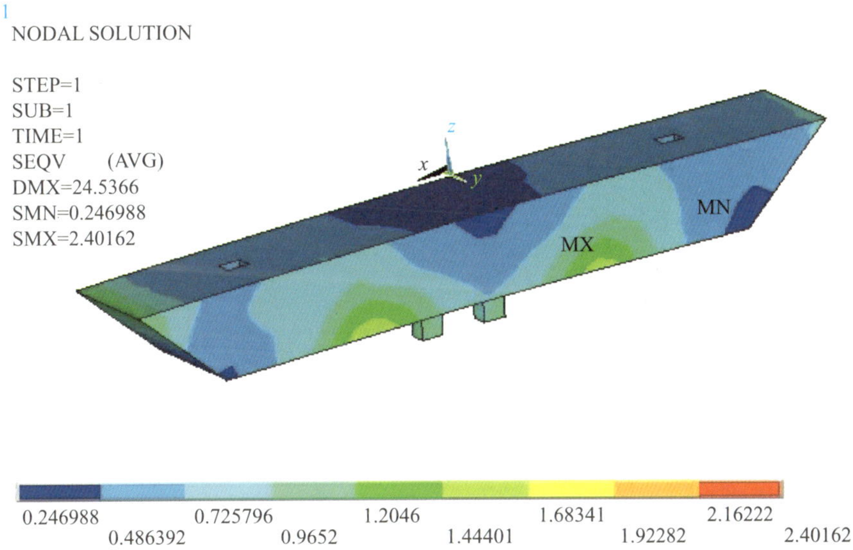

图 8-20 弓木的 SEQV 应力图

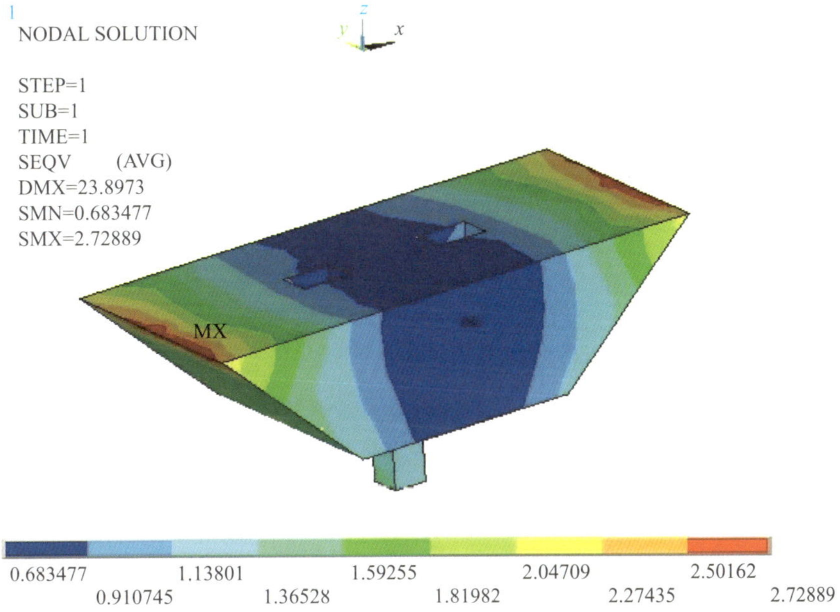

图 8-21 垫木的 SEQV 应力图

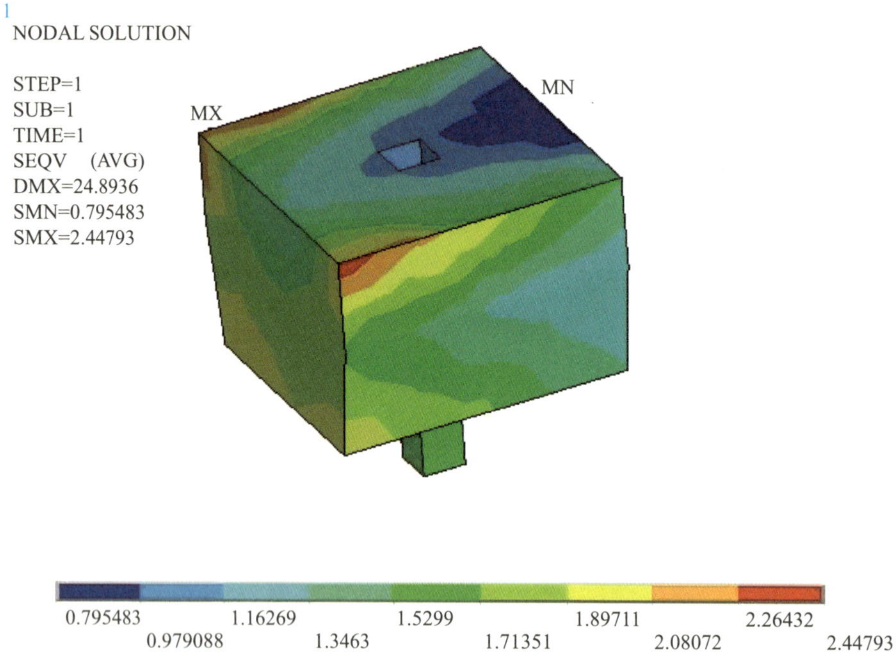

图 8-22 栌斗的 SEQV 应力图

节点计算针对现场检验中存在较大竖向倾斜变形的木柱 Z26、Z27、Z33 和 Z34 所在节点展开。经计算，在静力荷载作用下，节点各组件的安全裕度情况如下：

弓木：最大应力为 2.4MPa，横纹承压强度为 3.56 × 0.9=3.2MPa，承载力安全裕度为 1.3，满足要求。

垫木：最大应力为 2.7MPa，横纹承压强度为 3.2MPa，承载力安全裕度为 1.2，满足要求。

栌斗：最大应力为 2.5MPa，横纹承压强度为 3.2MPa，承载力安全裕度为 1.3，满足要求。

暗销：最大应力为 2.6MPa，横纹抗剪强度为 5.0 × 0.9=4.5MPa，承载力安全裕度 1.7，满足要求。

8.6.4 地震作用计算分析结果

1. 明显变形梁柱节点计算

将现场检测中所获得的最大构件变形施加于梁柱节点计算模型，依据由此得到的计算结果来评价这 4 个节点的抗震性能是偏安全的。

地震作用下弓木、垫木和栌斗明显出现变形，其应力情况如图 8-23~ 图 8-27 所示。

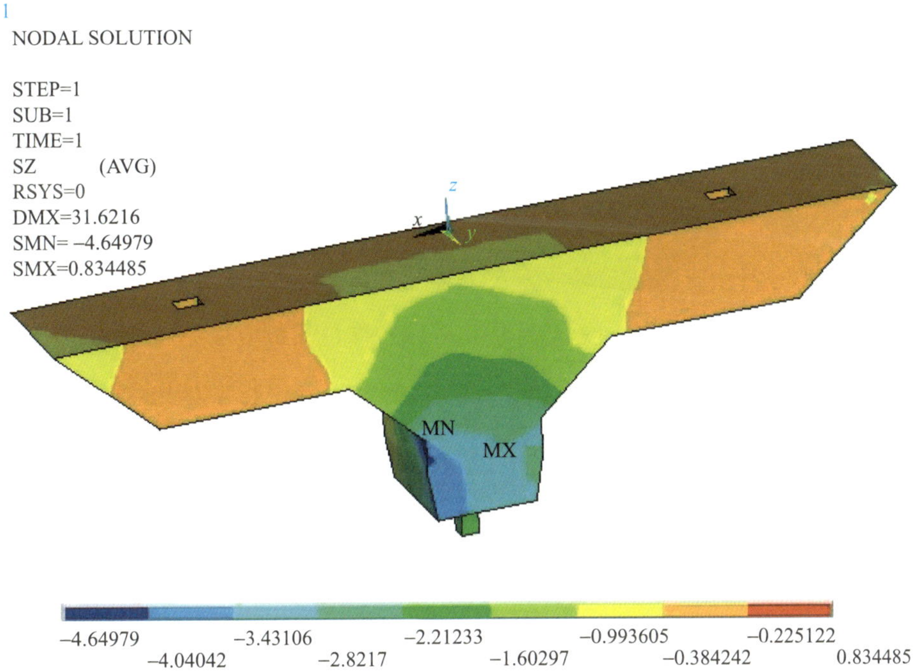

图 8-23 弓木、垫木和栌斗的 SZ 应力图

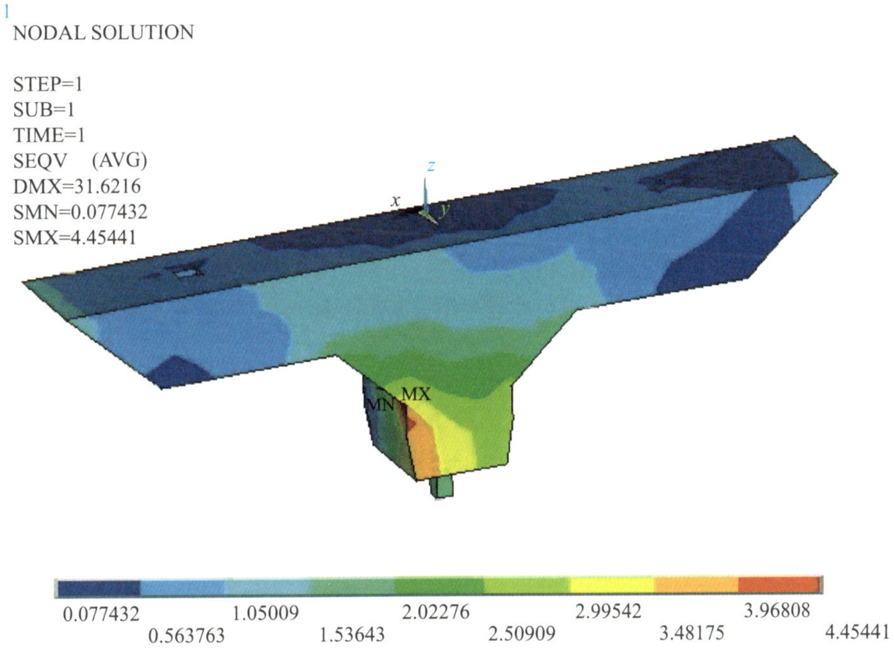

图 8-24 弓木、垫木和栌斗的 SEQV 应力图

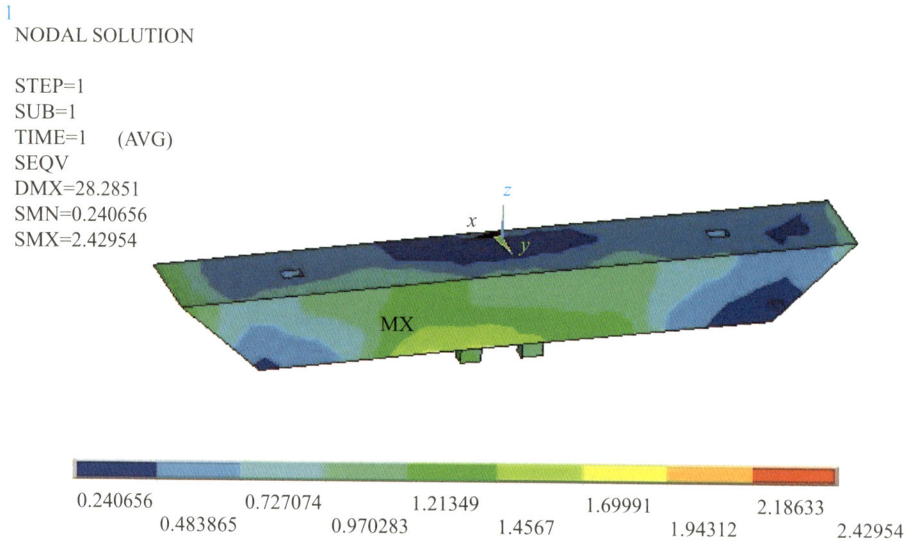

图 8-25　弓木的 SEQV 应力图

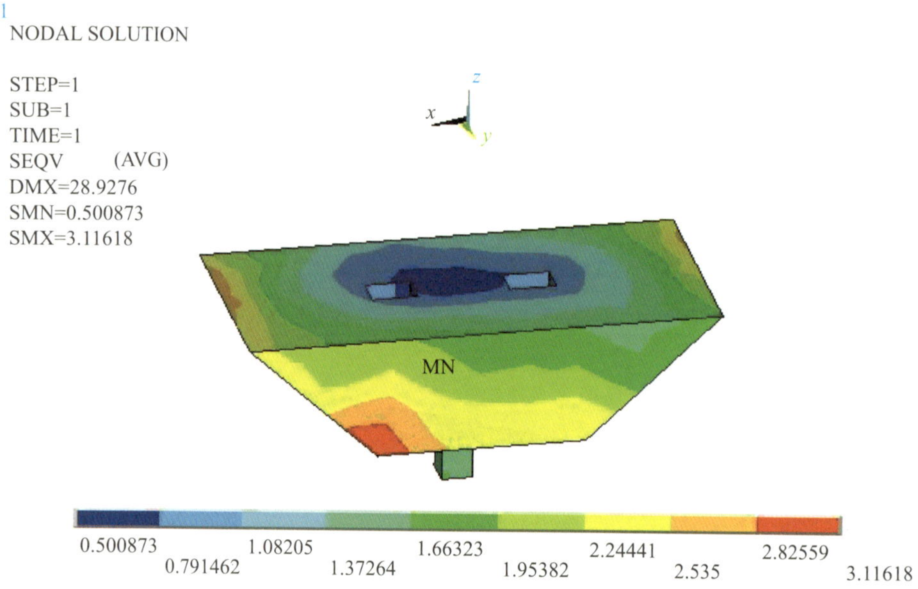

图 8-26　垫木的 SEQV 应力图

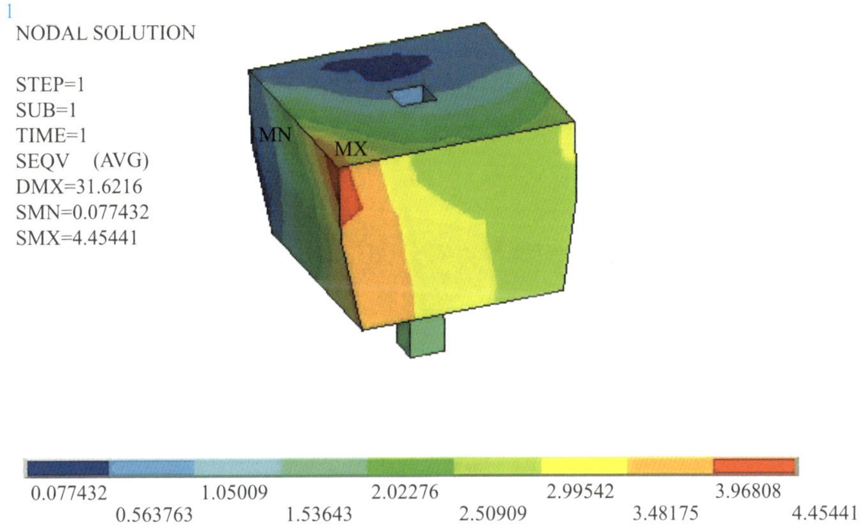

图 8–27 栌斗的 SEQV 应力图

2. 其他未明显变形梁柱节点计算

其他未明显变形的梁柱节点计算，以最不利木柱所在的梁柱节点为代表进行计算，研究未明显变形节点在地震作用下的受力情况。

地震作用下弓木、垫木和栌斗无明显出现变形，其应力情况如图 8-28~ 图 8-32 所示。

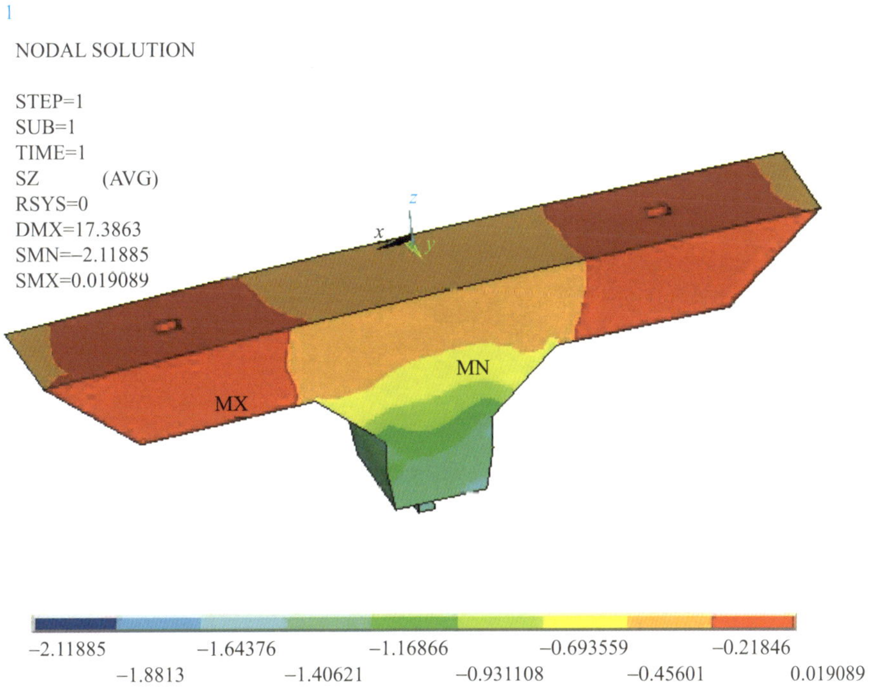

图 8–28 弓木、垫木和栌斗的 SZ 应力图

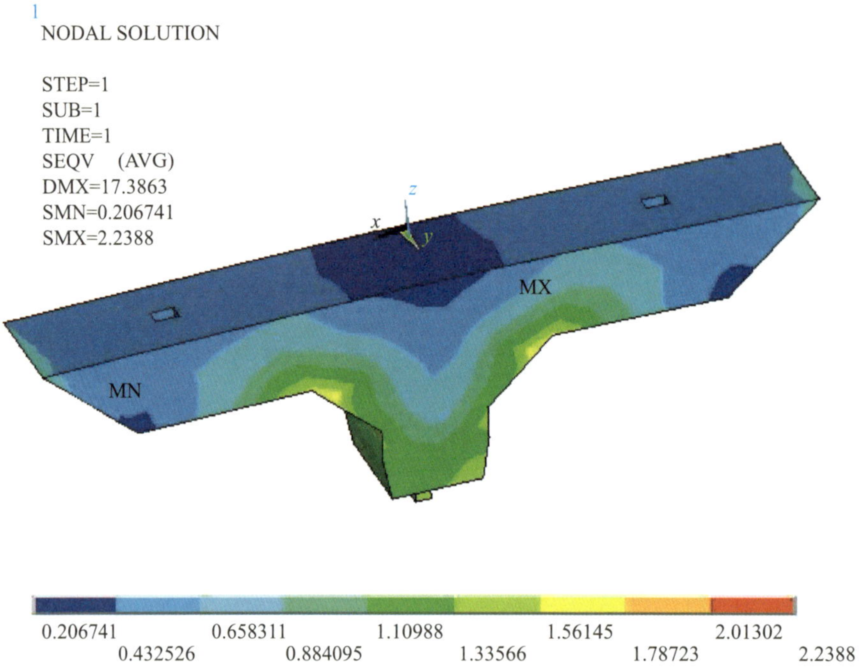

图 8–29　弓木、垫木和栌斗的 SEQV 应力图

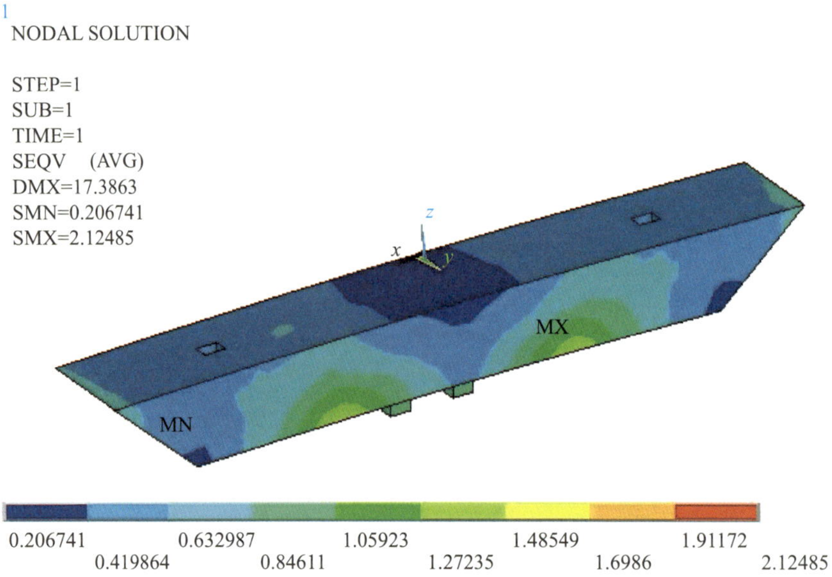

图 8–30　弓木的 SEQV 应力图

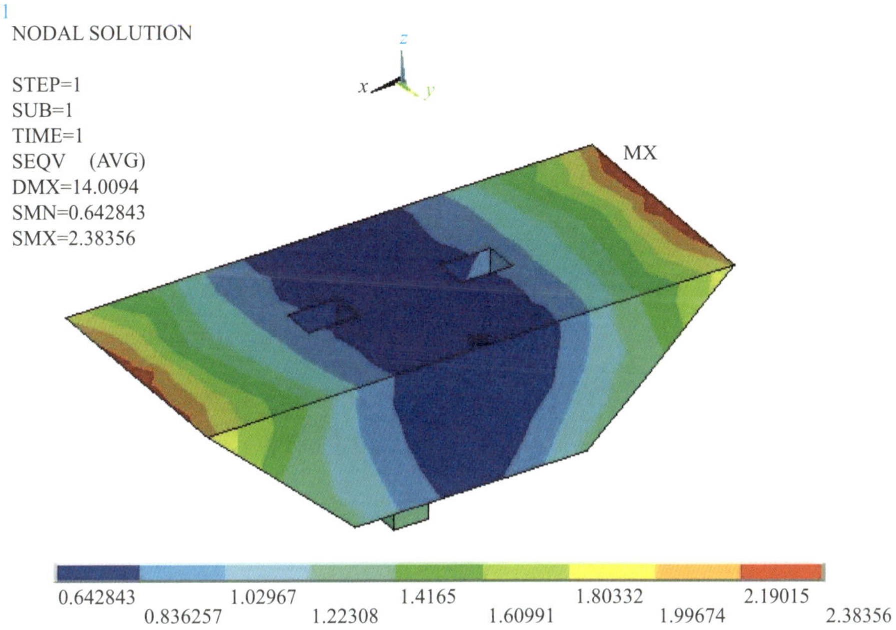

图 8-31 垫木的 SEQV 应力图

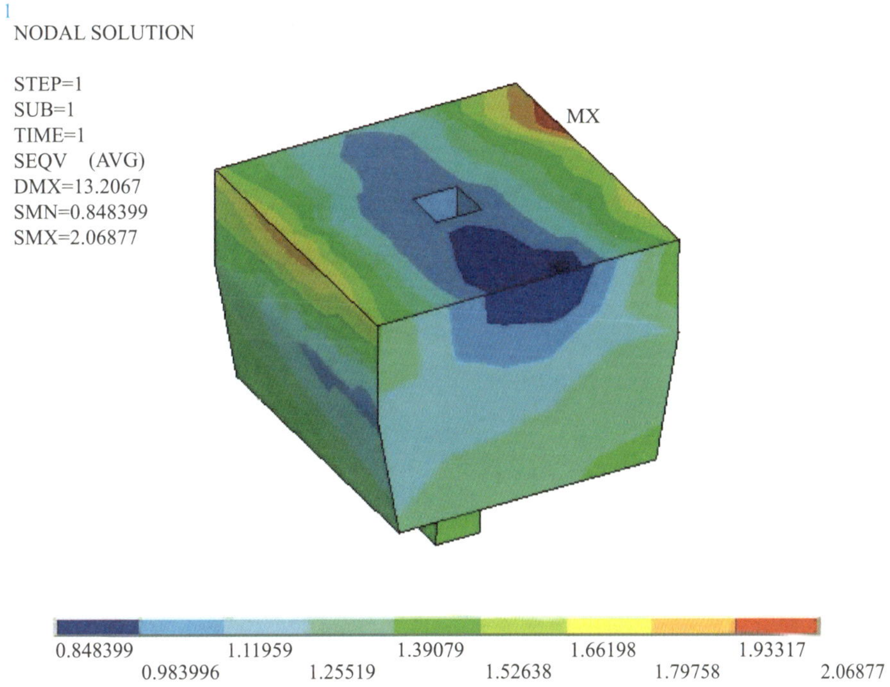

图 8-32 栌斗的 SEQV 应力图

3. 梁柱节点验算比较

节点计算包括两个方面：一方面针对存在较大竖向倾斜变形的木柱所在梁柱节点；另一方面针对其他未出现明显变形的梁柱节点，以最不利木柱所在的梁柱节点作为代表进行计算。经计算，在地震作用组合效应情况下，节点各组件的安全裕度情况如下。

第一种情况的节点安全裕度。针对存在较大竖向倾斜变形的木柱所在的梁柱节点。经计算，存在较大竖向倾斜变形的木柱所在梁柱节点抗震承载力不满足要求。具体各组件情况如下。

弓木：最大应力为 2.4MPa，横纹承压强度为 3.56 × 0.9 × 0.9 × 0.8=2.3MPa，承载力安全裕度为 0.96，不满足要求。

垫木：最大应力为 3.1MPa，横纹承压强度为 2.3MPa，承载力安全裕度为 0.74，不满足要求。

栌斗：最大应力为 4.5MPa，横纹承压强度为 2.3MPa，承载力安全裕度为 0.51，不满足要求。

暗销：最大应力为 3.3MPa，横纹抗剪强度为 5.0 × 0.9 × 0.9 × 0.8=3.2MPa，承载力安全裕度为 0.97，不满足要求。

第二种情况的节点安全裕度。针对其他未明显变形的梁柱节点，选取最不利木柱所在梁柱节点作为代表进行计算。经计算，对未明显变形的梁柱节点，其抗震承载力满足要求。具体各组件情况如下：

弓木：最大应力为 2.1MPa，横纹承压强度为 3.56 × 0.9 × 0.9 × 0.8=2.3MPa，承载力安全裕度为 1.10，满足要求。

垫木：最大应力为 2.3MPa，横纹承压强度为 2.3MPa，承载力安全裕度为 1.00，满足要求。

栌斗：最大应力为 2.1MPa，横纹承压强度为 2.3MPa，承载力安全裕度为 1.10，满足要求。

暗销：最大应力为 1.7MPa，横纹抗剪强度为 5.0 × 0.9 × 0.9 × 0.8=3.2MPa，承载力安全裕度为 1.88，满足要求。

8.7 文物建筑地基承载力验算

8.7.1 文物建筑地基基础形式和特点

文物建筑作为历史文化遗产的重要组成部分，其地基基础形式不仅体现了古代建筑技术的智慧，也反映了当时的地质环境和材料使用的特点。随着时间的推移，文物建筑的地基基础形式呈现出多样化的特征，不同的地基形式在不同历史时期和地域背景下，为建筑物提供了坚实的支撑。

1. 条形基础

条形基础是古代建筑中最常见的一种基础形式，在砖石结构和木结构建筑中应用广泛。这种基础形式一般沿着墙体下方连续布置，其作用是承担并均匀分散墙体的竖向荷载，进而将荷载传递至地基。条形基础多选用石材、砖或夯土进行修筑，因其宽度较大，故而能够增加与地基的接触面积。

条形基础施工工艺相对简单，具有较强的适应性，能够承受较大的水平和竖向荷载，尤其适用于长条状墙体结构的建筑物。不过，若基础底面宽度不够，或地基土质不均匀，就容易引发不均匀沉降现象。

2. 独立基础

独立基础通常用于承载建筑物中柱或塔所产生的竖向荷载。在古建筑领域，独立基础通常采用石材或砖石进行砌筑，其形状多为方形或圆形，设置于木柱或石柱的底部，专门用以支撑单独柱子的重力。

独立基础施工简便，适用于各种地质条件，能够有效地传递竖向荷载。然而，独立基础仅适用于单柱式荷载的支撑，无法像条形基础那样均匀分散墙体荷载，这就有可能导致局部沉降或基础开裂，特别是在受力较为集中的区域。

在中国文物建筑中，以下建筑类型较多地应用了独立基础。

（1）传统木结构建筑

传统木结构建筑中，会大量使用独立柱子来支撑屋顶和楼层，如亭、廊、宫殿等建筑。

中国古代的木结构庙宇：以故宫、颐和园中的殿堂式建筑为例，这些建筑一般会在柱下使用独立基础（石座或石板），以此来承载木柱的重力同时避免木材与地面直接接触。

寺庙建筑：以日本奈良的东大寺为例，其柱子也是通过独立基础进行承载，并且采用石材将木柱与地面隔开，起到防潮的作用。

（2）廊亭、阁楼等小型建筑

廊亭和阁楼这类建筑一般规模较小，然而其结构依赖柱子支撑，所以会采用独立基础来单独支撑每根柱子，例如常见的四角亭、六角亭，每根柱子都配有独立基础，这些基础多由石材或砖石砌筑而成。在古代园林建筑中，像苏州园林里的小型亭廊，其柱子也多采用独立基础。

（3）佛塔、石塔类建筑

古代佛塔或石塔的底部结构使用独立基础来承载塔身的重力。如河北省正定隆兴寺内的塔式建筑，其柱子或塔基有时会使用独立基础来支撑塔身。

（4）西藏地区藏式古建筑

西藏地区藏式古建筑因大量使用石柱和木柱，故而常采用独立基础来支撑柱体，基础一般为石质台座。比如：

布达拉宫：宫殿内的石柱和木柱通过独立基础进行支撑，以此提升结构的稳固性。

藏传佛教寺庙：像大昭寺等建筑，木柱下方同样采用独立石基础，用以承受巨大的屋顶荷载。

3. 筏板基础

筏板基础是一种将整栋建筑物的荷载均匀分布在大面积基础上的形式，通常应用于地基较软或承载力较低的地区。在古建筑中，筏板基础常见于大型宫殿、庙宇或其他重要建筑物，通常由石板或夯土构成，形成一个连续的大面积基础。

筏板基础能够有效地降低不均匀沉降给建筑带来的风险，适用于软弱地基，有助于提升建筑整体的稳定性。不过，这种基础形式对材料的需求量较大，施工过程较为复杂，尤其是在古代，使用大型石材或进行夯土作业的基础工程，需要更高的技术水平和更多的人力投入。此外，筏板基础对地基变形较为敏感，因此需要对地基进行妥善处理。

4. 桩基

桩基在文物建筑中相对少见，但在一些特定的地质条件下，可能会使用木桩或石桩作为基础，以此增强地基承载力。传统的桩基多是木材打入地下，通过桩体的摩擦力和桩端承载力来承受建筑荷载。例如，故宫乾隆花园假山所采用的就是桩基础，以此提高地基的承载力。

桩基对于普通的地基基础而言，能显著提高其承载力，减少沉降现象，特别适合将建筑物荷载传递到更深层、承载力更强的土层。然而，桩基的施工较为复杂，在古代，打桩需要大量的人力并具备一定的技术支持。此外，木桩在长期使用过程中可能会发生腐烂，进而影响基础的稳定性。

5. 石砌基础

石砌基础在古代建筑中较为常见，通常由不规则的石块堆砌而成，石材之间采用泥浆或石灰浆作为黏合材料。这种基础形式不仅能够承载荷载，还能有效抵抗地基的滑动、沉降等不良现象。

石砌基础具有强度高、耐久性强的特点，能长期保持建筑的稳定，特别适用于山地或斜坡等复杂地形。然而，石砌基础对地基沉降较为敏感，不均匀沉降容易导致基础开裂或移位的情况。

6. 夯土基础

夯土基础是古代建筑中常用的一种基础形式，在早期或小型建筑中应用尤为广泛。它通过将土壤夯实，形成稳定的基础层，通常是多层夯筑。夯土基础通常采用黏土、砂土或砾石的混合物，以提高基础的密实度与强度。施工时，会将土壤分层填筑，每层厚度在 10~30cm 之间。每填筑完一层，便使用夯具对土壤反复夯打，直到密实。

夯土基础材料易于获取，施工成本较低，是一种简单方便的传统基础形式，且韧性较好，能适应地基的小幅沉降。然而，它的强度和耐久性比不上石材或砖砌基础，易受水的侵蚀和气候的影响。

中国的长城有部分段落采用了夯土基础，尤其是早期的长城建筑。通过夯实土壤，长城才得以在复杂地形和气候条件下屹立不倒。西安的古城墙也采用了夯土基础。在中国传统的民居建筑中，北方地区明清民居的夯上房屋，经常使用夯土基础来支撑建筑的墙体。

文物建筑的地基基础形式多种多样，体现了古代建筑技术与自然环境的融合。在文物建筑的修复和保护过程中，既要尊重和保留传统的基础形式，也要结合现代技术，采取适当的加固措施，从而提高建筑的安全性和耐久性。

8.7.2 常见基础类型的验算要求

1. 条形基础的验算

条形基础是一种连续基础，它能够将建筑物的竖向荷载沿着基础长度方向均匀地分布到地基上。因此，在验算条形基础时需要注意以下几个方面。

荷载分布：条形基础主要承受沿纵向的荷载分布，在验算过程中，需要充分考虑纵向均布荷载，以确保基础的承载力。

地基承载力：由于文物建筑的建造年代较为久远，在进行地基承载力验算时，可根据建筑物的实际情况和地质条件，合理地对地基承载力进行调整。

基础沉降：重点关注基础的沉降问题，尤其是文物建筑中墙体荷载集中的区域，需防止因不均匀沉降而导致墙体开裂或损坏。

抗震性能：对于处于有地震风险的区域，宜对地基基础进行抗震组合验算，以保证其在地震作用下的安全性。

2. 独立基础验算要求

荷载传递：独立基础直接承受来自柱子的集中荷载，因此需重点验算基础的承载力，确保其能有效地将竖向荷载传递至地基。

冲切和剪切验算：在独立基础的验算中，需进行冲切验算和剪切验算，以防止基础在荷载作用下出现冲切破坏或剪切破坏的情况。

基础沉降：独立基础的沉降与尺寸、荷载大小以及地基条件密切相关，必要时需进行沉降计算。

抗倾覆验算：当独立基础受到水平荷载或偏心荷载作用时，存在发生倾覆的风险，因此需进行抗倾覆验算，以确保基础的稳定。

抗震验算：对于处于地震带的文物建筑而言，独立基础的抗震性能验算是不可忽视的，需考虑基础在水平地震力作用下的安全性。

3. 桩基础的验算要求

承载力验算：桩基础验算的首要任务是确保桩体具备足够的竖向承载力，能够将建筑物荷载传递至深层承载力较高的地基。在文物建筑中，验算需要考虑桩的材料特征，例如木桩的老化和腐朽问题。

桩侧摩阻力与端承力：桩的承载力由桩侧摩阻力和桩端承载力共同构成，需分别对两者进行验算。对于文物建筑所处的软弱地基，桩侧摩阻力的贡献较大，需根据土层特性进行合理估算。

群桩效应：当桩基础采用群桩形式时，需考虑群桩效应，即多个桩之间的相互影响。特别是在荷载较大的情况下，需通过验算来调整桩的布置和数量，以保证每根桩都能正常发挥作用。

沉降验算：桩基础的沉降计算是验算的重要部分，需评估桩基础在竖向荷载作用下的总沉降和差异沉降，避免因沉降引发的结构损伤。

地震作用验算：对于处于地震区的桩基础建筑，需验算桩基础在地震作用下的稳定性。特别是桩土相互作用的分析，确保桩基础在地震作用下不会发生严重损坏。

8.8 坚塞颇章宫地基承载力验算示例

坚塞颇章宫采用的是常见的墙下条形基础及柱下条形基础，验算时依据现场检查和地勘资料，综合考虑了上部荷载的传递状况以及地基基础的现状。

8.8.1 地基土岩土工程特征

根据参考地勘报告的场地勘探成果资料，坚塞颇章宫场地在勘探深度（最深 15m）范围内的地层结构较为简单，主要由人工填土（素填土）与第四系冲积层构成，地层岩性包括：人工填土、中粗砂、圆砾、卵石。

1. 人工填土

场地范围内广泛分布着不同厚度的该层土，其中场地西北部地带分布较厚。该层土层厚 1.8~2.4m，主要以人工回填的亚黏土、砂、卵砾石为主，颜色呈褐黄色，含有少量块石及建筑垃圾。在该层土体中，ZK5 号孔处存在厚约 25cm 的混凝土层，估计为过去市政公路建筑遗留物。据场地动力触探试验资料，该层土体承载力标准值在 150.4~250.4kPa 之间，平均值为 164.4kPa；变形模量基本值在 13.3~15.8MPa 之间，平均值为 15.3MPa。

由于人工回填土、中粗砂土层厚度较薄，土体力学参数有限，进行力学参数统计意义不大，因此仅计算其力学参数平均值。经计算，人工回填土承载力平均值为 172.4kPa，压缩模量平均值为 19.8MPa；中粗砂承载力平均值为 284.6kPa，压缩模量平均值为 8.35MPa。卵石土是场地内主要分布土体，其厚度较大，在勘探深度范围内未见底，平面上分布连续，空间分布较为稳定。经力学参数统计分析表明，土体力学参数变异系数介于 0.4~0.5 之间，大于 0.300，属力学参数高变异等级，为力学性质不均一型地基，卵石土体承载力标准值为 265.06kPa，变形模量标准值为 18.723MPa，土体工程地质性能中等，承载力中等。

2. 含砾中粗砂

勘察资料显示，在场地范围内 ZK1、ZK2 钻孔所在的场区均有该层土揭露。其中，ZK1 钻孔中有两层分布。在 ZK1 钻孔中，该层土层厚为 0.8~1.6m，顶板埋深为 5.7~7.0m，底板埋深为 6.5~28.6m。在 ZK2 钻孔中，上层位于 2.9~4.1m 之间，厚为 1.2m，下层位于 6.7~8.7m 之间，厚为 2m。该层土呈灰色，结构松散或稍密，含少量卵石、砾石，砾石粒径一般为 3~5mm，卵、砾石磨圆较好，岩性成分为砂岩、灰岩、花岗岩等；据场地工程测试资料，该层土的承载力标准值在 140~290kPa 之间，变形模量为 8MPa。

3. 卵石土

勘察资料显示，在坚塞颇章宫场地范围内均有该层土分布，但埋深并不均匀，在勘察深度（最深 15m）范围内未揭穿见底。该层土顶板埋深在 1.8~2.4m 之间；其呈灰色，结构稍密或松散，卵石磨圆较好，分选一般或较好，粒径一般在 2~8cm 之间，个别可达 10cm，其间由中粗砂充填，砾石粒径一般在 2~10mm 之间，多呈次圆状。砾石、卵石的岩性为石英砂岩、灰岩、花岗岩、闪长岩、石英岩等。据钻孔动力触探资料，该层土体承载力基本值为 150~350kPa，平均值为 265.06kPa；变形模量标准值为 13~25MPa，平均值为 18.723MPa。

综上，各层土体承载力的最低值为 140kPa。考虑到建筑的建造年代久远，地基承载力存在 10% 的上升幅度，在计算时地基承载力取值为 140 × 1.10=154kPa。

8.8.2 地基承载力验算

1. 基础形式

（1）墙下条形基础

根据《西藏布达拉宫修缮工程报告》记载，墙的基础宽度由墙高、墙顶宽和收分情况确定。坚塞颇章宫的外墙高（含基础埋置深度 2m）12.7m，墙顶宽 0.730m，外墙收分 5%，则基础宽度为 12.7 × 0.05+0.73=1.365m。

（2）柱下条形基础

结合本建筑实际情况，柱下条形基础的宽度偏安全取等于柱的宽度。

2. 基底反力

依据整体计算结果，建筑物柱下条形基础的基底反力如表 8-3 所示。

表 8-3 柱下条形基础基底反力

柱编号	柱底反力（kN）	基底反力（kPa）	是否满足要求	柱编号	柱底反力（kN）	基底反力（kPa）	是否满足要求
Z15	70	337/9.83/0.3=114	满足	Z26	71	197/9.83/0.3=67	满足
Z16	69			Z33	82		
Z17	190			Z32	40		
Z18	8			Z21	4		
Z19	7	273/9.83/0.3=93	满足	Z22	7	268/9.83/0.3=91	满足
Z30	136			Z23	137		
Z29	64			Z24	61		
Z28	66			Z25	63		
Z20	4	205/9.83/0.3=70	满足	Z7	9	349/9.83/0.3=118	满足
Z31	41			Z8	192		
Z34	86			Z9	69		
Z27	74			Z10	78		

建筑物墙下条形基础的基底反力如表 8-4 所示。

表 8-4 墙下条形基础基底反力

墙编号	墙底反力（kN/m）	基底反力（kPa）	是否满足要求
轴线 12/1H~1B	202	148	满足
轴线 111/1H~1B	183	134	满足
轴线 1B/12~111	177	130	满足
轴线 1H/12~111	202	148	满足
轴线 1J/15~18	207	152	满足

3. 计算结论

柱下条形基础最大基底反力为 118kPa，安全裕度为 1.2，满足要求；

墙下条形基础最大基底反力为 152kPa，安全裕度为 1.0，满足要求。

9

CHAPTER NINE

世界遗产地文物建筑

安全与抗震评估

9.1 抢救性修缮与预防性保护

抢救性修缮是一种临时性措施，通常适用于那些已经处于岌岌可危状态的文物建筑。这些措施包括对建筑进行支顶和抢救性维修，以确保其不塌不漏。然而，抢救性修缮只能解决眼前的问题，并非长远之计。随着国家经济实力不断增强，我们有条件拿出更多的资金来进行文物建筑的维修和保护。因此，文物保护的最终目的应是预防性保护，而非单纯的抢救性修缮。

国家文物局在《国家文物保护科学和技术发展“十二五”规划》中指出，应推进文物的抢救性保护与预防性保护的有机结合，加强文物的日常保养和监测，改善文物的保存环境。在《国家文物事业发展“十三五”规划》中，更是明确提出要由注重抢救性保护向抢救性与预防性保护并重转变，由注重文物本体保护向文物本体与周边环境、文化生态的整体保护转变。

9.2 文物建筑检测与评估的重要性

文物建筑检测鉴定评估是开展预防性保护工作的第一步。通过检测鉴定评估，可以揭示文物建筑面临的各种自然与人为风险因素，了解损伤原因、程度和规律，进而采取一系列科学管理和技术手段，包括风险预防、控制、维护以及应急处理等，及时降低或消除这些风险隐患。这一过程可以有效阻止或延缓文物建筑结构在物理、化学性质方面的改变，最终实现文物建筑延年益寿、长久保存的目标。

近年来，国家和地方政府在历史文化建筑方面制定了一系列技术规范，如《古建筑木结构维护与加固技术标准》（GB/T 50165—2020）、《古建筑砖石结构维修与加固技术规范》（GB/T 39056—2020）等。这些规范的出台虽然较晚，但为古建筑维修技术朝着科学化方向发展奠定了良好的基础。然而，面对数以万计的文物建筑，尤其是在安全评估工作方面，这些规范仍存在不足。目前许多领域的文物建筑维修与加固工作仍缺乏国家标准规范，同时存在诸多亟待解决的技术问题，这在很大程度上严重阻碍了文物建筑保护工作的顺利开展。

9.3 罗布林卡文物建筑安全与抗震评估

9.3.1 安全与抗震评估涵盖的内容

结构安全评估涵盖了文物建筑结构的各个方面，包括结构安全性、材料耐久性、构件变形和损伤程度、节点连接的可靠性以及外部环境影响等多个维度。对于罗布林卡的文物建筑而言，因其处于抗震区，依据文物管理部门的要求，还需考虑文物建筑的抗震安全。

1. 结构安全性

承载能力评估：文物建筑的结构安全性主要体现在其承载能力方面。承载能力是指建筑各构件和节点在正常使用条件下，所能承受的最大荷载。评估建筑的承载能力时，需要综合考虑建筑材料的强度、刚度和稳定性，通过计算分析判断建筑是否满足当前及未来的使用要求。

结构稳定性分析：对于木结构建筑，尤其是像罗布林卡这样的历史建筑，稳定性是评估工作的关键内容。建筑的整体稳定性不仅依赖于单一构件的强度，还涉及整体结构体系的协调性。因此，评估过程中需要特别关注建筑在各种荷载条件下的稳定性，防止因局部失稳而引发整体结构问题。

2. 材料的耐久性

材料老化分析：文物建筑使用的材料大多为木材、石材等天然材料，这些材料随着时间的推移，会逐渐出现老化、腐蚀等问题。通过对材料的强度、硬度、韧性等参数的检测，可以评估其当前的耐久性。

环境影响评估：材料的耐久性还受到环境因素的影响，如湿度、温度变化、紫外线辐射等。特别是在西藏地区，温差较大且湿度变化明显，对木材等材料的影响尤为显著。因此，评估时需结合当地的气候条件，综合考虑材料的长期耐久性。

3. 构件变形和损伤程度

构件变形：构件的变形通常是建筑结构出现问题的先兆。通过三维扫描、形变测量等技术手段，可以精确测量构件的变形程度，判断其是否超过允许的变形范围。

裂缝与空洞检测：裂缝和空洞是结构损伤的重要表征。通过热成像、超声波检测等技术，可以有效发现构件内部的裂缝和空洞，并评估其对结构安全产生的影响。

4. 节点连接的可靠性

节点连接形式评估：节点是建筑结构中各构件的连接点，其稳固性直接影响到整个建筑的安全性。评估节点连接的可靠性，需检查连接形式是否完好、是否存在松动或损坏现象，并对关键节点进行重点分析。

连接件老化分析：文物建筑中的连接件如铁钉、榫卯等，随着时间的推移可能会出现锈蚀、松动或磨损。因此，需对这些连接件进行详细检查，确保节点的稳固性。

5. 抗震性能

抗震性能分析：罗布林卡所在的西藏地区属于地震多发区，因此，建筑的抗震性能至关重要。通过对建筑的抗震性能进行验算分析，可以评估其在地震等动态荷载下的安全性，确保建筑能够抵御突发的地震灾害。

9.3.2 安全与抗震评估的步骤

安全评估的步骤包括资料收集与前期调查、结构分析与验算、危险构件评估、综合安全评估报告的编制等环节。这些步骤相互关联，形成一个完整的评估体系。针对罗布林卡文物建筑，项目组在前期的现场工作和后期的验算分析中，开展了大量工作，为最终的综合安全等级评定提供了翔实的资料和数据。

具体的工作总结如下。

1. 资料收集与前期调查

历史资料收集：评估工作的第一步是收集罗布林卡建筑的历史文献、设计图纸、修缮记录等资料。通过对历史资料的研究，了解建筑的设计理念、施工工艺、历次修缮情况等，这些信息为现场检测和结构分析提供了必要的背景数据。

现场勘察与检测：在完成历史资料收集的基础上，开展现场勘察和检测工作。现场检测是通过三维扫描、热成像、材料强度检测等现代技术手段，获取建筑当前的实际状态数据。这些数据包括构件的尺寸、形状、材料状态、损伤情况等，为后续的结构分析提供了翔实的基础。

2. 结构分析与验算

有限元建模分析：依据前期检测数据，运用 ANSYS 等有限元分析软件开展详细的建模与分析。有限元分析能够模拟建筑在不同荷载条件下的受力状态，精确计算各构件及节点的应力分布、变形程度等关键参数。这一分析过程有助于评估建筑的整体安全性，识别出结构中的薄弱部位。

关键节点分析：对于像罗布林卡这类木结构建筑而言，关键节点的承载能力直接关系建筑的安全。通过对重要的木结构节点进行重点分析，可以判断其连接强度、承载能力是否符合规范要求，并提出加固或修缮的建议。

根据整体的安全评估工作流程，还需完成综合安全评估。依据综合评估报告的结果，对建筑的安全状况进行等级划分。风险等级划分一般分为安全、需要修缮、紧急加固等类别，为后续的修缮工作提供指导依据。通过系统的安全评估和科学的风险等级划分，可以确保这些历史建筑在未来得到更妥善的保护和传承。

9.3.3 安全与抗震评估的必要性

文物建筑的安全与抗震评估是保护工作的关键环节。全面且准确的安全评估，可以识别出建筑结构中的薄弱部位，避免因忽视高风险区域而导致的严重损害。同时，评估结果能为修缮工作给予明确的指导，有助于合理分配修缮资源，避免不必要的干预。

（1）风险评估的必要性

在复杂的历史建筑修缮过程中，全面准确的风险评估是前提。借助科学手段对建筑现状加以评估，不仅可以识别出当前存在的潜在问题，还可预判未来可能出现的风险隐患。这种前瞻性分析为修缮决策提供了依据，有利于最大限度地延长建筑的使用寿命。

（2）风险等级划分的意义

风险等级划分可让修缮工作更具针对性。明确划分风险等级后，在资源有限的条件下，能优先处理对建筑整体安全影响重大的高风险区域，避免因过度修缮致使历史建筑出现“新化”问题，最大限度地保留建筑的原真性。

（3）评估工作的长远影响

合理的安全评估与风险等级划分，既为当前的修缮工作提供了科学依据，又为未来的维护和保护工作奠定了基础。通过定期的安全评估和等级调整，可以确保罗布林卡文物建筑在整个生命周期内始终处于可控状态，避免突发性问题的发生，延长建筑的使用寿命。

罗布林卡文物建筑的安全评估及等级划分是一项复杂而系统的工作，涉及多方面的专业知识和技术手段。通过这一系列科学、严谨的工作，可以确保文物建筑在修缮前得到全面的技术保障，并有效避免过度或不足的修缮措施，最终实现文化遗产的可持续保护和传承。

9.4 坚塞颇章宫结构安全等级评定

坚塞颇章宫为西藏地区藏式古建筑，外侧为墙体承重，内部为木构架承重，目前尚未有明确适用的安全性鉴定标准。考虑到文物建筑的建筑形式、建成年代、保存现状等，参考《近现代历史建筑结构安全性评估导则》（WW/T 0048—2014）进行评定。

9.4.1 地基基础安全性评定

根据《近现代历史建筑结构安全性评估导则》（WW/T 0048—2014），地基基础安全性评估应包括地基和基础两个部分。

1. 一级评估

根据现场实际勘察检测结果显示，地基未出现不均匀沉降现象，满足一级评估的要求；上部结构砌体部分未出现宽度大于5mm的沉降裂缝，也未出现因地基不均匀沉降而导致上部结构倾斜率或沉降差大于0.7%等情况。因此，基础满足一级评估要求。

2. 二级评估

地基、基础满足一级评估要求，不必进行二级评估。

3. 评估结论

地基基础安全等级为a级，其安全性基本满足要求。

9.4.2 上部结构构件安全性评估

根据《近现代历史建筑结构安全性评估导则》（WW/T 0048—2014）第7章“上部结构构件安全评估”中第7.3节“砌体结构构件”的相关条款，进行评估。

1. 砌体结构构件

砌体结构的检测勘察应包括砌体的外观质量、材料强度、变形、裂缝、构造等 5 个项目，任何一项目不满足一级评估要求，则应进行二级评估。

（1）一级评估

砌体结构构件的外观质量：本建筑未见明显砌筑质量引起的缺陷，或人为破坏，以及自然风化构成无承重结构截面削弱，满足一级评估要求。

砌体构件的材料强度：承重外墙用块石、片石、碎石和湿土垒砌，每层块石之间采用片石填充，内填不规整块石和碎石。块石强度 100MPa，满足《近现代历史建筑结构安全性评估导则》（WW/T 0048—2014）需要大于 MU10 强度等级的要求，满足一级评估要求。

砌体结构构件变形：坚塞颇章宫外墙存在收分，通过现场检测可知，外墙墙体收分率为 5%~9%。砌体结构构件不存在明显变形，满足一级评估要求。

砌体构件的裂缝：经现场检测，外墙仅存在表面灰浆脱落，未见明显裂缝，满足一级评估要求。

砌体构件的构造：经对墙体高厚比验算，砌体墙体高厚比符合国家现行设计规范要求，连接及砌筑方式正确，主要构造基本符合国家现行设计规范标准，仅有局部表面缺陷，工作无异常，满足一级评估要求。

（2）二级评估

一级评估中砌体的外观质量、材料强度、变形、裂缝、构造等 5 个项目满足一级评估要求，可不进行二级评估。

2. 木结构构件

（1）一级评估

木结构的检测勘察应包括木构件的外观质量、变形、裂缝、构造等 4 个项目，任何一项目不满足一级评估要求，则应继续进行二级评估。

当需要对木结构进行二级评估时，应对木材的力学性能，以及木材的腐朽、蛀蚀、缺陷等情况进行检测；同时，需要扣除各种因素造成的截面损失，实测木构件截面有效值。

木结构构件的外观质量：经现场检验检测，木梁、木柱呈未出现腐朽、蛀蚀现象，但存在干缩裂缝或者劈裂情况，其有效面积受损率大于 7.5%，不满足一级评估要求。

木结构构件变形：通过现场检测可知，木梁的最大挠度值为 18mm，最小挠度值为 3mm，符合《近现代历史建筑结构安全性评估导则》（WW/T 0048—2014）中梁变形限值 $L_0/180$ 的要求；所测木柱的最大倾斜值为 42mm，最小倾斜值为 1mm，其中 24 根柱不满足《近现代历史建筑结构安全性评估导则》（WW/T 0048—2014）中柱变形限值 $h/180$ 的要求。

木结构构件的斜裂缝：木梁、木柱存在干缩裂缝，且木结构构件出现斜裂缝或斜纹理，其斜率不满足《近现代历史建筑结构安全性评估导则》（WW/T 0048—2014）中对受弯构件不大于 12%，轴压构件不大于 17% 的要求，不满足一级评估要求。

木结构构件的构造：连接（或节点）连接方式正确，主要构造基本符合国家现行设计规范要求，无缺陷，或仅有局部表面缺陷，通风良好，工作无异常。因此，此项满足一级评估要求。

（2）二级评估

在一级评估中，木结构构件的砌体外观质量、构件变形及斜裂缝等方面不满足一级评估要求，应进行二级评估。经计算，木柱、木梁等木构件满足承载力要求。

9.4.3 上部结构安全综合评估

根据《近现代历史建筑结构安全性评估导则》（WW/T 0048—2014）附录 B 给出各类构件的权重比值如表 9-1 所示。

表 9-1 各类构件权重比

楼（屋）面板	主梁	柱	墙体
1.00	2.96	5.36	5.36

根据《近现代历史建筑结构安全性评估导则》（WW/T 0048—2014）附录 B 中关于楼层权重系数的确定方法进行计算，得出楼层在建筑整体中的权重系数如表 9-2 所示。

表 9-2 楼层在建筑整体中的权重系数计算表

基础	首层	二层	三层
0.50	0.33	0.17	0.00

构件在楼层中的权重系数与楼层在建筑整体中的权重系数乘积即为构件在建筑整体

中的权重系数。

按《近现代历史建筑结构安全性评估导则》(WW/T 0048—2014)确定安全性不满足要求构件的权重比 Γ，其中 $\sum\omega_i$ 为不满足构件的权重，$\sum\omega_j$ 为所有构件的权重。

$$\Gamma=\sum_{i=1}^{n}\omega_i/\sum_{j=1}^{m}\omega_i\times 100\%=5.36/414.97=0.01$$

上部结构组成部分安全性等级为 B 级，极少数构件需要采取措施。

9.4.4 结构安全性等级评估

根据《近现代历史建筑结构安全性评估导则》(WW/T 0048—2014)规定，建筑整体安全性评估按地基基础、上部结构两个安全性等级中较低的一个等级确定。因此，本建筑整体安全性等级评定为 B 级，即尚不显著影响整体安全，少数构件需要采取措施。

9.4.5 重点保护部位完损状况评定

1. 一般规定

重点保护部位完损等级分为完好、一般损坏、严重损坏三个等级。

重点保护部位检测勘察应包括外立面重点保护部位、屋面重点保护部位、室内重点保护部位及其他重点保护部位等内容。重点保护部位主要包括以下几个方面。

(1)外立面重点保护部位包括外墙面、外墙花饰、线脚及雕塑等。

(2)屋面重点保护部位包括屋面瓦、烟囱、檐口花饰及雕塑。

(3)室内重点保护部位包括特色的内墙面、楼地面、木装饰、天花吊顶、花饰线及雕塑等。

(4)其他重点保护部位包括建筑的平面布局、结构体系、重要事件和重要人物遗留的痕迹等。

2. 外立面重点保护部位

坚塞颇章宫外部保护重点为石材外墙面。根据现场损伤检验结果，外墙墙面漆存在局部脱落。经计算分析，外墙面受损范围未超过 15%，根据《近现代历史建筑结构安全性评估导则》(WW/T 0048—2014)第 9.2 条表 20 中的规定，外立面重点保护部位的完损等级为一般损坏。

3. 屋面重点保护部位

坚塞颇章宫屋面保护重点为藏式平屋顶及歇山屋顶。根据现场损伤检验结果，屋面阿嘎土层存在局部开裂。经计算分析，屋面重点保护部位受损范围未超过 15%，根据《近现代历史建筑结构安全性评估导则》（WW/T 0048—2014）第 9.3 条表 21 中的规定，屋面重点保护部位的完损等级为一般损坏。

4. 室内重点保护部位

坚塞颇章宫室内保护重点为内墙面、楼地面、木装饰、天花吊顶、花饰线脚。根据现场损伤检验结果，楼地面、木装饰、天花吊顶、花饰线脚未见明显缺陷，内墙面局部存在裂缝。经计算分析，内墙面损伤面积未超过 20%，根据《近现代历史建筑结构安全性评估导则》（WW/T 0048—2014）第 9.4 条表 22 中的规定，室内重点保护部位的完损等级为一般损坏。

5. 其他重点保护部位

坚塞颇章宫平面无改动，结构体系未受损，重要事件和重要人物遗留的痕迹基本完好，局部墙体壁画因墙体抹灰开裂或渗水破坏，其他重点保护部位完损等级为一般损坏。

9.5 坚塞颇章宫结构抗震鉴定

西藏地区藏式古建筑作为一种独特的建筑形式，因其独特的结构特点和文化价值，在抗震性能评估中有着与普通砖木结构建筑显著不同的表现。目前，由于尚未出台专门针对西藏地区藏式古建筑的抗震鉴定标准与规范，故而在进行抗震鉴定时，需结合多种相关标准进行综合评估。

9.5.1 西藏地区藏式古建筑的结构特点

西藏地区藏式古建筑地处高原地区，受气候、地理环境及历史文化等因素的影响，形成了独具特色的结构特点。其建筑材料主要为砖石和木材，构建成砖木混合结构。在西藏地区恶劣的自然环境中，这种结构形式展现出良好的适应性和一定的抗震能力。

1. 厚重的石墙或夯土墙

西藏地区藏式古建筑的墙体一般采用石材或夯土砌筑而成，墙体厚度较大。这种设计能够提供良好的保温性能，有效抵御高原地区的强风。然而，这种厚重的墙体在地震中易开裂，尤其是在强震作用下，更易发生脆性破坏。

2. 木质构架

西藏地区藏式古建筑的木质构件，如屋顶、梁柱、檩条等，普遍使用木材来建造。木材具有较好的韧性，在地震中能够有效缓冲震动冲击，减轻建筑整体所受到的损害。而且，木材的轻质特性也有利于降低建筑的总质量，进而提升建筑的抗震性能。

3. 低层建筑为主

西藏地区藏式古建筑多为 1~3 层的低层建筑，这样的设计有助于降低建筑的重心，从而提升建筑抗震性能。但需要注意的是，尽管是低层建筑，也并不意味着就不存在抗震隐患。由于墙体厚重、建筑结构相对复杂，在地震发生时，仍可能遭受较为严重的损害。

9.5.2 西藏地区藏式古建筑结构抗震性能分析

西藏地区藏式古建筑在抗震性能方面，呈现出韧性与刚性兼具的特点，但也存在较为显著的局限性。

1. 韧性与刚性的结合

木质构架部分因其良好的韧性，在地震中能够有效地减缓震动冲击。而厚重的石墙或夯土墙则提供了良好的刚性，使其在小震中不易损坏。但这种刚性与韧性之间的矛盾也显而易见，石墙在强震作用下极易破裂甚至坍塌，而木柱由于截面小，很难形成第二道防线。

2. 抗震能力的局限性

虽然西藏地区藏式古建筑在小震和中震中表现尚可，但在遭遇强震时，其主要由砖石构成的墙体，可能会因自身质量过大且缺乏现代抗震措施而出现失稳现象。此外，木质构架的抗震能力在很大程度上依赖于连接节点的强度和稳定性。若节点设计不合理，或者因使用年限较长而出现破损，就极有可能导致结构失稳。

9.5.3 西藏地区藏式古建筑抗震鉴定标准和依据

目前，西藏地区藏式古建筑缺乏专门的抗震鉴定标准和规范。因此，在对其进行抗震鉴定时，需综合运用现有的相关标准进行评估。主要依据如下。

《近现代历史建筑结构安全性评估导则》（WW/T 0048—2014），该导则建议近现代历史建筑的抗震性能评估宜参照《建筑抗震鉴定标准》（GB 50023—2009）进行。《建筑抗震鉴定标准》（GB 50023—2009）适用于普通砖木结构建筑的抗震性能评估，西藏地区藏式古建筑的砖石部分可参考此标准进行评估。

《古建筑木结构维护与加固技术标准》（GB/T 50165—2020），该标准专门针对古建筑木结构的维护和加固，提供了对木质构件抗震性能评估的依据。在对西藏地区藏式古建筑的木楼盖、屋盖部分进行抗震鉴定时，应参考《古建筑木结构维护与加固技术标准》（GB/T 50165—2020）进行评估。

因此，在实际的抗震鉴定过程中，需分别对砖石部分和木质结构部分采用不同的标准进行综合评估，以此确保鉴定结果具有科学性和准确性。

9.5.4 抗震鉴定的关键要点

在进行西藏地区藏式古建筑的抗震鉴定时，主要需重点关注以下几个方面。

1. 墙体开裂和脱落风险

由于西藏地区藏式古建筑的墙体多由石材或夯土构成，在地震中易出现开裂。因此，墙体的裂缝情况是抗震鉴定中的重要关注点，需重点检测并评估其稳定性。

2. 木质结构节点连接的牢固性

木质构件的连接节点作为抗震能力的重要组成部分，对抗震性能影响显著。在抗震鉴定中，需加强对梁柱、檩条等木质构件连接节点的检查，确保其在地震中的承载能力。

3. 楼面和屋顶的稳定性

罗布林卡的主要宫殿采用阿嘎土的楼面和屋面，它们是传递水平力的重要构件，需要仔细分析并充分考虑楼板和屋面板的刚度。

4. 基础稳定性

西藏地区藏式古建筑多处于地震多发区，基础的稳定性对于整体建筑的抗震性能起着决定性作用。需评估基础是否存在沉降或不均匀沉降的迹象，并检查基础材料的耐久性和抗震能力。

综上所述，西藏地区藏式古建筑的抗震鉴定工作需要结合多种规范和标准进行科学评估，并采取合理的加固措施，才能有效提升其在地震中的安全性，保护这一珍贵的文化遗产。

9.5.5 第一级鉴定

对于西藏地区藏式古建筑的抗震鉴定，本章分别依据《近现代历史建筑结构安全性评估导则》(WW/T 0048—2014) 和《古建筑木结构维护与加固技术标准》(GB/T 50165—2020) 对建筑进行抗震鉴定。根据《近现代历史建筑结构安全性评估导则》(WW/T 0048—2014)，近现代历史建筑的抗震性能评估宜按《建筑抗震鉴定标准》(GB 50023—2009) 的要求进行。

根据《建筑抗震鉴定标准》(GB 50023—2009) 第五章“多层砌体房屋”中的相关条款，对砂浆砌筑的料石墙房屋进行鉴定评级。在第一级鉴定中，对于多层砌体房屋，其墙体的抗震承载力应依据纵、横墙间距进行简化验算。若满足第一级鉴定的各项规定，则应评定为满足抗震鉴定要求；若不符合第一级鉴定要求，则应在第二级鉴定中采用综合抗震能力指数的方法，并计入构造影响来做出判断。

1. 第一级鉴定砖石墙体部分

根据《建筑抗震鉴定标准》(GB 50023—2009) 的要求以及实际震害的经验总结，对处于 8 度区的砖木结构房屋，需重点检验以下内容：房屋的高度和层数、抗震墙的厚度和间距、墙体的砖、砂浆强度等级和砌筑质量、墙体交接处的连接以及女儿墙、雨篷、阳台、天沟、挑檐、挑楼梯和出屋面烟囱等易引发倒塌伤人的部位。在 8 度区时，还应检验楼屋盖处的圈梁、楼（屋）盖与墙体的连接构造，以及墙体布置的规则性等。同时，多层砌体房屋的外观和质量符合以下要求。

(1) 墙体无空鼓、无严重酥碱且无明显歪闪。

(2) 承重大梁的墙体无竖向裂缝，承重墙、自承重墙及其交接处无明显裂缝。

(3) 楼盖构件无明显变形和严重开裂。

(4) 木楼、屋盖构件无明显变形、腐朽、蚁蚀和严重开裂。

根据抗震鉴定标准，坚塞颇章宫的砌体抗震措施鉴定结果汇总如表 9-3 所示。

表 9-3　砌体抗震措施鉴定结果

鉴定项目		鉴定标准要求	现场检验检测	鉴定意见
房屋的高度和层数		19m/6 层	8.5m/2 层	满足
层高		不宜超过 3.9m	2.7m	满足
结构体系	楼盖、屋盖形式和抗震横墙最大间距	现浇或装配整体式混凝土 /15m 木、砖拱 /7m	木屋盖 /9.6m	不满足
	高宽比	＜ 2.2	0.88	满足
	纵横墙的平面布置	楼层的质心和计算刚心基本重合或接近	楼层的质心和计算刚心基本重合或接近	满足
	房屋立面高差或错层	质量和刚度沿高度分辨比较均匀，立面高度变化不超过首层，同一楼层标高相差不大于 500mm	一层局部高差较大	不满足
	是否有承重的独立砖柱	跨度不小于 6m 的大梁，不宜由独立砖柱支承；乙类设防时不应有独立砖柱支承	无独立砖柱	满足
材料达到的实际强度	构件混凝土强度	不宜低于 C15	—	—
	砖或砌块强度	≥ MU7.5	≥ MU7.5	满足
	砌筑砂浆强度	≥ M1	≥ M1	满足
整体性连接构造	纵横墙交接处，削弱墙体处	（1）墙体平面闭合； （2）纵横墙咬槎砌筑； （3）墙体不应被削弱，否则应采取措施加强	闭合，咬槎砌筑、无削弱	满足
	屋架	木屋架不应为无下弦的人字屋架，隔开间应有一道竖向支撑或有木望板和木龙骨顶棚	屋面梁非屋架	满足
	钢筋混凝土圈梁的布置与配筋	屋盖外墙均应有圈梁，内墙纵横墙上圈梁的水平间距分别不应大于 8m 和 12m；楼盖外墙的横墙间距大于 8m 时每层应有圈梁，横墙间距不大于 8m 层数超过 3 层时，应隔层有；内墙圈梁要求同外墙，且圈梁水平间距不应大于 12m。纵筋不小于 $4\varphi10$	无圈梁	不满足

续表

鉴定项目		鉴定标准要求	现场检验检测	鉴定意见
整体性连接构造	楼、屋盖与墙体的连接	木屋架构件的最小支承长度不应小于 240mm	最小支承长度为 240mm	满足
钢筋混凝土圈梁的构造与配筋		（1）圈梁应闭合； （2）圈梁截面高度，多层砖房不宜小于 120mm； （3）圈梁位置与楼盖、屋盖宜在同一标高或紧靠板底	无圈梁	不满足
房屋的楼、屋盖与墙体的连接		（1）钢筋混凝土梁或屋架应与墙、柱或圈梁可靠连接； （2）混凝土预制构件应有坐浆；预制板缝应有混凝土填实，板上应有水泥砂浆面层	—	—
房屋中易引起局部倒塌的部件及其连接		（1）入口或人流通道处的女儿墙和门脸等装饰物应锚固； （2）屋面小烟囱在出入口或人流通道处应有防倒塌措施； （3）混凝土挑檐、雨罩等悬挑构件应有足够的稳定性； （4）支承跨度大于 5m 的大梁的内墙阳角至门窗洞边距离：1.0m； （5）承重窗间墙最小宽度：1.0m； （6）承重外墙尽端至门窗洞边最小距离：1.0m； （7）非承重外墙尽端至门窗洞边最小距离：0.8m； （8）楼梯间及门厅跨度不小于 6m 的大梁，在砖墙转角处的支承长度不宜小于 490mm； （9）隔墙与两侧墙体或柱应有拉结，长度大于 5.1m 或高度大于 3m 时，墙顶还应与梁板有连接； （10）女儿墙和门脸等装饰物，砂浆等级强度不低于 M2.5 且厚度为 240mm 时，突出屋面的高度，对整体性不良或非刚性结构的房屋不应大于 0.5m；对刚性结构房屋封闭女儿墙不宜大于 0.9m	（1）女儿墙和门脸：无； （2）小烟囱：无； （3）挑檐、雨棚：无； （4）无； （5）承重窗间墙最小宽度：1.50m； （6）承重外墙尽端至门窗洞边最小距离：1.6m； （7）非承重外墙尽端至门窗洞边最小距离：无； （8）满足要求； （9）隔墙与两侧墙体或柱无拉结； （10）无	不满足
其他项目				

由表 9-3 抗体抗震措施鉴定结果可知，该房屋横墙间距、圈梁设置、房屋立面高差或错层、隔墙与两侧墙体或柱之间的拉结不满足鉴定标准要求。

2. 第一级鉴定古建筑木结构部分

参照《古建筑木结构维护与加固技术标准》（GB/T 50165—2020）的具体要求，同时结合实际震害所积累的经验，需满足以下条件：

（1）对于抗震设防烈度处于 6 度及以上的建筑，均有必要开展抗震构造鉴定工作。由于坚塞颇章宫的抗震设防烈度为 8 度，依照相关标准，务必进行抗震构造鉴定。

（2）考虑到坚塞颇章宫具备极高的历史价值，并且其结构呈现出西藏地区藏式古建筑独有的特点，所以将其归为结构特殊的古建筑类别。基于此情况，应当对其展开抗震验算，从而全方位评估其抗震性能，确保在地震等灾害发生时，建筑能维持一定的稳定性与安全性。

坚塞颇章宫的抗震构造鉴定结果汇总见表 9-4。

表 9–4　建筑抗震构造鉴定结果

检查对象	检查项目	检查内容	合格标准	鉴定意见
木柱	柱脚与柱础抵承状况	柱脚底面与柱础间实际抵承面积与柱脚处柱的原截面面积之比 ρ_c	$\rho_c \geqslant 3/4$	满足
	柱础错位	柱与柱础之间错位量与柱径（或柱截面）沿错位方向的尺寸之比 ρ_d	$\rho_d \leqslant 1/10$	满足
梁枋	挠度	竖向挠度最大值 ω_1	$h/l > 1/14$ 时 $\omega_1 < l^2/2500h$	不满足
			$h/l \leqslant 1/14$ 时 $\omega_1 < l/180$	不满足
			对于 300 年以上的梁枋，若无其他残损，可按 $\omega < \omega_1 + h/50$ 评定	
柱与梁枋的连接	榫卯连接完好程度	榫头拔出卯口的长度	不应超过榫长的 1/4	满足
	柱与梁枋拉结情况	拉结件种类及拉结方法	应有可靠的铁件拉结，且铁件无严重锈蚀	不满足
斗拱	斗拱构件	完好程度	无腐朽、劈裂、残缺	满足
	斗拱榫卯	完好程度	无腐朽、松动、断裂或残缺	满足
木构架整体性	整体倾斜	构架平面内倾斜量 Δ_1	$\Delta_1 \leqslant H_0/150$，且 $\Delta_1 \leqslant 100\text{mm}$	满足
		构架平面外倾斜量 Δ_2	$\Delta_2 \leqslant H_0/300$，且 $\Delta_2 \leqslant 50\text{mm}$	满足

续表

检查对象	检查项目	检查内容	合格标准	鉴定意见
木构架整体性	局部倾斜	柱头与柱脚相对位移量 Δ（不含侧脚值）	$\Delta \leq H/100$，且 $\Delta \leq 80\text{mm}$	不满足
	构架间的连系	纵向连系构件的连接情况	连接应牢固	满足
	加强空间刚度的措施	构架间的纵向连系	应有可靠的支撑或有效的替代措施	满足
		梁下各柱的纵、横向连系	应有可靠的支撑或有效的替代措施	满足
屋顶	椽条	拉结情况	脊檩处、两坡椽条应有防止下滑的措施	
	檩条	锚固情况	檩条应有防止外滚和檩端脱榫的措施	不满足
	大梁以上各层梁	与瓜柱、驼峰连系情况	应有可靠的榫接，必要时应加隐蔽式铁件锚固	
	角梁	抗倾覆能力	应有充分的抗倾覆连接件连结	
	屋顶饰件及檐口瓦	系固情况	应有可靠的系固措施	不满足
檐墙	墙身倾斜	倾斜量 Δ	$\Delta \leq B/10$	满足
	墙体构造	墙脚酥碱处理情况	应予修补	满足
		填心砌筑墙体的拉结情况	每 3m^2 墙面应至少有一个拉结件	满足

由表 9-4 可知，坚塞颇章宫的梁挠度、柱与梁枋拉结情况、木柱局部倾斜、檩条锚固情况和屋顶饰件系固情况不满足鉴定标准要求。

9.5.6 第二级鉴定

A 类砌体房屋应进行综合抗震能力的两级鉴定。当不符合第一级鉴定要求时，在第二级鉴定中采用抗震能力指数的方法，计入构造影响并做出判断。本次鉴定采用 MidasGen 软件建立整体结构模型进行计算，分析梁、柱、承重墙体的安全裕度，具体计算内容见第 8 章，其结论如下：

（1）三层木柱在地震作用下的承载力均满足要求。

（2）三层木梁抗震能力验算的承载力满足要求。

（3）二层承重墙体在地震作用下，安全裕度不满足的墙体有 2 处，三层有 1 处墙体抗震不满足要求。经分析，3 处墙体的最大剪应力均发生在墙角处，为应力集中引起的墙体局部抗震不足。

9.5.7 抗震鉴定总结

依据《近现代历史建筑结构安全性评估导则》（WW/T 0048—2014）及《建筑抗震鉴定标准》（GB 50023—2009），坚塞颇章宫横墙间距、圈梁设置、房屋立面高差或错层、隔墙与两侧墙体或柱之间的拉结不满足鉴定标准要求。

依据《古建筑木结构维护与加固技术标准》（GB/T 50165—2020），坚塞颇章宫的梁挠度、柱与梁枋拉结情况、木柱局部倾斜、檩条锚固情况和屋顶饰件系固情况不满足鉴定标准要求。

在地震作用下的验算分析表明，木柱、木梁的抗震承载力满足要求，而二层及三层墙体共有 3 处不满足抗震承载力要求。这 3 处墙体的最大剪应力均出现在墙角处，是由应力集中导致的墙体局部抗震不足。

10

CHAPTER TEN

文物建筑的

修复与加固处理意见

古建筑修复施工是一项专业性很强的工作，涉及对古建筑历史文化价值及结构特点的尊重与保护。在施工过程中，既要确保结构安全，又要尽可能保持原有的建筑风貌。在出具加固修复方案和意见时，需综合考虑文物的价值留存与安全，同时还必须要满足文物加固的基本原则。因此，在提出加固修缮处理意见时，需要结合文物建筑本体的安全、施工要求以及现场的各项条件进行全面综合的考虑。

10.1　古建筑修复施工的基本要求

10.1.1　“最小干预”原则

修复过程中应遵循“最小干预”原则，尽量保持原有建筑的完整性和风貌。在加固和更换构件时，应避免大范围拆改，仅对病害部分予以修复。

10.1.2　保持原貌和风格

古建筑的修复应最大限度地保留其原有的建筑风貌和历史文化特征。无论是材料选用还是施工工艺，都应与原建筑风格一致。

10.1.3　使用传统工艺与材料

施工过程中，应优先选用与原建筑相同或相近的传统材料与工艺。在木材、石材、瓦片等材料的选择上，应尽量保持与原建筑的统一性。

10.1.4　结构安全性与稳定性

虽然古建筑的风貌是保护重点，但修复过程中，绝不能忽视其结构的安全性与稳定性。对于结构性问题，如地基不稳、承重构件损坏等，应采取有效的加固措施。

10.1.5　文化价值的保留

古建筑既是物质文化遗产，也是精神文化的象征。在修复时，应注重保护建筑的历史文化内涵，避免因过度修复而破坏其历史价值。

10.1.6 可逆性修复

在条件允许的情况下，修复方案应具备可逆性，以便未来技术进步时，能够对建筑进行新的处理或修缮，不对原建筑造成永久性破坏。

10.2 古建筑修复方案选择的关键要点

10.2.1 保证文物安全的优先性

在文物建筑的修复过程中，确保现有文物的安全性是首要任务。这些建筑历经数百年甚至上千年的风雨侵蚀，结构很可能出现了不同程度的老化、损伤或变形。因此，在制定修复方案时，应首先评估建筑的现状，对可能影响建筑稳定性和安全性的部位进行必要的加固或修复。整个修复过程都应以不破坏文物的完整性和原真性为前提，保障文物建筑在修复过程中及修复后的长期安全。

10.2.2 使用原材料和原工艺

在文物建筑的修复过程中，尽量使用原材料和原工艺是保持建筑历史原貌的重要原则。原材料和原工艺不仅能保持建筑外观的一致性，还能最大限度地保留其文化价值与历史信息。例如，在木作工程中，选用原有树种或特性相近的木材；在砖作工程中，尽量选择与原有砖材规格、质感相同的材料；在油饰工程中，采用传统的颜料和涂饰工艺。这些举措都是为了保持修复后的建筑与原有建筑在风格和风貌上保持高度和谐统一。

10.2.3 加固方案的选择

在考虑建筑结构的加固方案时，需要综合考虑加固的效果、施工的可操作性及对文物原貌的影响。有些加固措施虽然能有效增强建筑的稳定性，但如果对文物外观或结构造成较大改变，则需慎重选择。比如，木构件的加固可以通过传统的打箍加固或墩接加固来实现，但在某些特殊情况下，也可能需要采用新的材料和工艺来达到更好的加固效果。

10.2.4　新材料和新工艺的审慎使用

在文物建筑修复中，对于新的材料和工艺的使用必须十分谨慎。尽管这类新技术或新材料在现代建筑中得到广泛应用且性能优异，但在文物修复领域的适用性必须经过充分论证。首先，新材料和工艺必须与文物建筑的原有结构和材料兼容，防止因材料的差异性导致建筑受力不均或产生新的损伤。其次，在实际应用前，必须与文保部门及相关专家进行充分的讨论和评估，以保证新材料和工艺既能满足加固需求，又不会对文物的原貌和文化价值造成负面影响。

10.2.5　专业团队与多方合作

文物建筑的修复与加固工作，需要一个高度专业化的团队进行操作，该团队不仅要有经验丰富的工匠，还应有文物保护专家、结构工程师等多方人员共同合作。尤其是在采用新的材料和工艺时，各方专家所提出的意见和建议尤为重要。通过多方合作，将现代科技手段与传统工艺有机结合，才能在保护文物建筑的同时，实现修复效果的最佳化。

10.2.6　加固效果的评估与监控

在加固施工完成后，还应进行持续的效果评估与监控。通过定期对加固部位的稳定性和耐久性进行检测，切实保障加固效果能够长期有效。此外，应记录整个修复过程，形成详细的档案资料，为后续的维护与修缮提供科学依据。

文物建筑主体的修复与加固工作极为复杂要求也极高。一方面，要确保现有文物的安全；另一方面，要尽量保持其历史原貌。这不仅需要严格遵循“修旧如旧”的原则，还需在必要时审慎地引入新材料和新工艺，并与文保部门及专家进行充分讨论和协作。

10.3　文物建筑修复与加固施工基本流程

10.3.1　前期准备

资料准备：根据前期的测绘、调查和设计资料，编制施工图纸和修复方案，包括历史资料、勘察报告、病害分析结果等。

施工组织设计：编制详细的施工组织设计方案，明确施工的顺序、技术要求、安全措施以及质量控制标准。

材料准备：准备与原建筑风貌相匹配的修复材料，包括古法工艺所需的石材、木材、砖瓦等。尽量选用与原建筑相同或相近的材料。

10.3.2 施工现场保护

搭设保护设施：在正式施工前，应对古建筑进行必要的保护措施，如搭设脚手架、支撑结构，防止在施工过程中对原有结构造成损坏。

重要构件保护：对古建筑中关键的历史构件（如雕刻、壁画、木构件）进行妥善地遮蔽和加固，避免施工过程中发生意外破坏。

10.3.3 拆除和清理

病害构件拆除：对于损坏严重、已丧失承载能力的构件，需严格按照设计方案进行拆除和清理。拆除过程应当小心，避免影响相邻的健康结构。

杂物清理：施工前应对建筑内的杂物、沉积物等进行清理，为后续施工创造良好的作业环境。

10.3.4 修复与加固

基础加固：若建筑存在地基不稳、沉降等问题，应先进行基础加固。常用的方法包括灌浆、基础托换等，确保建筑在新的荷载条件下具有稳定性。

结构修复：根据设计方案，对受损的结构进行修复加固。对于木结构建筑，可能涉及更换腐朽的梁、柱、枋等构件。对于砖石结构建筑，可能需要对局部损坏部位进行修补、加固或重砌。

局部加固：针对裂缝、变形部位，可采用现代加固技术，如钢筋混凝土托换、碳纤维加固等，但要与原有建筑风貌协调。

10.3.5 屋面和墙体修复

修缮：对于古建筑的屋面瓦片、木质屋顶结构等进行修复或更换，要求使用传统材料和工艺，保持屋面的原貌。

墙体修补：对于夯土墙、砖墙等结构，进行修补或重建工作，以保持建筑外观的完整性和统一性。若有开裂，应根据裂缝情况进行注浆或重砌处理。

10.3.6 装饰细部修复

装饰修复：对于古建筑中的装饰性构件，如雕花、彩绘、石刻等，需进行精细的修复。要求在保留原有风格的基础上，秉持“最小干预”的原则进行修缮。

防腐防虫处理：木质结构和装饰在修复完成后，需要进行防腐防虫处理，确保其耐久性。

10.3.7 验收与质量检查

工程验收：按照修复设计和质量标准进行分步验收。验收过程中，重点检查加固效果、修复质量以及古建筑的整体外观是否符合设计要求。

质量检测：使用现代检测技术对加固后的建筑结构进行安全性和稳定性检测，确保修复后的建筑符合抗震和承载要求。

10.4 古建筑文物保护加固修缮施工技术

10.4.1 木作工程

木作工程在古建筑修缮中至关重要，木结构不仅是建筑的骨架，更是承载建筑艺术和文化的载体。以下是木作工程的施工做法和技术要求。

1. 木构架的大修

木构架的大修包括打牮拨正、局部落架拨正、偷梁换柱、落架整修等工序。这些操作不仅与建筑的整体稳定性息息相关，还需确保新更换或修缮后结构与原有结构达到和谐统一。

打牮拨正：通过校正建筑结构的偏移，恢复其原有的垂直度和平衡性。校正过程应分阶段进行，使用适当的力学设备，避免对原构件造成损伤。

局部落架拨正：适用于局部结构的修缮，需在卸荷和校正过程中，保持整体结构的稳定性和协调性。

偷梁换柱：在不影响整体结构的前提下，更换损坏的梁柱，确保新旧构件的紧密衔接，并通过加固处理避免施工对周边构件的影响。

落架整修：将建筑部分或整体落架后重新修整架构，需详细记录每个构件的位置和状态，以确保复原时恢复原有结构。

2. 木构件的修复

在修复木构件时，应尽量选用原材料或与原材料品种相同的木材，以保持建筑的原真性。在选材困难的情况下，应选择符合强度要求的木材，并严格遵循以下技术要求。

木材选材依据：依据国家标准，如《无疵小试样木材物理力学性质试验方法 第2部分：取样方法和一般要求》(GB/T 1927.2—2021)，确保木材的物理力学性能符合要求。

树种选择：根据受力特点选择合适的树种，如松木或杉木用于承重构件，椽子、小木作等可选用韧性较好的树种。

含水率要求：修配木材的含水率应控制在12%~15%，防止使用过程中因含水率变化而产生变形或开裂。

强度要求：木材强度应满足结构的抗压、抗弯、抗剪等力学要求，经过检测确保其适用性。

3. 木构件的加固

在加固木构件时，应根据构件的受损情况选择适当的技术措施，如裂缝加固、糟朽加固、柱子灌浆加固等，确保加固效果及构件的耐久性。

裂缝加固：使用抗拉强度高的金属箍进行打箍加固，确保箍环紧密贴合裂缝部位，并进行防腐处理。

糟朽加固：对腐朽部分进行剔补或墩接，加固时应彻底清除腐朽部分，并使用相同木材填补或墩接新的木料。

柱子灌浆加固：使用高强度、低收缩率的灌浆材料，确保灌浆均匀、饱满，提高柱子的承载力和稳定性。

4. 门窗装修等小木作的维修

门窗等小木作构件在修缮中需注重细节处理，确保尺寸、榫卯做法和起线形式与原构件一致。

榫卯工艺：确保榫卯接口严实无缝，并加楔、涂胶加固，维持结构的稳定性。

金属零件修配：修配的金属零件应按原式样、原材料、原数量添配，并置于原部位。新增的加固构件应尽量隐蔽，以保持建筑外观的完整性。

10.4.2 砖作工程

砖作工程在古建筑中主要用于地面和墙体的修缮，需严格遵循传统工艺和材料标准执行，以确保修复后的建筑与原有风貌一致。

1. 砖墁地面的修缮

砖墁地面的修缮需根据损坏程度的不同，分别采取剔凿挖补、局部揭墁、全部揭墁等方式。

传统工艺：遵循传统铺设方式，确保修复后的地面在色彩、质感和拼缝上与原有地面保持一致。

揭墁工序：对地面砖进行编号，并按编号顺序拆揭，施工过程中保持砖块的完整性，避免损坏原材料。

2. 砖砌体的维修

砖砌体的维修应尽量使用原材料或与原材料品种相同的砖，以保持建筑的统一性。

砖材标准：对补配或更换的砖材，需进行严格检验，确保其品种、色彩、规格、强度与原有砖材一致。

拼缝处理：保持砖块之间缝隙均匀，且拼缝应做到细致平整，确保美观性和结构性能。

3. 砖砌体的修复

根据损坏程度，砖砌体的修复可采取剔凿挖补、择砌、局部或全部拆砌等方式。

技术要点：新旧砌体的搭接方式应确保结构整体性，砌筑方式应遵循传统工艺，保持新旧结构无缝衔接。

搭接处理：搭接部位应处理得当，避免结构缝隙或错位，影响建筑的稳定性。

4. 砖砌体裂缝的修补与加固

砖砌体裂缝的修补与加固需采取勾缝封闭修补、压力灌浆修补、局部挖镶加筋补强等方式进行。

勾缝封闭修补：对表面裂缝较小的砖砌体，可采取勾缝封闭修补的方法。勾缝材料应与原有材料相同，配比和强度应符合建筑的整体要求，施工时应细致入微，确保修补效果。

压力灌浆修补：对于较大的裂缝或内部结构损坏的情况，可采用压力灌浆修补。灌浆材料应选择强度高、黏结性好的材料，确保灌浆后结构的完整性和抗震性。

局部挖镶加筋补强：在裂缝较为严重的情况下，可采取局部挖镶加筋补强的方式进行加固。加筋材料应符合设计要求，位置、交接方式需仔细考虑，确保加固效果不影响原有建筑结构。

扶壁柱（墙）加固：对于大型裂缝或结构性损伤，增加扶壁柱（墙）进行整体加固是必要的。扶壁柱（墙）应与原有结构有机结合，材料、尺寸和位置应与原建筑风格保持一致。

5. 墙面抹灰的修缮

墙面抹灰是砖作工程中一项常见的修缮内容，需采取局部修补与重新罩面、勾缝与表面刷浆等方式进行。

局部修补与重新罩面：对于局部损坏的抹灰层，可采用局部修补的方式进行修缮。材料配比应与原抹灰层保持一致，施工时应避免新旧抹灰层出现明显色差。对于大面积损坏的抹灰层，则需重新罩面，罩面材料和工艺应符合历史建筑的原有风貌。

勾缝与表面刷浆：在修缮过程中，勾缝应做到深浅适中，需保证缝隙均匀、光滑。在进行表面刷浆时，应采用与原有建筑相同的材料和工艺，保持建筑外观的历史风貌。

墙面抹灰是砖作工程的重要组成部分，抹灰质量直接影响墙体的耐久性和美观度。

10.4.3 石作工程

石作工程主要涉及石构件的维修、修复和加固等方面。在文物保护修缮工程中，石作工程的要求极为严格，不仅要保证修复后的石构件结构稳固可靠，还需使其完好地保留原有的历史风貌。

1. 石构件的维修

石构件修复原则：在修复过程中，应优先考虑修补而非更换，尽可能保留原构件的历史痕迹和艺术价值。对于残损严重的石构件，可采取局部修补、拼接等方式进行修复。

材料选用：修配石材应尽量使用原材料或与原材料品种、质感、色泽相近的石材，确保新旧材料的一致性。石料的纹理走向应符合受力要求，避免使用有隐残、炸纹的石料。

原物保存原则：除非残损严重危及安全，否则应尽量保存原物，避免更换。对于轻微损坏的石构件，可采取表面修补或归安处理的方式进行修复。

石构件在古建筑中常用于基础、台基、柱础、栏杆等部分，特别是带有雕刻纹样的石构件，其修复需特别小心。

2. 石构件的修复

根据石构件的损坏程度不同，可采取表面见新与归安、修补与黏结等方式进行修复。

表面见新与归安：对于表面损伤较轻的石构件，可采取表面见新的方式进行修复，修复时应保持表面的历史痕迹。归安是指将脱落或松动的石构件恢复原位，操作时应注意保持石构件的完整性。

修补与黏结：修补方式包括剔凿挖补和补抹，应对材料配比及施工工艺提出明确要求。黏结方法有新旧之分，旧法黏结包括焊药黏结、补石配药等，新法黏结包括漆片粘接、环氧树脂粘接等，黏结材料的配比和工艺需符合建筑的受力和耐久性要求

3. 石构件的加固

根据石构件的损坏程度不同，可采取灌注加固、支顶加固、铁活加固等方式进行。

灌注加固：灌注加固适用于内部有空隙或裂缝的石构件。灌注材料应具备良好的流动性和强度，灌注过程中应控制速度和压力，确保加固效果。

支顶加固：对于结构受力较大的石构件，可采取支顶加固的方法。支顶材料应选用强度高、耐久性好的材料，并注意支顶的位置和受力点，避免造成二次损伤。

铁活加固：铁活加固适用于石构件表面或内部有较大裂缝的情况。铁活件的尺寸和形状应根据裂缝的具体情况进行设计，安装时应注意铁件与石构件的紧密结合，并做好防腐处理。

10.4.4 瓦作工程

瓦作工程主要涉及屋面瓦件的维修和保养。在古建筑的保护修缮中，瓦作工程的质量直接影响屋面的防水性能和建筑的整体美观。

1. 揭瓦翻修的屋面

揭瓦翻修是瓦作工程中常见的修缮方式，需详细记录现状，并对瓦件进行编号。

施工工序及要点：揭瓦翻修的主要工序包括现状记录、瓦件编号、拆除瓦件、整理瓦件、苫背、宂瓮瓦、调脊等。施工时应注意保持瓦件的完整性，编号应清晰且便于复原。拆除瓦件时应按顺序进行，避免损坏其他结构。

瓦件补配要求：对于需要补配的屋面瓦件，其规格、色泽、标记应与原瓦一致。补配瓦件与旧瓦之间的位置关系应合理，确保屋面的整体性和美观性。

2. 屋面的保养与修补

屋面的保养与修补是瓦作工程中不可忽视的一部分，特别是在防水和防腐方面需提出具体要求。

屋面除草：对于屋面上长出的植物，应及时进行清理。除草方式应选用不损害瓦件和屋面的手段，如手工清除或使用低浓度的除草剂。

勾灰工艺：勾灰是修补屋面瓦缝的重要工序，勾灰材料应与原有材料一致，配比应符合屋面的使用要求。施工时应保证勾灰层的厚度和均匀性，避免漏水和瓦件松动。

10.4.5 土作工程

土作工程包括基础维修、三合土地面维修和夯土墙维修，直接影响建筑的稳定性和耐久性。

1. 基础维修

基础的维修应根据不同原因采取不同的加固方式，包括排水固结法、挤密法、置换法、灌浆法、加筋法、托换法、加压纠偏法等。

排水固结法：适用于地基因含水量过高而导致的基础沉降问题。排水固结法通过排除基础周围的积水，使地基土壤固结，从而提高基础的承载能力。

灌浆法：适用于基础下部有空洞或松散土层的情况。灌浆材料应具备良好的流动性和强度，施工时应控制灌浆量和速度，确保基础的稳定性。

加筋法：对于基础有横向变形的情况，可采用加筋法进行加固。加筋材料应选用高强度的钢筋或复合材料，施工时应注意筋材与基础的紧密结合，防止滑移。

托换法：适用于基础不均匀沉降或基础移位的情况。托换施工过程中应逐步进行，确保建筑整体的稳定性。

2. 三合土地面维修

三合土地面是古建筑中常见的地面形式，其修缮需保持原有工艺和材料的传统性。

原材料配比：三合土地面的原材料一般包括石灰、砂、黄泥等，配比应根据地面使用情况和气候条件进行调整。修缮时应尽量保持原有材料配比和施工工艺，确保修复后的地面与原地面在强度和耐久性上保持一致。

施工工艺：三合土地面的施工工艺包括打夯、抹灰等，打夯时应注意均匀施力，抹灰层应保持平整，避免出现裂纹或凹陷。施工后应进行适当的养护，以确保地面的密实性和耐久性。在养护期间，应避免重物压迫或长时间的水浸泡，以防地面强度和稳定性受到影响。

3. 夯土墙维修

夯土墙在古建筑中较为常见，其维修需遵循传统的夯筑工艺，以保持其原有的结构特点和物理性能。

重夯工艺：对于夯土墙的维修，可采用重夯的方式。重夯前应先清理墙体表面松动的土块，然后逐层进行夯实。夯实过程应严格控制每层厚度和夯实密度，确保夯土墙的整体强度和稳定性。

局部修补：对于局部损坏的夯土墙，可采取补土的方式进行修补。补土材料应与原有材料相一致，施工时应注意分层夯实，避免新旧材料之间出现分层或结合不紧密的情况。

拨正措施：当夯土墙出现倾斜或变形时，可采取拨正措施进行校正。拨正时，应根据墙体的具体情况和变形程度，采取相应的措施，确保校正过程中的安全性和有效性。

10.4.6 油饰工程

在古建筑修缮中，主要涉及木构件和石构件的表面处理。油饰不仅有助于保护建筑构件免受风化、虫害和霉菌的侵蚀，还能增强建筑的视觉美感。

1. 修补油饰地仗

油饰地仗的修补需考虑到不同地区的传统做法和气候特点，确保修补后的效果与原有油饰一致。

表面清理：修补前，应对构件表面进行清理，去除灰尘、油污和松动的旧饰层。清理时应注意保护构件表面的纹理和细节，避免因清理不当造成二次损伤。

木基层处理：对于木构件，应根据木材的状况进行基层处理。常用的方法包括打磨、填补裂缝和涂刷防腐剂等。打磨时应顺着木材的纹理进行，避免出现毛刺。

修补地仗：修补地仗时，应根据原有油饰的材料和配方，选择相同或相近的材料进行修补。修补层应均匀平整，避免出现色差或厚薄不均的现象。修补后应进行适当的抛光处理，确保表面光滑和色泽一致。

2. 表面油饰维修

表面油饰维修主要针对油漆、彩绘和贴金等饰面，需根据实际情况进行修复和维护。

色调处理：在进行表面油饰维修时，应保持色调与原有油饰一致。色调处理应根据原有油饰的色彩和风格进行调配，确保新修补部分与原油饰部分的无缝衔接。

彩绘修复：对于古建筑中的彩绘部分，应采用传统的颜料和技法进行修复。修复前应进行详细的图案描摹和颜色分析，确保修复后的图案和色彩与原有风格一致。

贴金和镀金修复：贴金和镀金部分的修复应选用与原材料相同的金箔或镀金材料。修复过程中应严格控制材料的厚度和粘贴工艺，确保修复后的金饰光泽和厚度与原有部分一致。

3. 木构件断白与做旧

木构件断白与做旧是恢复古建筑原有风貌的重要措施，需根据具体情况选择适当的处理方法。

材料选择：断白和做旧所用材料应与原有材料一致，确保新修补部分与原构件在材质和外观上协调一致。常用材料包括传统的植物染料、矿物颜料和天然涂料等。

施工工序：断白和做旧的施工应按照传统工艺进行，确保每一道工序都符合原有建筑的工艺要求。施工过程中应注意控制材料的浓度和涂刷的均匀性，避免出现色差或厚薄不均的现象。

在古建筑文物保护修缮工程中，各工种的施工做法和技术要求是保证修缮工程质量和效果的关键。木作、砖作、石作、瓦作、土作和油饰等工程的修缮，都需严格遵循传统工艺和技术规范，确保修缮后的建筑既能保持原有的历史风貌，又能具备良好的结构性能和耐久性。

10.5 罗布林卡坚塞颇章宫加固维修意见

10.5.1 腐朽、空洞处理

部分木柱内部缺陷较严重，可先将腐朽、空洞部分剔除干净，对清理后的部位进行防腐处理，随后选用干燥木材，按照木材原样及原尺寸进行修补，确保修补处平整、契合。修补过程中，使用耐水性胶粘剂进行粘接固定，同时在木柱外部加设铁箍。

10.5.2 木柱、木梁、雀替开裂

各建筑物中的木柱、木梁、雀替均存在不同程度的裂缝，其中绝大多数为干缩裂缝。在木材制作过程中，干燥前期裂缝产生的主要原因是木材顺纹方向的导水性大于横纹方向。所以在木材干燥时，端部和表部的含水率大于侧部内部，纤维收缩受到限制，进而产生拉应力，当拉应力大于木材横纹抗拉强度时就会产生裂缝。此外，木材长期受荷会导致其各受力性能降低，在后续外力作用下也容易引起开裂，对干缩裂缝可采用以下处理方法。

（1）裂缝宽度< 30mm。如果构件裂缝较小，可采用嵌补加固法。对于梁的干缩裂

缝，当构件的水平裂缝深度小于梁宽或梁该方向截面尺寸的 1/4 时，可先用木条和耐水性胶粘剂，将缝隙嵌补粘接严实，再用两道及以上的铁箍或玻璃钢箍箍紧。对于木柱的干缩裂缝，当其深度不超过该方向截面尺寸的 1/3，且裂缝宽度小于 30mm 时，可用木条嵌补，并用耐水性胶粘剂粘牢，且嵌补木条需要使用顺纹长条。

（2）裂缝宽度≥ 30mm。当梁、柱裂缝较大时，进行嵌补加固的同时还需要用铁件进行加固。

10.5.3 构件变形

建议对变形严重的构件，在不拆落木构架的情况下，采用打牮拨正法进行复位；对于其他构件变形，建议采用打牮拨正法进行复位或进行监测确定其变化趋势及危险程度后确定相应的修复方案。

10.5.4 墙体缺陷

（1）承重石砌体墙

受潮滋生苔藓、表面涂层脱落问题：针对承重石砌外墙部分区域出现受潮滋生苔藓以及表面涂层脱落的情况，首先要使用专业工具和温和的清洁剂，仔细清除外墙苔藓，避免对墙体造成额外损伤。对于脱落的片石，需依据原墙体的砌筑风格和片石规格，选用材质、色泽相近的石材进行补砌。在补砌过程中，严格控制砌筑砂浆的配比和施工工艺，确保补砌后的墙体结构稳固、外观协调。修补完成后，对外墙进行涂漆作业，选用与原涂层性能、颜色一致的涂料，均匀涂刷，增强墙体的防护性能。同时，要全面检查并疏通外墙排水系统，保证外墙干燥且排水顺畅，防止此类问题再次发生。

局部区域灰浆脱落、片石缺失问题：当承重石砌外墙局部区域出现灰浆脱落、片石缺失时，先将周边松动的灰浆和杂质彻底清理干净。对于灰浆脱落处，采用与原灰浆成分、性能匹配的材料进行补涂，确保补涂后的灰浆黏结牢固。针对片石缺失部位，按照原片石的尺寸和形状进行填补，使墙体恢复原有结构强度和外观完整性。

（2）内隔墙

表面裂缝问题：内隔墙墙体多处存在表面裂缝，经检查确定这些裂缝均为墙体外抹灰裂缝或内部草泥隔墙裂缝。对于此类裂缝，建议对裂缝部位进行修复。

影响壁画完整性问题：对于内隔墙有壁画，且因墙体受潮或墙体表面脱落影响壁画完整性的部位，建议由具备相关专业资质、丰富修复经验和先进修复技术的单位对壁画进行修补处理。

10.5.5 台明缺陷

对脱落的片石进行补砌，清除台明苔藓及杂草。

10.5.6 屋面防水缺陷

坚塞颇章宫、格桑德吉颇章宫、格桑颇章宫采用阿嘎土屋面，在检查过程中发现木檩条存在渗水痕迹。建议每年雨季前对阿嘎土屋面进行检查，并及时对屋面进行保养。

10.5.7 屋顶宝刹、牦尾幢顶倾斜破损，屋檐瓦片脱落

对于屋顶宝刹、牦尾幢顶倾斜破损及时复位处理，并采取适当措施，避免发生坠落。对于个别胜利幢铆钉脱落或锈蚀问题，建议由具有相关资质单位对其修补或涂覆防锈层处理。对于屋檐瓦片脱落问题，应按照原瓦片形制进行修复处理。

10.5.8 抗震加固

经专业的抗震鉴定，坚塞颇章宫等文物建筑的现有抗震措施不满足现行规范要求。同时，根据现阶段材料强度及残损情况，对格桑颇章宫进行抗震验算后发现，其多个墙段的抗震承载力不满足现行规范要求，建议对其进行抗震加固处理。抗震加固设计应由具有相关资质的设计单位进行设计，并应符合国家现行标准《建筑抗震设计标准》和《古建筑木结构维护与加固技术标准》的要求。此外尚应遵守以下规定。

（1）抗震鉴定加固烈度，应按本地区的基本烈度采用。对重要的古建筑，可提高一度加固，但应获得上一级文物主管部门与国家抗震主管部门批准。

（2）古建筑的抗震加固设计，应遵守“不改变文物原状”的原则，提高其承重结构的抗震能力。

（3）按照规定烈度进行抗震加固时，需达成以下设防目标：当古建筑遭受低于本地区设防烈度的多遇地震影响时，应确保其基本不受损坏，维持正常的使用状态；当遭受本地区设防烈度的地震影响时，古建筑虽会稍有损坏，但经过一般性的修理后，仍能够正常使用，不影响其功能和价值；当遭受高于本地区设防烈度的预估罕遇地震影响时，必须保证古建筑不致坍塌，避免砸坏内部文物，且经过大修后，能够恢复至原状，最大限度地保护古建筑及其承载的历史文化遗产。

11

CHAPTER ELEVEN

世界遗产地

文物建筑群监测建议

11.1 文物安全监测

11.1.1 文物监测的意义

文物监测在历史遗产保护中起着至关重要的作用，通过科学的监测手段，可以及时发现并修复文物损坏，防止其进一步恶化，从而确保历史遗产得到妥善保护。文物作为人类文化的载体，承载着丰富的历史信息和艺术价值。然而，随着时间的不断推移，文物不可避免地受到环境变化以及自然老化等因素的影响，可能会出现不同程度的损伤。通过定期且持续的监测，可以及时发现文物的变化，及早采取修复措施，从而延长其保存期限，确保后代能够继承和欣赏这些珍贵的文化遗产。

环境适应性是文物监测的重要方面之一。文物的保存环境对其稳定性有着直接影响，包括温度、湿度、光照和空气质量等因素。通过监测这些环境参数，可以有效地调整和优化保护措施。例如，过高的湿度可能导致木质文物发生霉变，过强的光照则可能使色彩褪色。因此，通过精准的环境监测，可以为文物创造一个适宜的保存条件，减少外界不利因素对其造成的损害，从而延长文物的寿命。同时，环境监测还可以帮助管理人员评估现有保护措施的有效性，随时根据环境变化进行调整，确保文物在最佳状态下保存。

风险预警是现代文物监测技术的重要功能之一。随着科技的发展，实时监测技术得到了广泛应用，可以对文物及其所在环境进行 24h 不间断的监测。这种实时监测不仅可以及时捕捉到文物的微小变化，还能够提前发现潜在的风险因素，如地震、洪水、火灾等自然灾害的征兆。一旦发现这些风险，监测系统可以立即发出预警，相关部门可以迅速采取相应的预防和应急措施，最大限度地减少对文物的损失。此外，实时监测还可以为文物管理人员提供数据支持，帮助他们做出科学的决策，以便在风险发生前就做好充分的防护准备。

文物监测对于保护和延续历史遗产具有不可替代的意义。通过持续、全面的监测，可以确保文物在适宜的环境中得到妥善保存，防止其进一步损坏，并及时应对各种潜在的风险。文物监测不仅是保护历史遗产的重要手段，也是现代科技与传统文化保护相结合的典范，为世界各地的文物保护工作提供了有力支持。

11.1.2 文物建筑安全监测的分类

文物建筑的安全监测主要包括两大类：本体安全监测和环境安全监测。

本体安全监测：主要针对文物建筑自身的结构和材料进行监测。根据不同的工作形式，本体安全监测可以分为日常安全监测和修缮安全监测；根据不同的工作内容，则可以分为结构稳定性监测、表面病害监测和材料监测等。

环境安全监测：主要监测文物建筑所处的环境中可能对其产生影响的各种因素。环境安全监测根据工作内容可以分为气象环境监测、环境污染监测和其他环境威胁监测等。

11.1.3 本体安全监测的分类

本体安全监测是确保文物建筑结构和材料安全的核心手段，主要包括以下几个方面。

日常安全监测：这是一项常规性的监测工作，旨在通过日常的检查和监测，了解文物建筑的基本状态。主要内容包括建筑的外观检查、结构裂缝的观察、变形测量等。通过这些监测，可以及时发现建筑存在的隐患，如结构变形、裂缝扩大等问题，并采取相应的防护措施。

修缮安全监测：在文物建筑修缮过程中进行的监测，主要目的是确保修缮工作的安全性和科学性。修缮安全监测包括对施工过程中的振动、重力分布变化等进行实时监测，防止因施工对文物建筑造成二次损害。同时，也包括对修缮材料的质量监控，确保修缮材料与原建筑材料的匹配性和兼容性。

结构稳定性监测：这是本体安全监测的重要内容之一。结构稳定性监测主要包括对建筑基础、墙体、屋顶等关键结构部位的沉降、倾斜和变形等进行监测。这些监测数据能够帮助了解建筑结构的整体稳定性，预防结构性损坏。

表面病害监测：针对文物建筑表面的病害，如风化、剥落、盐蚀等现象进行监测。通过定期监测这些病害的进展情况，可以采取相应的保护措施，防止病害进一步发展对建筑造成更大损伤。

材料监测：对文物建筑的构成材料进行检测和分析，包括材料的强度、耐久性、湿度含量等。这些数据可以帮助了解建筑材料的老化程度，为修缮和保护提供科学依据。

11.1.4 环境安全监测分类

环境安全监测旨在监控外部环境中可能对文物建筑产生影响的因素，主要包括以下几个方面。

气象环境监测：监测文物建筑所处区域的气象条件，如温度、湿度、降水量、风速等。极端气候条件可能对文物建筑产生不利影响，如高湿度导致的材料腐蚀、温度变化导致的材料膨胀和收缩等。

环境污染监测：监测文物建筑周边的空气、水质等污染情况。空气中的酸性物质、工业污染等可能对建筑材料产生腐蚀作用，水质污染也可能影响地下文物的保存。

其他环境威胁监测：包括地质灾害（如地震、滑坡等）、生物侵害（如昆虫、植物生长等）对文物建筑的潜在威胁。通过这些监测，可以提前采取防护措施，减少环境对文物建筑的不利影响。

文物建筑的安全监测是保护文化遗产的重要环节。随着数字化应用的发展，相信文物监测也会应用在越来越多的文物建筑上。通过科学的监测手段和系统的监测流程，可以全面了解文物建筑的安全状态和动态变化，为保护和修缮工作提供有力支持。只有在全面掌握文物建筑现状和潜在问题的基础上，才能制定出有效的保护策略，确保这些珍贵的文化遗产能够得到长期有效的保护和传承。同时，监测所获取的精确结构数据，为修复工作提供了科学依据。

11.2 罗布林卡文物建筑的安全监测方案

罗布林卡世界遗产地文物建筑群作为世界文化遗产和全国重点文物保护单位，堪称西藏地区藏式古建筑与园林艺术的璀璨瑰宝，具有极高的社会、艺术和历史价值。鉴于其重要地位，建议对格桑颇章宫进行整体监测并制定预警制度。

通过对罗布林卡世界遗产地文物建筑的一系列安全排查及安全性鉴定工作，可确定部分宫殿中的梁柱木构件存在变形现象，局部梁柱节点部位也出现了变形或错位问题。通过抗震计算发现，坚塞颇章宫、格桑颇章宫及格桑德吉颇章宫均存在多处墙体在地震作用下无法满足抗震要求的问题。对于结构构件的变形以及建筑体系的总体变形进行监测，确定其变化趋势及危险程度显得尤为重要，从而在取得现状实测数据的基础上，分析其真实的安全性状况，以便采取相应的修缮处理方案。

11.2.1 本体监测

稳定性监测：包括结构的整体变形及局部变形、构件受力状态、主要节点连接状态、地基基础的整体沉降或不均匀沉降、空鼓、裂缝、倾斜等。

表面病害监测：包括油饰彩绘褪色、起甲、脱落等；构件残损、风化、环境侵蚀；灾害损伤、人为损伤等。

材料监测：包括材料性能（力学性能、含水量、密度和干缩率）、缺陷、损伤、防护措施效果等。

11.2.2 环境监测

气象环境监测：包括温湿度、降水量、地表含水率、风速、风向、日照辐射、大气压、蒸发量等。

环境污染监测：包括噪声、大气质量（硫氧化物、氮氧化物、CO_2、CO、O_3 等）、粉尘颗粒物、周边工业污染、酸雨等。

其他环境威胁监测：包括边坡稳定、水文地质、风及风致响应、地震动及地震响应、振动、冲刷、腐蚀、人群影响、表面病害、周边施工影响、周边交通影响等。

11.2.3 设定报警阈值

科学的设定报警阈值，与应急预案紧密衔接。

11.2.4 应急预案

制定应急预案，与监测系统有效衔接，一旦出现影响结构安全的过大变形或者性能变化、环境参数变化，及时启动相应预案，采取应急措施，确保建（构）筑物及馆藏文物的安全。